高职高专电气系列教材

电力系统电气设备

主　编　王兴芳　李耀坤　陈经文

副主编　柯　亮　陈　喆　沐　影

参　编　刘海燕　武成慧

重庆大学出版社

内容提要

本书着重讲述发电厂变电站电气主系统的构成及相关电气设备的工作原理、技术性能及安全运行。其主要内容包括电力系统基础知识,高压开关电器,互感器,限流电抗器,电力系统主接线及倒闸作业,配电装置,接地装置,载流导体的发热、电动力及选择,电气设备的选择。

本书可作为高职高专院校电力技术类专业教学用书,也可作为从事相关工作工程技术人员的参考用书。

图书在版编目(CIP)数据

电力系统电气设备 / 王兴芳,李耀坤,陈经文主编
. -- 重庆:重庆大学出版社,2023.8
高职高专电气系列教材
ISBN 978-7-5689-4112-9

Ⅰ.①电… Ⅱ.①王… ②李… ③陈… Ⅲ.①发电厂
—电气设备—高等职业教育—教材②电厂电气系统—高等
职业教育—教材 Ⅳ.①TM62

中国国家版本馆 CIP 数据核字(2023)第 143931 号

电力系统电气设备

主 编 王兴芳 李耀坤 陈经文
副主编 柯 亮 陈 喆 沐 影
策划编辑:范 琪

责任编辑:文 鹏 版式设计:范 琪
责任校对:邹 忌 责任印制:张 策

*

重庆大学出版社出版发行
出版人:陈晓阳
社址:重庆市沙坪坝区大学城西路 21 号
邮编:401331
电话:(023) 88617190 88617185(中小学)
传真:(023) 88617186 88617166
网址:http://www.cqup.com.cn
邮箱:fxk@cqup.com.cn(营销中心)
全国新华书店经销
重庆市国丰印务有限责任公司印刷

*

开本:787mm×1092mm 1/16 印张:20.75 字数:508 千
2023 年 8 月第 1 版 2023 年 8 月第 1 次印刷
ISBN 978-7-5689-4112-9 定价:69.00 元

前　言

本书是根据培养"发电厂及电力系统""电力系统自动化技术"专业应用型人才的需要,在总结高等职业教育转型教学改革经验,汲取以往高职高专教材的长处,综合国家电网公司考试大纲和对变电站值班员的要求,广泛征求电力工程技术人员意见的基础上编写的。

本书按照专业人才培养方案和课程教学大纲所要求的专业知识和技能进行编写,努力体现现代职业教育理念;淡化烦琐的理论推导及设计论证,着重加强教学内容的针对性和实用性;增加重合器、分段器等新技术、新设备的内容;融入思政元素,在进行专业学习的同时激发学生的自豪感、荣誉感和爱国热情,培养学生认真专注做事的态度。本书按照高职学生学习专业知识的认知规律,循序渐进,逐步深入,首先介绍设备结构,再过渡到电气主系统。为了帮助学生更好地理解和掌握相关教学内容,配有知识拓展,并设置了一定数量的思考题。为了帮助教师提高课堂教学效果,方便学生课后自学,本书配有多媒体课件和视频二维码。

本书以发电厂或变电站真实工作任务为载体,采用项目式编写。本书主要讲述电力系统电气设备基本理论,主要内容有:认识电力系统,高压开关电器的认知与维护,互感器的运行维护,限流电器的布置,载流导体及绝缘子的运行维护,电气主接线及电气设备倒闸操作,配电装置的布置,接地装置的布置及电气设备的选择等。

本书由三峡电力职业学院王兴芳、三峡电力职业学院李耀坤、三峡电力职业学院陈经文任主编,江汉水电开发有限公司柯亮、三峡电力职业学院陈喆、三峡电力职业学院沐影任副主编,三峡电力职业学院刘海燕、三峡电力职业学院武成慧参与编写。书中部分章节的编写参考了有关资料,在此对相关作者表示衷心的感谢。

由于编者水平有限,书中难免存在不妥和疏漏之处,恳请广大读者批评指正。

编　者

2023 年 3 月

目 录

项目1

认识电力系统

任务1 认识发电厂变电站

▶【内容提要】

本任务主要通过学习发电厂及变电站的相关知识,了解能源的种类,掌握发电厂及变电站的类型和特点,以此认识发电厂及变电站,这是国家电网考试大纲要求重点掌握的内容。

▶【学习要求】

①了解能源的种类。
②了解各类发电厂的工作过程。
③掌握发电厂的类型和特点。
④掌握变电站的类型和特点。

▶【任务导入】

日常生活和生产都离不开电,那么电是怎么生产出来的? 从很远的地方把电送给用户使用要经过哪些环节? 这些是高压电工首先要掌握的内容。

▶【知识链接】

学习情境1:认识能源

能源是能量的来源或源泉,是可以从自然界直接取得的具有能量的物质,如煤炭、石油、核燃料、水、风、生物体等;或利用这些物质再加工制造出的新物质,如焦炭、煤气、液化气、煤油、汽油、柴油、沼气等。能源是指能够提供某种形式能量的物质,即能够产生机械能、热能、光能、电磁能、化学能等各种能量的资源。能源是人类赖以生存的物质,是发展生产、改善人民生活的物质基础。

能源种类繁多,根据不同的划分方式,能源可分为不同的类型。

(1)按获得的方法分为一次能源和二次能源

①一次能源(天然能源)是指自然界中现成存在,可直接取得和利用而不改变其基本形态的能源,如煤、石油、天然气、水能、风能等。

②二次能源(人工能源)是指由一次能源经加工转换成的另一种形态的能源,如电力、蒸汽、焦炭、煤气、汽油、柴油、重油等。

(2)按被利用程度分为常规能源和新能源

①常规能源(传统能源)是指在一定的历史时期和科技水平下被人们广泛利用的能源,如煤、石油、天然气、水能等。

②新能源(非常规能源、替代能源)是指许多古老的能源,采用先进的方法加以广泛利用,以及用新发展的科学技术开发利用的能源,如太阳能、风能、海洋能、地热能、生物质能、氢能等。

(3)按能否再生分为可再生能源和非再生能源

①可再生能源是指自然界中可以不断再生并得到补充的能源,如太阳能、风能、海洋能、地热能、水能等。

②非再生能源是指经几亿年形成的、短期内无法补充的能源,如煤、石油、天然气、核燃料等。

(4)按能源本身的性质分为含能体能源和过程性能源

①含能体能源是指可以直接储存的能源,如煤炭、石油、天然气、核燃料、地热等。
②过程性能源是指无法直接储存的能源,如风能、海洋能、电能等。

(5)按对环境的污染程度分为清洁能源和非清洁能源

①清洁能源是指对环境无污染或污染很少的能源,如太阳能、水能、海洋能等。
②非清洁能源是指对环境污染较大的能源,如煤炭、石油等。

学习情境2:认识发电厂

生产电能的工厂称为发电厂。按使用能源种类的不同,发电厂分为许多种。

(1)火力发电厂

火力发电厂(简称"火电厂")一次燃料主要有煤炭、石油、天然气等。火电厂按原动机不同可分为凝汽式汽轮机发电厂、燃气轮机发电厂、内燃机发电厂、蒸汽-燃气轮机发电厂;按输出能源不同可分为凝汽式发电厂和热电厂。凝汽式发电厂只向外供应电能,效率较低,只有

30%～40%;热电厂同时向外供应电能和热能,效率较高,可达60%～70%。

从能量转换的观点来看,火电厂的生产过程基本相同。我国火电厂使用的燃料主要是煤炭,主力电厂是凝汽式火电厂。凝汽式火电厂主要由燃烧系统、汽水系统和电气系统组成。

火电厂生产过程

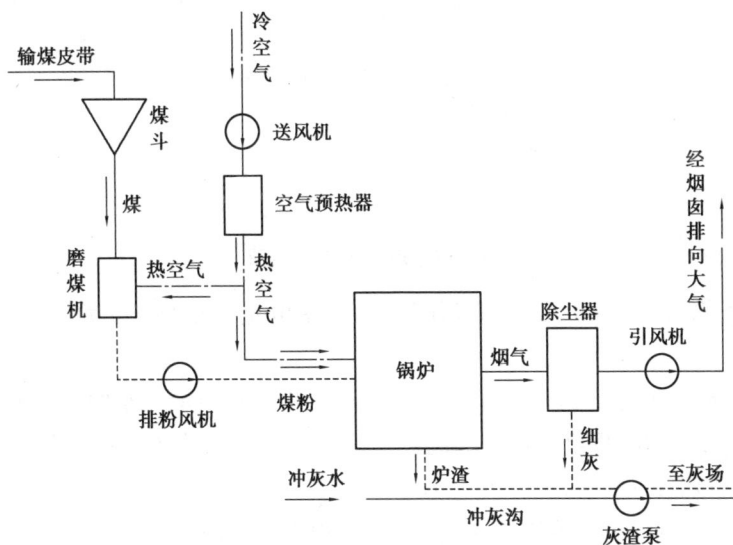

①燃料的化学能在锅炉燃烧中转变为热能,加热锅炉中的水使之变为蒸汽的系统称为燃烧系统。燃烧系统由运煤、磨煤、燃烧、风烟、灰渣等环节组成,其流程如图1-1所示。

②锅炉产生的蒸汽进入汽轮机,推动汽轮机的转子旋转,将热能转变为机械能的系统,称为汽水系统。汽水系统由锅炉、汽轮机、凝汽器、除氧器、加热器等设备及管道构成,包括给水系统、循环水系统和补充给水系统,如图1-2所示。

③由汽轮机转子旋转的机械能带动发电机旋转,把机械能变为电能的系统,称为电气系统。发电厂的电气系统包括发电机、励磁装置、厂用电系统和升压变电站等,如图1-3所示。

发电机的机端电压和电流随着容量的不同而各不相同,额定电压一般为10～24 kV,而额定电流可达20 kA及以上。发电机发出的电能,其中一小部分(占发电机容量的4%～8%)由厂用变压器降低电压后,经厂用配电装置由电缆供给水泵、送风机、磨煤机等各种辅机和电厂照明等设备用电,称为厂用电(或自用电)。其余大部分电能,由主变压器升压后,经高压配电装置、输电线路送入电力系统。

图 1-1　火电厂燃烧系统流程示意图

火电厂与水电厂和其他类型的发电厂相比具有以下特点:

①火电厂布局灵活,装机容量的大小可按需要决定。

②火电厂建造投资少,单位容量的投资仅为同容量水电厂的一半左右。火电厂建造工期短,两台30万kW机组,工期为3～4年。发电设备年利用小时数高,约为水电厂的1.5倍。

③耗煤量大,目前发电用煤约占全国煤炭总产量的50%,加上运煤费用和大量用水,其生产成本比水力发电高3～4倍。

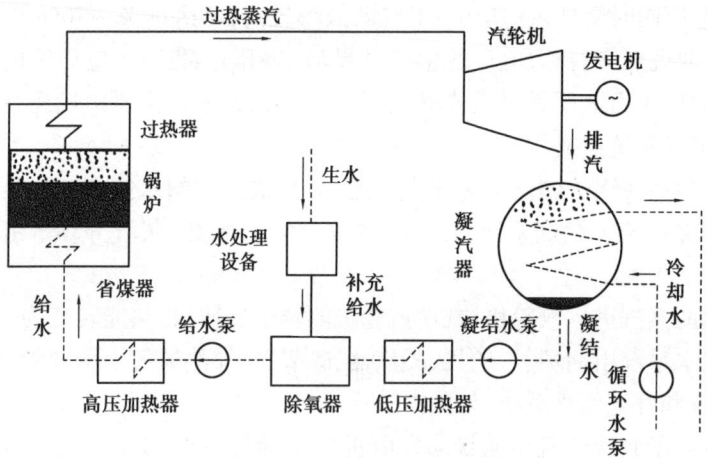

图 1-2　汽水系统示意图

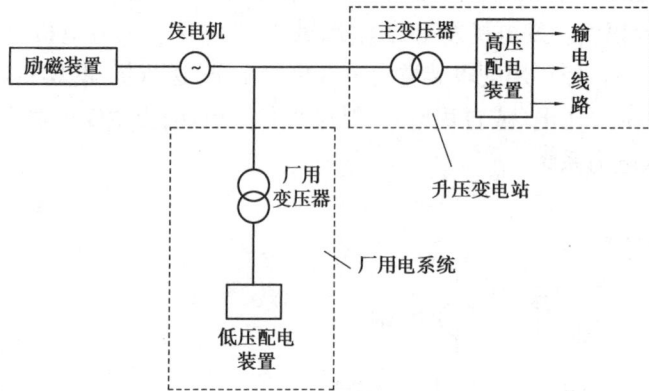

图 1-3　电气系统示意图

④动力设备繁多,发电机组控制操作复杂,厂用电量和运行人员都多于水电厂,运行费用高。

⑤燃煤发电机组由停机到开机且带满负荷需要几小时到十几小时,附加耗用大量燃料。例如,一台30万kW发电机组启停一次耗煤可达60 t。此外,火电厂担负急剧变化的负荷时,必须付出附加燃料消耗的代价。

⑥火电厂担负调峰、调频或事故备用等压力,相应的事故增多,强迫停运率增高,厂用电率增高。从经济和供电可靠性考虑,火电厂应尽可能担负较均匀的负荷。

⑦火电厂的各种排放物(如烟气、灰渣和废水)对环境污染较大。

(2)水力发电厂

水力发电厂简称水电厂,是把水的势能和动能转换成电能的工厂。其生产过程是高处的水经压力水管推动水轮机转子旋转,水轮机带动发电机旋转,将机械能转换为电能。水电厂的发电容量取决于水流的水位落差和水流的流量,即

$$P=9.8\eta QH \tag{1-1}$$

式中　P——水电厂的发电容量,kW;

　　　　Q——通过水轮机的水的流量,m/s;

　　　　H——作用于水电厂的水位落差,也称水头,m;

　　　　η——水轮发电机组的效率,一般为 0.80~0.85。

水电厂根据集中落差的方式可分为堤坝式、引水式和混合式。

1)堤坝式水电厂

在河流中落差较大的适宜地段拦河建坝,形成水库,将水积蓄起来,抬高上游水形成发电水头,这种开发模式称为堤坝式。根据水电厂厂房在水利枢纽中的位置不同,堤坝式又分为坝后式和河床式两种形式。

水电厂生产过程

坝后式水电厂厂房建在坝的后面,厂房不承受上游水压,全部水压由坝体承受,适用于水头较高等情况。典型的坝后式水电站是三峡水电站。三峡大坝全长 2 309.47 m,中部泄流坝长 483 m,最大坝高 181 m,水头约 110 m,装机容量为 18 200 MW。如图 1-4 所示为坝后式水电厂示意图。

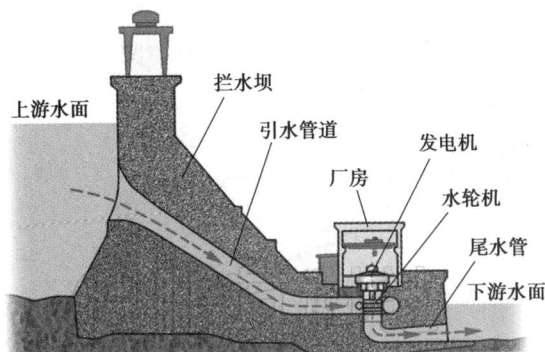

图 1-4　坝后式水电厂示意图

河床式水电厂大多建造在河流中下游河道底坡平缓的河段上。水电厂厂房与坝排成一体,共同阻挡河水,这种坝一般不高,大中型水电厂水头在 25 m 以下,中小型水电厂水头为 10 m 左右,主要靠流量大出力,属低水头大流量型水电站。

河床式水电厂水头低,不会形成大面积水库,通常建在河流的中下游。河床式水电站枢纽最常见的布置方式是泄水闸(或溢流坝)在河床中部,厂房建在一边或两边,其示意图如图 1-5 所示。

湖北葛洲坝水利枢纽是大型河床式水电站,大坝为混凝土重力坝,全长 2 595 m,最大坝高 53.8 m,总装机容量 271.5 万 kW。

2)引水式水电厂

用引水道集中水头的电厂称为引水式水电厂,如图 1-6 所示。其发电模式是在河流坡降陡的河段上筑一低坝(或无坝)取水,通过人工修建的引水道(渠道、隧洞、管道)引水到河段下游,集中落差,再经压力管道引水到水轮机进行发电。

根据引水道的水力条件,引水式水电厂可分为无压和有压两类。无压引水采用明渠或无压隧洞明流引水,适用于中小型水电厂;有压引水采用压力隧洞或压力管道引水,适用于大中型水电厂。

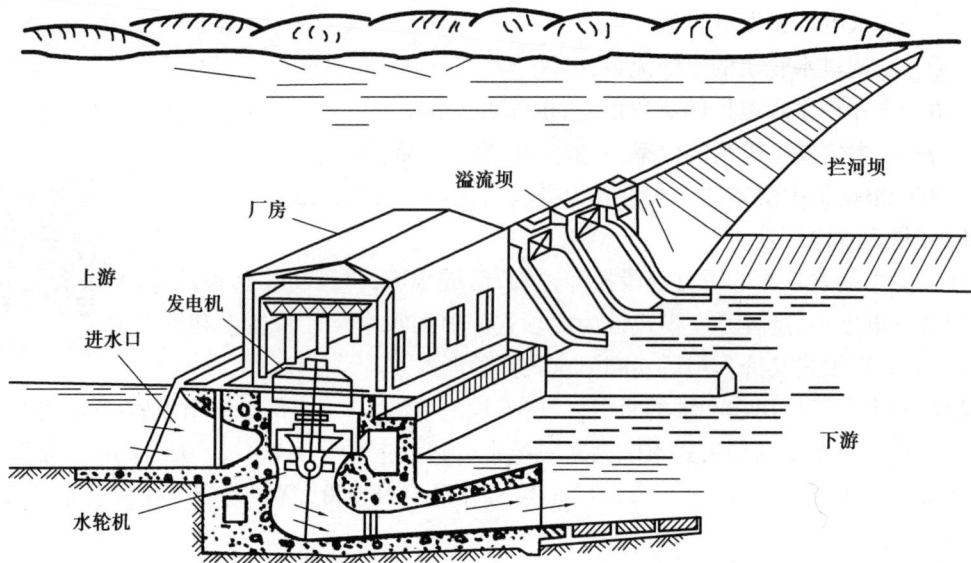

图1-5　河床式水电厂示意图

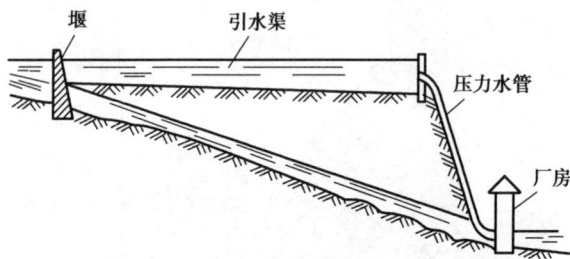

图1-6　引水式水电厂示意图

3）混合式水电厂

在适合开发的河段拦河筑坝,坝上游河段的落差由坝集中,坝下游河段的落差由有压力引水道集中,而水电厂的水头则由这两部分落差共同形成,这种集中落差的方式称为混合开发模式,由此而修建的水电厂称为混合式水电厂。它兼有堤坝式和引水式两种水电厂的特点,具有较好的综合利用效益。

水电厂与其他类型的发电厂相比具有以下特点:

①可综合利用水能资源。除发电以外,还有防洪、灌溉、航运、供水、养殖及旅游等综合效益。

②发电成本低、效率高。利用循环不息的水能发电,节省了大量燃料;省去了运输、加工等多个环节,运行维护人员少,厂用电率低,发电成本仅是同容量火电厂的1/4~1/3或更低。

③运行灵活。设备简单,易于实现自动化,机组启动快,水电机组从静止状态到满负荷运行只需4~5 min,紧急情况可只用1 min。水电厂能适应负荷的急剧变化,适于承担系统的调峰、调频压力和作为事故备用。

④水能可储蓄和调节。电能的生产是发、输、用同时完成的,不能大量储存,而水能资源则可借助水库进行调节和储蓄,并且可兴建抽水蓄能发电厂,扩大利用水的能源。

⑤水力发电不污染环境,而且大型水库能调节空气的温度和湿度,改善自然生态环境。

⑥水电厂建设投资较大,工期较长。

⑦发电不均衡。水电厂的建设和生产受到河流的地形、水量及季节气象条件限制,发电量受到水文气象条件的制约,有丰水期和枯水期之别,发电不平衡。

⑧水库的兴建、土地淹没、移民搬迁会给农业生产带来一些不利影响,可能在一定程度上破坏自然界的生态平衡。

抽水蓄能电厂是具有上游水库和下游水库,利用电力系统中低谷多余电能,把下游水库的水抽到上游水库内,以位能的形式蓄能,需要时再从上游水库放水至下游水库进行发电的水电厂,如图1-7所示。

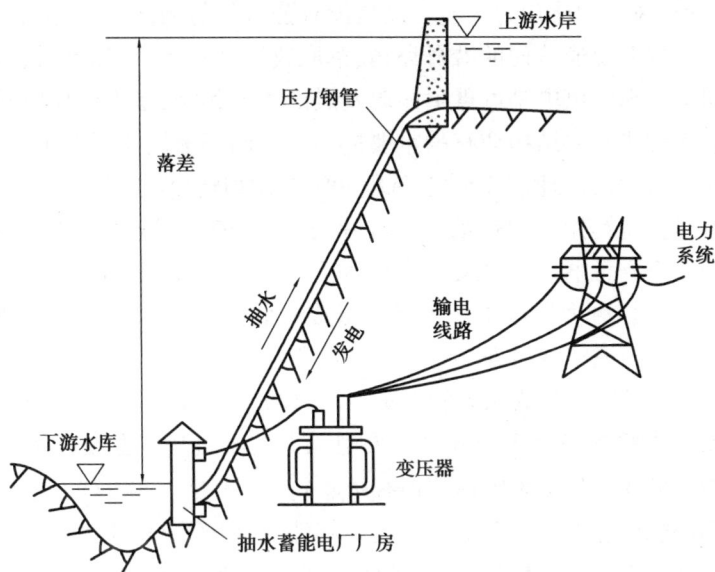

图 1-7　抽水蓄能电厂示意图

按水源不同,抽水蓄能电厂可分为纯抽水蓄能电厂、混合式抽水蓄能电厂、调水式抽水蓄能电厂。

抽水蓄能电厂在电力系统中的作用如下:

①调峰。电力系统峰荷的上升与下降变动比较剧烈,抽水蓄能机组响应负荷变动的能力很强,能够跟踪负荷的变化,在白天适合担任电力系统峰荷中的尖峰部分。

②填谷。在夜间或周末,抽水蓄能电厂利用电力系统富余电能抽水,使火电机组不必降低出力(或停机)和保持热效率较高的区间运行,从而节省燃料,并提高电力系统运行的稳定性。填谷作用是抽水蓄能电厂独具的特色,常规水电厂即使调峰性能好,但不具有填谷作用。

③事故备用。抽水蓄能机组启动灵活、迅速,从停机状态启动至带满负荷仅需 $1 \sim 2$ min,而由抽水工况转到发电工况只需 $3 \sim 4$ min,抽水蓄能电厂宜于作为电力系统的事故备用。

④调频。抽水蓄能机组跟踪负荷变化的能力很强,承卸负荷迅速灵活。当电力系统频率偏离正常值时,它能立即调整出力,使频率维持在正常值范围内,而火电机组却远远适应不了负荷陡升陡降。

⑤调相。抽水蓄能电厂的同步发电机,在没有发电和抽水任务时,可用来调相。抽水蓄

能电厂距离负荷中心较近,控制操作方便,对改善系统电压质量十分有利。

⑥黑启动。抽水蓄能电厂可作为黑启动电源。在电力系统黑启动刚开始时,不需外来电源支持就能迅速自动完成机组的自启动,并向部分电网供电,带动其他发电厂没有自启动能力的机组启动。

⑦蓄能。抽水蓄能电厂通常有一个上游水库和一个下游水库,水能可借助抽水蓄能电厂的上游水库储蓄,即应用抽水蓄能机组将下游水库中的水抽到上游水库,以位能形式储存起来,供需要时利用,可实现较大规模的蓄能。

(3)风力发电

风力发电是指把风的动能转为电能。风是没有公害的能源之一,而且它取之不尽,用之不竭。对缺水、缺燃料和交通不便的沿海岛屿、草原牧区、山区和高原地带,因地制宜地利用风力发电,大有可为。海上风电是可再生能源发展的重要领域,是推动风电技术进步和产业升级的重要力量,是促进能源结构调整的重要措施。我国海上风能资源丰富,加快海上风电项目建设,对促进沿海地区治理大气雾霾、调整能源结构和转变经济发展方式具有重要意义。

风力发电的原理,是利用风力带动风车叶片旋转,再通过增速机将旋转的速度提升,来促使发电机发电。依据风车技术,大约 3 m/s 的微风速度(微风的程度)便可以开始发电。风力发电正在世界上形成一股热潮,风力发电不需要使用燃料,不会产生辐射或空气污染。

酒泉风电
基地介绍

风力发电所需要的装置,称为风力发电机组。风力发电机组大体上可分为风轮(包括尾舵)、发电机和塔筒 3 个部分。大型风力发电站基本上没有尾舵,一般只有小型(包括家用型风力发电站才拥有尾舵)。

①风轮是把风的动能转变为机械能的重要部件,它由若干只叶片组成。当风吹向桨叶时,桨叶上产生气动力驱动风轮转动。桨叶的材料要求强度高、质量轻,多用玻璃钢或其他复合材料(如碳纤维)来制造(还有一些垂直风轮,S 形旋转叶片等,其作用与常规螺旋桨型叶片相同)。

风轮的转速比较低,且风力的大小和方向经常变化,这使得转速不稳定。在带动发电机之前,必须附加一个把转速提高到发电机额定转速的齿轮变速箱,再加一个调速机构使转速保持稳定,然后连接到发电机上。为保持风轮始终对准风向以获得最大的功率,还需在风轮的后面装一个类似风向标的尾舵。

②铁塔是支承风轮、尾舵和发电机的构架。它一般修建得比较高,目的是获得较大和较均匀的风力,且具有足够的强度。铁塔高度视地面障碍物对风速影响的情况,以及风轮的直径大小而定,一般为 6 ~ 20 m。

③发电机的作用是把由风轮得到的恒定转速,通过升速传递给发电机构,把机械能转变为电能。

尽管风力发电机多种多样,但归纳起来可分为两类:水平轴风力发电机,风轮的旋转轴与风向平行;垂直轴风力发电机,风轮的旋转轴垂直于地面或者气流方向。

①水平轴风力发电机。水平轴风力发电机可分为升力型和阻力型两类。升力型风力发电机旋转速度快,阻力型风力发电机旋转速度慢。对风力发电,多采用升力型水平轴风力发

电机。大多数水平轴风力发电机具有对风装置,能随风向改变而转动。对小型风力发电机,这种对风装置采用尾舵,而对大型风力发电机,则利用风向传感元件以及伺服电机组成的传动机构。

风力机的风轮在塔架前面的称为上风向风力机,风轮在塔架后面的则称为下风向风力机。水平轴风力发电机的式样很多,有的具有反转叶片的风轮,有的在一个塔架上安装有多个风轮,以便在输出功率一定的条件下减少塔架的成本,还有的水平轴风力发电机在风轮周围产生漩涡,集中气流,增加气流速度。

②垂直轴风力发电机。垂直轴风力发电机在风向改变的时候无须对风,在这点上相对于水平轴风力发电机是一大优势,它不仅使结构设计简化,而且减少了风轮对风时的陀螺力。

利用阻力旋转的垂直轴风力发电机有多种类型,其中,有利用平板和被子做成的风轮,这是一种纯阻力装置;S形风车具有部分升力,但主要还是阻力装置。这些装置有较大的启动力矩,但尖速比低,在风轮尺寸、质量和成本一定的情况下,提供的功率输出低。

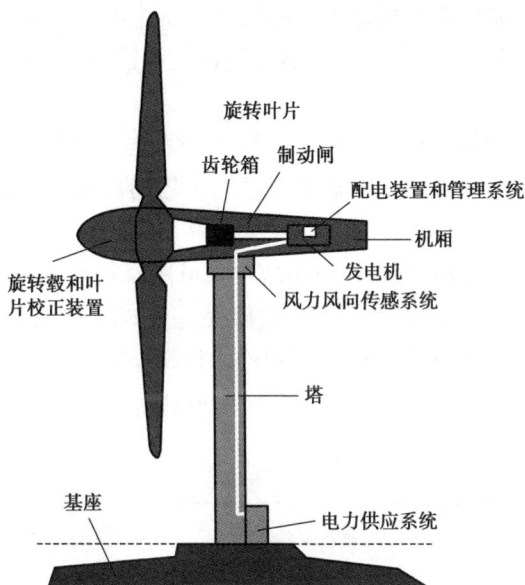

旋转叶片

齿轮箱 制动闸

配电装置和管理系统

机厢

发电机

风力风向传感系统

旋转毂和叶片校正装置

塔

基座

电力供应系统

图 1-8 风力发电原理图

风力发电有以下特点:

①风能是取之不尽、用之不竭的清洁、无污染、可再生能源,用它发电十分有利。与火力发电、燃油发电、核电相比,它不需购买燃料,也不需支付运费,更不需对发电残渣、大气进行环保治理。风力发电是绿色能源。

②风力发电有很强的地域性,不是任何地方都可以建站。它必须建在风力资源丰富的地方,即风速大、持续时间长的地方。风力资源大小与地势、地貌有关,山口、海岛常是优选地址。

③风的季节性决定了风力发电在整个电网中处于"配角"地位。对它的使用有两种运行方式。

a. 风力发电机或机群并网运行。有风发电,电能送入电网;无风不发电。

b. 无电网的高山、海岛、牧区,风力发电机与柴油发电机并联运行。有风时风力发电,无风时柴油发电机发电。对用户来说时时都有电。

(4)太阳能光伏发电

太阳能光伏发电是根据光生伏特效应原理,利用太阳能电池将太阳光能直接转化为电能(图1-9)。无论是独立使用还是并网发电,光伏发电系统主要由太阳能电池板(组件)、控制器和逆变器三大部分组成,它们主要由电子元器件构成,不涉及机械部件。光伏发电设备可靠稳定寿命长、安装维护简便。理论上讲,光伏发电技术可以用于任何需要电源的场合,上至航天器,下至家用电源,大到兆瓦级电站,小到玩具,光伏电源无处不在。国产晶体硅电池效率为10%～13%,国外同类产品效率为12%～14%。由一个或多个太阳能电池片组成的太阳能电池板称为光伏组件。

太阳能光伏发电系统由太阳能电池板、太阳能控制器、蓄电池(组)组成。如输出电源为交流220 V或110 V,还需要配置逆变器。各部分的作用如下:

①太阳能电池板:太阳能电池板是太阳能发电系统中的核心部分,是太阳能发电系统中价值最高的部分。其作用是将太阳的辐射能力转换为电能,或送往蓄电池中存储起来,或推动负载工作。

②太阳能控制器:控制整个系统的工作状态,并对蓄电池起到过充电保护、过放电保护的作用。在温差较大的地方,合格的控制器具备温度补偿的功能。其他附加功能如光控开关、时控开关都应当是控制器的可选项。

③蓄电池:一般为铅酸电池,在小微型系统中也可用镍氢电池、镍镉电池或锂电池。其作用是在有光照时将太阳能电池板所发出的电能储存起来,需要使用的时候再释放出来。

④逆变器:太阳能的直接输出一般为12VDC,24VDC,48VDC。为能向220VAC的电器提供电能,需要将太阳能发电系统所发出的直流电能转换为交流电能,需要使用DC-AC逆变器。

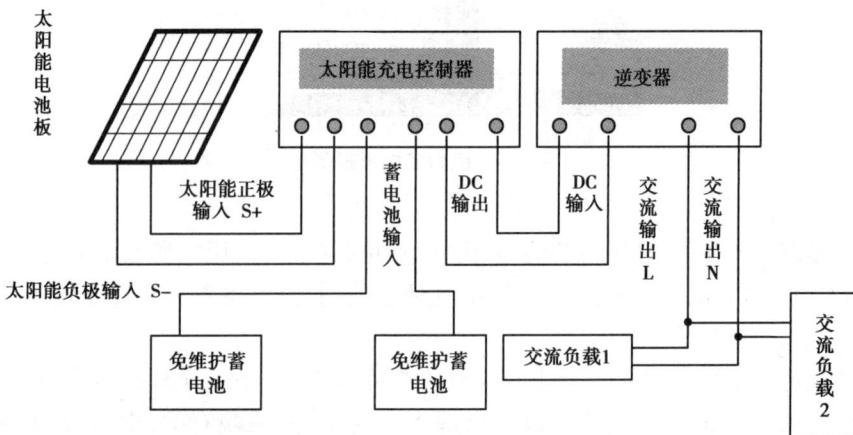

图1-9　太阳能光伏发电原理图

太阳能光伏发电具有的独有优点如下:

①太阳能是取之不尽、用之不竭的洁净能源,太阳能光伏发电是安全可靠的,不会受到能源危机和燃料市场不稳定等因素的影响。

②太阳能光伏发电对偏远无电地区尤其适用,可以降低长距离电网的建设和输电线路上的电能损失。

③太阳能的产生不需要燃料,使得运行成本大大降低。

④除了跟踪式,太阳能光伏发电没有运动部件,不易损毁,安装相对容易,维护简单。

⑤太阳能光伏发电不会产生任何废弃物,不会产生噪声、温室及有毒气体,是理想的洁净能源。安装 1 kW 光伏发电系统,每年可少排放 CO_2 600 ~ 2 300 kg,NO_x 16 kg,SO_x 9 kg 及其他微粒 0.6 kg。

⑥可以有效利用建筑物的屋顶和墙壁,不需要占用大量土地。太阳能电池板可以直接吸收太阳能,进而降低墙壁和屋顶的温度,减少室内空调的负荷。

⑦太阳能光伏发电系统的建设周期短,发电组件的使用寿命长,发电方式比较灵活,发电系统的能量回收周期短。

⑧不受资源分布地域的限制,可在用电处就近发电。

太阳能光伏发电虽然具有上述诸多优点,但是有其缺点:

①地理分布、季节变化、昼夜交替会严重影响其发电量,没有太阳的时候不能发电或者发电量很小,这会影响用电设备的正常使用。

②能量的密度低,大规模使用时,占用的面积比较大,而且受太阳辐射强度的影响。

③光伏系统的造价比较高,系统成本为 40 000 ~ 60 000 元/kW,初始投资高严重制约了其广泛应用。

④年发电时数较低,平均 1 300 h。

⑤精准预测系统发电量比较困难。

(5)核电厂

核电厂又称核电站,它用铀、钚等作核燃料,将在裂变反应中产生的能量转变为电能。

在当前以发电为目的的核能动力领域,世界上应用比较普遍或具有良好发展前景的主要有压水堆(PWR)、沸水堆(BWR)、高温气冷堆(HTGR)和快中子堆(LMFBR)等堆型。在运行的核电站中,压水堆站和沸水堆站的比重较大,分别为 67.2% 和 21.1%。

风光互补发电介绍

核电介绍

1)压水堆核电厂

压水堆核电厂以压水堆为热源,它主要由核岛和常规岛组成。压水堆核电厂核岛中的四大部件为蒸汽发生器、稳压器、主泵和堆芯。在核岛中的系统设备主要有压水堆本体、回路系统以及为支持一回路系统正常运行和保证反应堆安全而设置的辅助系统。常规岛主要包括汽轮机组及二回路系统等,其形式与常规火电厂类似。如图 1-10 所示为压水堆核电示意图。

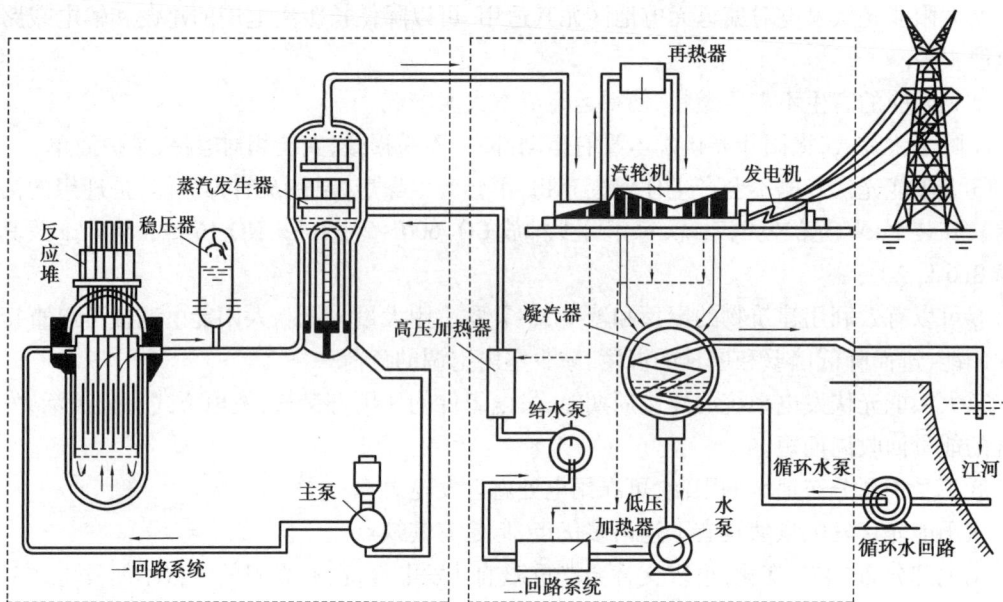

图 1-10   压水堆核电厂示意图

2) 沸水堆核电厂

沸水堆核电厂以沸水堆为热源。沸水堆是以沸腾轻水为慢化剂和冷却剂并在反应堆压力容器内直接产生饱和蒸汽的动力堆。沸水堆与压水堆同属轻水堆,都具有结构紧凑、安全可靠、建造费用低和负荷跟随能力强等优点,它们都需使用低富集铀作燃料。沸水堆核电厂系统有主系统(包括反应堆)、蒸汽-给水系统、反应堆辅助系统等。如图 1-11 所示为沸水堆核电厂的示意图。

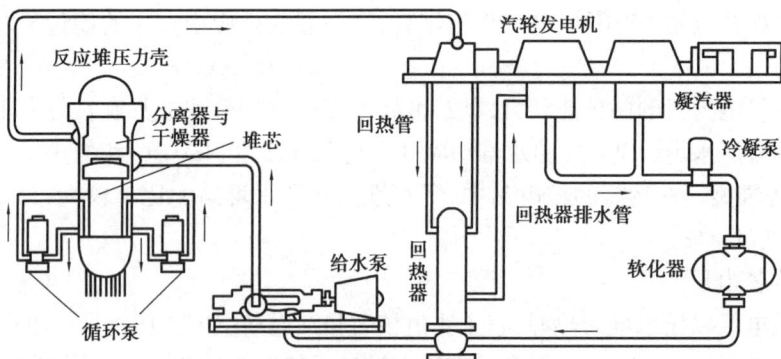

图 1-11   沸水堆核电厂示意图

核电厂的优点如下:

①与火电厂燃烧化石能源相比,核电站是利用核裂变反应释放能量来发电。核能发电不会产生对空气造成污染的二氧化硫等有害气体,也不会产生加重地球温室效应的二氧化碳。

②核能发电所使用的是铀燃料,而全球铀的蕴藏量相当丰富。

③核燃料能量密度比化石燃料高几百万倍,核能电厂所使用的燃料体积小,运输与储存都很方便,一座 1 000 百万瓦的核能电厂只需 30 t 的铀燃料,一航次的飞机就可以完成运送。

④核能发电的成本中,燃料费用所占的比例较低,核能发电的成本较不易受国际经济形势影响,发电成本较其他发电方法稳定。

核电厂的缺点如下:

①核电厂会产生高低阶放射性废料,使用过的核燃料虽然所占体积不大,但其具有放射线,必须慎重处理。

②核电厂热效率较低,比一般化石燃料电厂排放更多废热到环境里,热污染较严重。

③核电厂投资成本太大,电力公司的财务风险较高。

④核电厂的反应器内有大量的放射性物质,如果设计不合理或操作不当造成核泄漏事故,会对生态及民众造成伤害。

(6)其他发电形式

①地热发电。利用地下热水和蒸汽为动力源的一种新型发电技术。其基本原理与火力发电类似,根据能量转换原理,首先把地热能转换为机械能,再把机械能转换为电能。

②海洋能发电。海洋能是蕴藏在海水中的可再生能源,如潮汐能、波浪能、海流能、海洋温差能、海洋盐差能等。

③磁流体发电。也称等离子发电,是使极高温度并高度电离的气体高速(1 000 m/s)流经强电场而直接发电。

④生物质能发电。利用生物质所具有的生物质能进行发电,是可再生能源发电的一种,包括农林废弃物直接燃烧发电、农林废弃物气化发电、垃圾焚烧发电、垃圾填埋气发电、沼气发电等。

切尔诺贝利核电站

神奇的地热

学习情境 3:认识变电所

变(配)电所是连接电力系统的中心环节,是汇集能源、升降电压、分配电能的枢纽,如图1-12 所示。

变电所通常由主变压器、高低压配电装置、主控室及其他辅助设备组成。各种类型的变电所及其作用和特点见表 1-1。

表 1-1　各种类型的变电所及其作用和特点

类型		作用和特点
按作用分	升压变电所	一般设于发电厂内或电厂附近,发电机电压经升压变压器升高后,由高压输电线路将电能送出,与电力系统相连
	降压变电所	一般位于负荷中心或网络中心,连接电力系统各部分,同时将电压降低,供给地区负荷用电
	开关站(开闭所)	仅连接电力系统中的各部分,可以进行输电线路的断开或接入,而无变压器进行电压变换,一般是为了电力系统的稳定而设置

续表

类型		作用和特点
按所处地位分	枢纽变电所	位于电力系统中汇集多个大电源和多条重要线路的枢纽点,在电力系统中具有极为重要的地位,高压侧多为 330～500 kV,其高压侧各线路之间往往有巨大的交换功率
	地区变电所	是供电给一个地区的主要供电点。一般从 2～3 个输电线路受电,受电电压通常为 110～220 kV,供电给中、低压下一级变电所
	工厂企业变电所	专供某工厂企业用电的降压变电所,受电电压可以是 220 kV,110 kV 或 35 kV 及 10 kV,因工厂大小而异
	终端变电所	由 1～2 条线路受电,处于电网终端的降压变电所,终端变电所的接线较简单

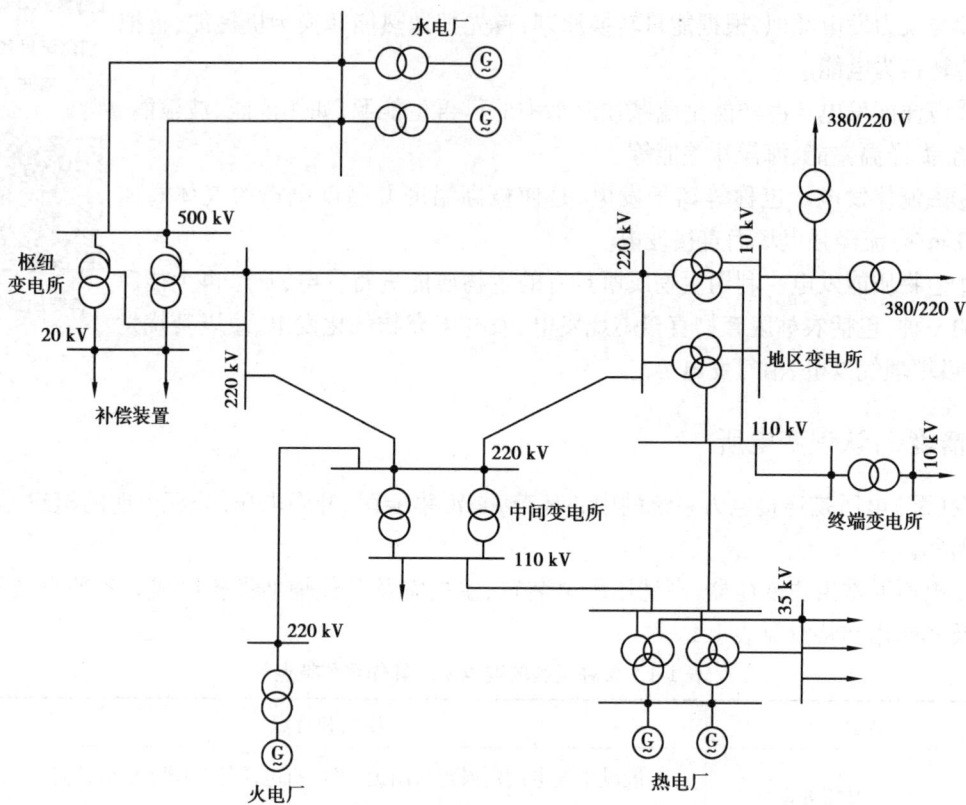

图 1-12　某电力系统接线示意图

➤ 【任务实施】

认识发电厂变电站

1.人员准备

(1)教师及学生应着实训工装,佩戴安全帽。

（2）每 3 ~ 4 名学生为一组，各组学生轮流开展实训。

（3）教师在学生实训期间必须始终在现场，不得擅自离开；如果确需离开，必须停止学生的实训操作。

2. 场地准备

（1）实训室应配备合格、充足的安全工器具，并正确使用。

（2）实训现场应具备明显的应急疏散标识。

3. 任务实施

（1）工作任务准备。根据"认识发电厂变电站"的学习情况，布置工作任务。首先下发任务工作单，如表 1-2 所示。

表 1-2　认识发电厂变电站工作任务单

任务名称	认识发电厂变电站
相关任务描述	初步认识发电厂和变电站
相关学习准备	学习发电厂变电站的相关资料及网络资料
对学生的考核办法	过程考核
采用的主要教学方法	（1）多媒体、实验实训教学手段 （2）情境启发式、任务驱动式、自主探究式、协作学习式等教学方法
教学及实训设备、地点	多媒体教室、理实一体化实训室

（2）任务实施过程。根据工作任务的布置及学生学习情况，开展任务实施。实施过程如表 1-3 所示。

表 1-3　任务实施过程

任务名称	认识发电厂变电站	授课班级	
		授课时间	
学习目标	初步认识发电厂和变电站		
学习资料	配套教材《发电厂变电所电气设备》；教学视频、多媒体课件；网络资源；相关知识的储备		
专业能力	能够讲述并识别发电厂和变电站的类型和特点		
方法能力	资料收集整理能力；制订、实施工作计划的能力；理论知识的综合运用能力		
社会能力	交接工作流程确认能力；沟通协调能力；语言表达能力；团队组织能力；班组管理能力；责任心与职业道德；安全与自我保护能力；环境保护能力		
技能考核项目与要求	（1）制作 PPT，介绍发电厂和变电站类型及特点 （2）能正确无误地讲述发电厂的类型和特点 （3）能正确无误地讲述变电站的类型和在电网中的作用		
学习任务的说明	引导学生讲述并识别发电厂和变电站的类型		

续表

任务名称	认识发电厂变电站	授课班级	
		授课时间	
学习任务	(1)小组成员先集中讨论和学习任务所需要的知识,分工合作,吸收消化学习要点、分析学习目标、制订工作计划 (2)学生能够完成认识发电厂和变电所的学习 (3)学生能够按照计划在理实一体化教室完成对认识发电厂和变电所的类型的认知任务 (4)学生按小组制作汇报 PPT,小组成员全部上台汇报,其他小组给予评价。制作思维导图,将学习成果总结归纳。配合教师进行任务反馈		
项目实施过程			
目的	学习的内容		
1.资讯	(1)布置工作任务、下发任务单 要求学生了解能源、发电厂的类型及特点、变电站的类型及作用 (2)提供相关的参考资料 ①学生在教师指导下观看相关视频 ②学生自主完成讨论、习题 (3)提出本次学习过程中的疑难问题		
2.计划	学生分组(3~4 人/组)讨论本任务所需的知识和技能,查阅相关学习资料		
3.决策	制订工作计划,明确工作任务,确定工作要求、工作注意事项及任务分工		
4.实施	学生根据分工完成各自任务,进行汇总,完成工作单,并根据制订的实施方案,在理实一体化教室完成发电厂和变电站的认识任务		
5.检查	学生分组对所做工作过程及结果进行演示和汇报:发电厂及变电站的类型和特点		
6.评价	(1)结果评价 ①学生对本项目的整个实施过程进行自评 ②以小组为单位,分别对其他组做的工作结果进行互评和建议 (2)资料整理和提升 ①学生总结本次实训心得,做成 PPT 形式 ②学生根据互评和教师评价的建议,填写评价表,优化方案		

4.任务评价

根据学生对本任务的实施情况,填写评价表。教师对学生的评价如表 1-4 所示。

表 1-4 教师对学生评价表

学习任务:认识发电厂变电站							
教师签字:			学习团队名称:				
评价内容		评分标准	被考核人				
目标认知程度	工作目标明确、工作计划具体、结合实际、具有可操作性	10					
情感态度	工作态度端正、注意力集中、能使用网络资源收集相关资料	10					
团队协作	积极与他人合作共同完成工作任务	10					
专业能力要求	熟悉发电厂和变电站的类型和特点	70					
总分							

教师对小组评价		评分	评语:
资讯	15		
计划	15		
决策	20		
实施	20		
检查	10		
评估	20		
总分			

➤ 【思考问题】

1. 发电厂的作用是什么？发电厂有哪些类型？各有什么特点？

2. 变电所的作用是什么？根据变电所在电力系统中的地位可分为哪些类型？

任务 2 电力系统基本知识的认识

➤ 【内容提要】

本任务主要通过学习电力系统的相关知识,了解电力系统联网运行的优越性,掌握电力系统的构成、额定电压等级的确定方法、衡量电能的质量指标,以及中性点运行方式的识别,以此认识电力系统基本知识,这是变电站值班员必须掌握的知识。

➤ 【学习要求】

①掌握电力系统的构成及特点。
②了解电力网的类型及连接方式。
③了解电力系统联网运行的优越性。
④掌握额定电压等级的确定方法。
⑤了解衡量电能的质量指标。
⑥掌握中性点运行方式的特点及应用。

➤ 【任务导入】

电能从生产到使用的整个过程中有哪些环节?电能要满足什么条件才能供给用户使用?这些是高压电工首先要掌握的内容。

➤ 【知识链接】

学习情境1:电力系统构成的认识

电能具有输送方便、控制灵活、转换容易、利用率高、清洁经济、便于自动化等诸多优点,是厂矿企业最主要的动力和社会生活不可缺少的能源。

(1)电力系统和动力系统

电能从生产到供给用户使用,一般要经过发电、变电、输电、配电和用电几个环节(图1-13)。由发电机、输配电线路、变配电所以及各种用户用电设备连接起来所构成的整体称为电力系统。

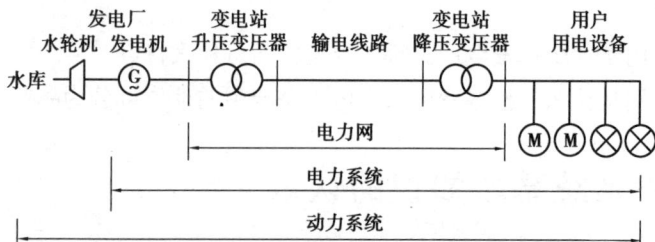

图 1-13　电力系统及动力系统示意图

电力系统加上发电厂的动力部分(火电厂的锅炉、汽轮机、热力管网等;水电厂的水库、水轮机、压力管道等)构成了动力系统。

如图 1-14 所示为大型电力系统的系统图(单线图)。

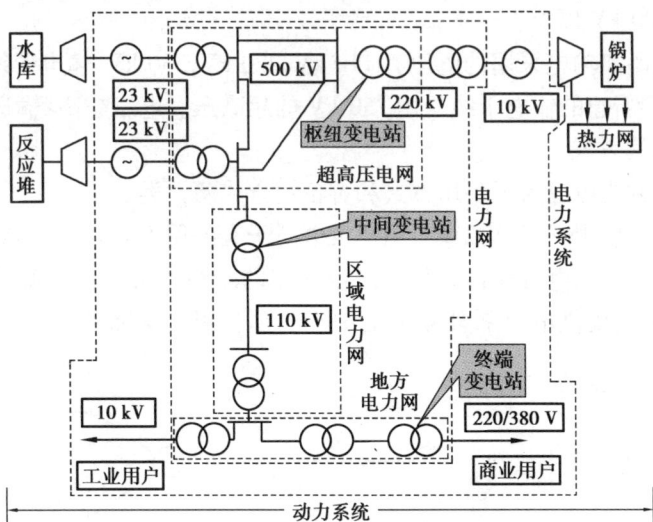

图 1-14　大型电力系统的系统图

电力系统有以下特点:

①同时性。发电、输电、用电同时完成,不能大量储存。

②整体性。发电厂、变压器、高压输电线路、配电线路和用电设备在电网中是一个整体,不可分割,缺少任意一个环节,电力运行都不可能完成。

③快速性。电能输送过程迅速。

④连续性。电能需要时刻进行调整。

⑤实时性。电网事故发展迅速,涉及面大,需要时刻监视电网安全。

⑥随机性。在运行中,负荷随机变化,异常情况及事故的发生具有随机性。

(2)电力网

在电力系统中,由各种不同电压等级的电力线路和变(配)电所构成的网络,称为电力网,简称电网。

电力网是连接发电厂和用户的中间环节,一般分为输电网和配电网两个部分。

输电网一般由 220 kV 及以上电压等级的输电线路和与之相连的变电所组成,是电力系统的主干部分。它的作用是将电能输送到距离较远的各地区配电网或直接送给大型工厂企业。

配电网由 110 kV 及以下电压等级的配电线路(110 kV 和 35 kV 为高压配电,10 kV 为中压配电,380/220 V 为低压配电)和配电变压器组成,其作用是将电能分配到各类用户。

1)电力网的电压等级

电力网的电压等级分 5 级:

①低压:1 kV 以下。

②中压:1~10 kV。

③高压:10~330 kV。

④超高压:330~1 000 kV。

⑤特高压:1 000 kV 以上。

我国常用的远距离输电采用的电压有 110 kV,220 kV,330 kV,输电干线一般采用 500 kV 的超高压,西北电网新建的输电干线采用 750 kV 的超高压。电压越高,输送距离越远。

2)电力网的接线方式

电力网的接线方式可分为无备用方式和有备用方式两大类。

①无备用方式。仅用一回电源线向用户供电属于无备用方式。其特点是电网结构简单,运行方便,投资较少,但供电可靠性较低。广泛使用的断路器自动重合闸装置和线路故障带电作业检修,对这种接线供电可靠性较低的缺点有所弥补。无备用接线适宜向一般用户供电,如图 1-15 所示。

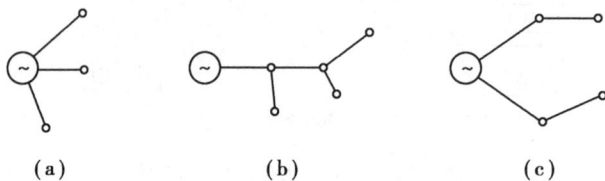

图 1-15　无备用接线

(a)单回路放射式;(b)单回路干线式;(c)单回路链式

②有备用方式。凡用户能从两回或两回以上线路得到供电的电网属于有备用方式。这种接线供电可靠性高,但运行控制较复杂,适用于对重要用户供电,如图 1-16 所示。

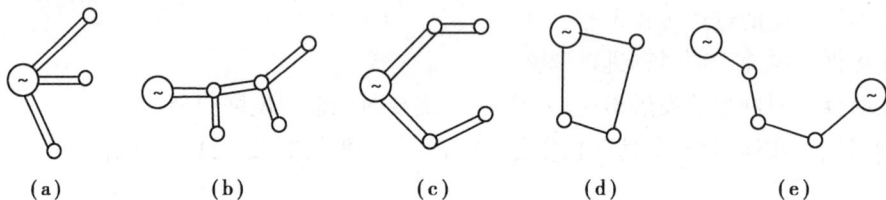

图 1-16　有备用接线

(a)双回路放射式;(b)双回路干线式;(c)双回路链式;(d)环网;(e)两端供电式

(3)用户与用电负荷分级

工矿企业、交通运输、农牧饲养、国防、科研、商业、市政和人民生活,方方面面都离不开电能,都是电力系统的用户。

电力用户从电力系统中取用的用电功率,称为用户的用电负荷。

用电设备所消耗的功率分为有功功率和无功功率。用户的用电负荷分为有功负荷(以千瓦计)和无功负荷(以千瓦计)。

按用户用电负荷的重要程度,一般将负荷分为 3 级:

①一级负荷。如果用户供电突然中断,将会导致人身伤亡或重大设备损坏等严重事故,以及国民经济的关键企业的大量减产,造成巨大的损失或政治影响,这样的负荷称为一级负荷,如炼钢厂、电解铝工厂及矿井用电等。

②二级负荷。停电后将引起某些生产设备的损坏、部分产品的报废或造成大量减产,以

及城市秩序混乱,这类负荷属于二级负荷,如纺织厂、造纸厂等企业和城市公共事业用电等。

③三级负荷。凡不属于一、二级负荷的,都列为三级负荷,如工厂附属车间和居民用电等。

一级负荷应有两个以上独立的电源供电。任一电源故障时,都不致中断供电。有时还有备用的柴油发电机组。

二级负荷一般尽量由不同的变压器或两个母线段上取得两路电源。

三级负荷一般以单回路供电。

学习情境 2:电力系统联网运行优越性的认识

现代电力系统越来越大,还在不断扩大中。国家能源局发布的 2022 年全国电力工业统计数据显示,截至 2022 年 12 月底,全国累计发电装机容量约 25.6 亿 kW,同比增长 7.8%。2022 年,全国可再生能源总装机超过 12 亿 kW,水电、风电、太阳能发电、生物质发电装机均居世界首位。其中,风电装机容量约 3.7 亿 kW,同比增长 11.2%;太阳能发电装机容量约 3.9 亿 kW,同比增长 28.1%。

电力系统联网运行,在技术上和经济上都有十分明显的优越性。

互联的电力系统的主要作用和优越性有以下几个方面:

(1)更经济合理开发一次能源,实现水、火电资源优势互补

各地区的能源资源分布不尽相同,能源资源和负荷分布也不尽平衡。电力系统互联,可以在煤炭丰富的矿口建设大型火电厂向能源缺乏的地区送电,可以建设具有调节能力的大型水电厂,以充分利用水力资源。这样既可解决能源和负荷分布的不平衡性,又可充分发挥水电和火电在电力系统中运行的特点。

(2)降低系统总的负荷峰值,减少总的装机容量

由于各电力系统的用电构成和负荷特性、电力消费习惯性不同,以及地区之间存在时间差和季节差,因此,各个系统的年和日负荷曲线不同,高峰负荷不会同时发生。而整个互联系统的日最高负荷和季节最高负荷不是各个系统高峰负荷的线性相加,结果使整个系统的最高负荷比各系统的最高负荷之和要低,峰谷差也要减少。电力系统互联有显著的错峰效益,可减少各系统的总装机容量。

(3)减少备用容量

各发电厂的机组可以按地区轮流检修,错开检修时间。通过电力系统互联,各个电网相互支援,可减少检修备用。各电力系统发生故障或事故时,电力系统之间可以通过联络线互相紧急支援,避免大的停电事故,提高各系统的安全可靠性,还可减少事故备用。总之,可减少整个系统的备用容量和各系统装机容量。

(4)提高供电可靠性

由于系统容量加大,个别环节故障对系统的影响较小,而多个环节同时发生故障的概率

相对较小,因此能提高供电可靠性。但是,个别环节发生故障,如果不及时消除,就有可能扩大,波及相邻的系统,严重情况下会导致大面积停电。互联电力系统要形成合理的网架结构,提高电力系统自动化水平,以保证电力系统互联高可靠性的实现。

(5)提高电能质量

电力系统负荷波动会引起频率变化。由于电力系统容量增大,供电范围扩大,总的负荷波动比各地区的负荷波动之和要小,因此,引起系统频率的变化也相对较小。同样,冲击负荷引起的频率变化也较小。

(6)提高运行经济性

各个电力系统的供电成本不相同,在资源丰富地区建设发电厂,其发电成本较低。实现互联电力系统的经济调度,可获得补充的经济效益。

学习情境3:电能质量指标的认识

与其他商品一样,电能也有它的质量标准。衡量电能质量的主要指标有频率、电压和波形。

(1)频率

我国的技术标准规定电力系统的额定频率为 50 Hz。对大型电力系统,频率的允许范围为 50 Hz±0.2 Hz;对中小型电力系统,频率的允许范围为 50 Hz±0.5 Hz。

频率偏离正常允许范围时,对用户和电力系统本身都会造成很大危害。

当频率高出允许值时,异步电动机转速升高,除使功率损失增加、经济性降低外,还会使某些对转速有严格要求的工业部门产品质量下降,甚至产出废品。同时,会影响电钟及电子设备的正常工作。

当频率低于允许值时,异步电动机转速下降,使生产率降低,还影响电动机的寿命。同时,会使某些部门产出次品甚至废品,影响电钟及电子设备的工作。另外,频率大幅度降低还使发电厂的给水泵、风机等厂用发电机出力大为减少,甚至影响锅炉和汽轮发电机组的出力,导致电力系统有功功率更加不足,频率进一步降低,形成恶性循环,直至发生电力系统"频率崩溃"——这是一种极其严重的系统性大事故,会造成大面积停电的严重后果。

(2)电压

所有用电设备都应当按照其设计的额定电压进行,一般仅允许有±5%的变动范围。

电压过高,许多用电设备都会损坏,甚至造成严重事故和巨大损失。

电压过低,许多用电设备都不能正常工作。对于异步电动机而言,电压过低时,其输出转矩显著降低,转差加大,电流加大,温度升高,甚至会使电动机烧毁。

为使用电设备能得到合适的电压,我国规定用户处的电压容许变化范围如下:

①由 35 kV 及以上电压供电的用户:±5%。

②由 10 kV 及以下电压供电的高压用户和低压电力用户:±7%。

③低压照明用户:-10% ~ +5%。

(3)波形

电力系统供电电压或电流的标准波形应是正弦波。当电源波形不是标准的正弦波时,就包含有各种谐波成分。这些谐波成分的存在不仅会大大影响电动机的效率和正常运行,还可能使电力系统产生高次谐波共振而危及设备的安全运行,还将影响电子设备的正常工作,并对通信产生不良的干扰。

变压器铁芯饱和或没有三角形接法的绕组,负荷中有大功率整流设备等,都是产生高次谐波的原因,应注意防止或采取相应措施消除高次谐波。

学习情境 4:电力系统的额定电压等级的确定

我国国家标准规定的三相交流电网和电力设备的额定电压(线电压)见表1-5。

表 1-5　我国三相交流电网和电力设备的额定电压　　　　　　单位: kV

分类	电网和用电设备额定电压	交流发电机额定电压	电力变压器额定电压	
			一次绕组	二次绕组
低压	0.22	0.23	0.22	0.23
	0.38	0.40	0.38	0.40
	0.66	0.69	0.66	0.69
高压	3	3.15	3 及 3.15	3.15 及 3.3
	6	6.3	6 及 6.3	6.3 及 6.6
	10	10.5	10 及 10.5	10.5 及 11
	—	13.8,15.75	13.8,15.75	
	—	18,20	18,20	
	35		35	38.5
	110		110	121
	220		220	242
	330		330	363
	500		500	525

(1)电网的额定电压

电网的额定电压就是电力线路及其与之相连的变电所汇流母线的额定电压。确定一级额定电压要根据国民经济发展的需要和电力工业的水平。

(2)用电设备的额定电压

用电设备的额定电压规定与同级电网的额定电压相同。实际运行中,用电设备的电压允许有±5%的变动范围,而供电线路因流通电流后产生电压降,故线路首端电压高些,末端电压低些,连接不同地点的用电设备所受电压有所不同,两者刚好适应。

(3)发电机的额定电压

发电机的额定电压规定比同级电网额定电压高 5%。这时电力线路允许有 10% 的电压损耗,线路末端允许比电网额定电压低 5%,两者刚好适应。

(4)电力变压器的额定电压

①电力变压器一次绕组的额定电压。当变压器直接与发电机相连时,变压器一次绕组的额定电压应当与发电机额定电压相同;当变压器不是与发电机直接相连,而是接于某一电力线路的末端时,变压器一次绕组的额定电压应当与该线路额定电压相同。

②电力变压器二次绕组的额定电压。当变压器二次绕组供电给较长的高压输电线路时,其额定电压应比相应线路额定电压高 10%;当供电给较短的输电线路时,其额定电压可以只比相应线路额定电压高 5%。

学习情境 5:电力系统中性点运行方式的识别

电力系统中,发电机三相绕组通常接成星形,变压器高压绕组多数也接成星形。这些发电机和变压器星形绕组的中点统称为电力系统的中性点。

电力系统中性点的运行方式就是中性点的接地方式。

我国电力系统中性点的运行方式主要有 3 种:中性点直接接地运行方式、中性点不接地运行方式和中性点经消弧线圈接地运行方式。

电力系统中性点接地方式要综合考虑电力系统的过电压与绝缘配合、继电保护与自动装置的配置、短路电流的大小、供电的可靠性、电力系统的运行稳定性以及对通信的干扰等因素,是一项综合性的技术问题。

在中性点直接接地方式下,系统发生单相接地故障时短路电流很大(又称为大接地电流系统)。同时,非故障相的相电压不会升高,这在电压等级高时对绝缘很有利。

在中性点不接地方式和中性点经消弧线圈接地方式下,系统发生单相接地故障时接地故障电流很小(又称这两种接地方式为小接地电流系统)。同时,非故障相的相电压会升高为原来的 $\sqrt{3}$ 倍。

(1)中性点直接接地系统(图 1-17)

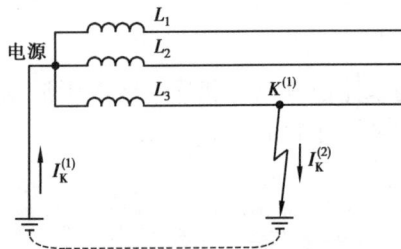

图 1-17　中性点直接接地时的单相接地

我国 110 kV 及以上电网广泛采用中性点直接接地运行方式。这样对线路的绝缘水平要求较低,能显著地降低线路投资。在运行中,110 kV 及以上电网的中性点并非全部同时接地,而是只有一部分接地(合上中性点接地刀闸),而其余的则不接地(拉开其中性点接地刀闸)。这由系统调度决定,目的是使系统单相接地短路电流有一个合适的范围,既能满足继电保护动作灵敏度的需要,又不致太大。一般希望单相短路电流不大于同一地点的三相短路电流。

这种系统在正常运行时,系统中性点并没有入地电流(或者说只有极小的三相不平衡电流)。

当系统发生单相接地时,短路电流会足够大,从而使继电保护装置动作,迅速将故障线路切除,系统非故障部分仍可正常运行,只是接于故障线路的用户被停电,但可在线路上加装自动重合闸装置,如发生的为瞬时性接地故障(约为总数的70%),重合闸大都能重合成功,用户停电仅为 0.5s 左右,没有什么影响,供电可靠性能得到保障。

单相接地短路电流较大时,对邻近的通信线路有较强的电磁干扰,是这种运行方式的一个缺点。

在我国低压 380/220 V 三相四线系统中,中性点也直接接地,这是为了取得 220 V 单相电压。

(2)中性点不接地系统(图 1-18)

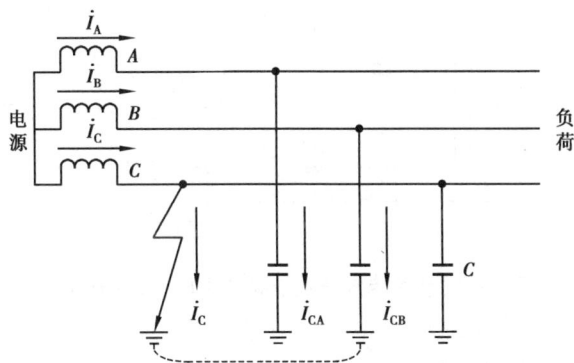

图 1-18 中性点不接地时的单相接地

当发生单相接地时,只能通过线路对地电容(一种非人为的空间分布电容)构成单相接地回路,故障点流过很小的容性电流(电弧),大多能自行熄灭。

在中性点不接地系统中发生单相接地时,系统 3 个线电压的对称性没有变化,用电设备仍能正常工作,供电可靠性较高,这是采用中性点不接地方式的主要原因。至于非故障相电压升高 $\sqrt{3}$ 倍这一缺点,对较低电压等级并无大的伤害。

相关规程规定,中性点不接地系统发生单相接地故障允许继续运行 2 h,应在这段时间内找到接地点并予以消除,以免另外一相也发生单相接地而变成两相接地短路。

在我国 3 kV,6 kV,10 kV,35 kV 系统中,当单相接地时的电容电流不大时,都采用中性点不接地方式。具体的规定为:

①3~6 kV 电网单相接地电容电流不大于 30 A。

②10 kV 电网单相接地电容电流不大于 20 A。

③35 kV 电网单相接地电容电流不大于 10 A。

单相接地时电容电流可近似地按下式计算:

对架空线 $$I_c = \frac{UL_\Sigma}{350}(A) \tag{1-2}$$

对电缆 $$I_c = \frac{UL_\Sigma}{10}(A) \tag{1-3}$$

式中 U——线路额定电压,kV;

       L_Σ——同一电压且互相连通的所有线路总长度,km。

(3)中性点经消弧线圈接地系统(图 1-19)

在我国 3~35 kV 系统中,当单相接地且电容电流大于前述规定值时,应采用中性点经消弧线圈接地方式。这种情况下接地电容电流较大,会产生断续电弧,可能使电路中发生危险的电压谐振现象,出现高达相电压 2.5~3 倍的过电压,导致线路上绝缘薄弱处被击穿。

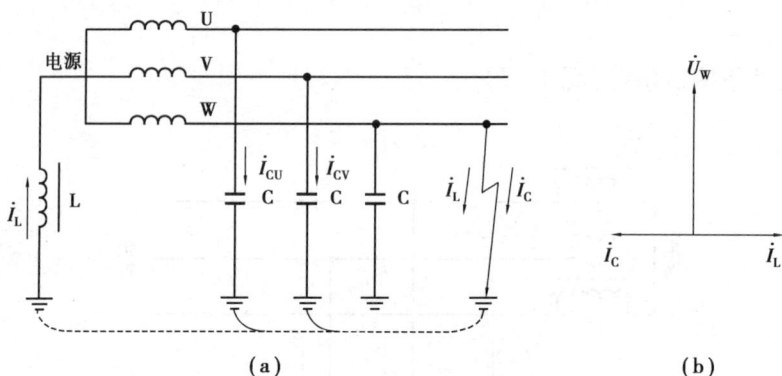

图 1-19 中性点经消弧线圈接地时的单相接地

(a)接线图;(b)向量图

消弧线圈是一个铁芯带有气隙的可调电感线圈,其感抗可通过其绕组抽头进行调节。当系统中性点经消弧线圈接地后,在发生单相接地故障时,接地点流过的是原来的电容电流 I_c 与新增加的电感电流 I_L 之差(电容电流与电感电流在相位上刚好相差 $180°$),从而使故障点接地电流减少,使电弧容易自行熄灭。

若调节消弧线圈使电感电流刚好等于电容电流,则两者完全抵消,这称为全补偿。由于全补偿时消弧线圈的感抗和非故障相的对地分布电容的容抗刚好构成串联谐振,非常大的谐振电流流经消弧线圈,在其感抗上会引起危险的中性点过电压,所以实际运行中不允许采用全补偿方式。

实际运行中通常采用过补偿方式,即让电感电流大于电容电流,接地点电容电流全被抵消后还留有一个很小的电感性电流。采用过补偿方式能保证一些线路退出运行时不会变成全补偿(即谐振)状态。

目前,我国大多数 6~10 kV 系统中性点是不接地的;大多数 35 kV 系统中性点是经消弧线圈接地的;在一些多雷山区,为了提高供电可靠性,有的 110 kV 系统中性点也经消弧线圈接地。

➤ 【任务实施】

电力系统初步认知

1. 人员准备

(1)教师及学生应着实训工装,佩戴安全帽。

(2)每3~4名学生为一组,各组学生轮流开展实训。

(3)教师在学生实训期间必须始终在现场,不得擅自离开;如果确需离开,必须停止学生的实训操作。

2. 场地准备

(1)实训室应配备合格、充足的安全工器具,并正确使用。

(2)实训现场应具备明显的应急疏散标识。

3. 任务实施

(1)工作任务准备。根据"电力系统初步认知"的学习情况,布置工作任务。首先下发任务工作单,如表1-6所示。

表1-6 电力系统初步认知工作任务单

任务名称	电力系统初步认知
相关任务描述	初步认识电力系统
相关学习准备	学习电力系统的相关资料及网络资料
对学生的考核办法	过程考核
采用的主要教学方法	(1)多媒体、实验实训教学手段 (2)情境启发式、任务驱动式、自主探究式、协作学习式等教学方法
教学及实训设备、地点	多媒体教室、理实一体化实训室

(2)任务实施过程。根据工作任务的布置及学生学习情况,开展任务实施。实施过程如表1-7所示。

表1-7 任务实施过程

任务名称	电力系统初步认知	授课班级	
		授课时间	
学习目标	初步认识电力系统		
学习资料	配套教材《发电厂变电所电气设备》;教学视频、多媒体课件;网络资源;相关知识的储备		
专业能力	能够讲述电力系统的作用		
方法能力	资料收集整理能力;制订、实施工作计划的能力;理论知识的综合运用能力		

续表

任务名称	电力系统初步认知	授课班级	
		授课时间	
社会能力	交接工作流程确认能力;沟通协调能力;语言表达能力;团队组织能力;班组管理能力;责任心与职业道德;安全与自我保护能力;环境保护能力		
技能考核项目与要求	(1)制作PPT,介绍电力系统基本知识 (2)能正确无误地讲述电力系统的构成和特点		
学习任务的说明	引导学生讲述电力系统的作用		
学习任务	(1)小组成员先集中讨论和学习任务所需要的知识,分工合作,吸收消化学习资料、分析学习目标、制订工作计划 (2)学生能够完成电力系统基本知识的学习 (3)学生能够按照计划在理实一体化教室完成对电力系统的构成的认知任务 (4)学生按小组制作汇报PPT,小组成员全部上台汇报,其他小组给予评价。制作思维导图,将学习成果总结归纳。配合教师进行任务反馈		

项目实施过程	
目的	学习的内容
1.资讯	(1)布置工作任务、下发任务单 要求学生了解电力系统联网运行的优越性,掌握电力系统的构成、额定电压等级的确定方法、衡量电能的质量指标,以及中性点运行方式的识别 (2)提供相关的参考资料 ①学生在教师指导下观看相关视频 ②学生自主完成讨论、习题 (3)提出本次学习过程中的疑难问题
2.计划	学生分组(3~4人/组)讨论本任务所需的知识和技能,查阅相关学习资料
3.决策	制订工作计划,明确工作任务,确定工作要求、工作注意事项及任务分工
4.实施	学生根据分工完成各自任务,进行汇总,完成工作单,并根据制订的实施方案,在理实一体化教室实施完成电力系统、电力网等的认识任务
5.检查	学生分组对所做工作过程及结果进行演示和汇报:电力系统的基本组成、电力网、中性点运行方式
6.评价	(1)结果评价 ①学生对本项目的整个实施过程进行自评 ②以小组为单位,分别对其他组做的工作结果进行互评和建议 (2)资料整理和提升 ①学生总结本次实训心得,做成PPT形式 ②学生根据互评和教师评价的建议,填写评价表,优化方案

4.任务评价

根据学生对本任务的实施情况,填写评价表。教师对学生的评价如表 1-8 所示。

表 1-8 教师对学生评价表

学习任务:电力系统初步认知								
教师签字:			学习团队名称:					
评价内容		评分标准	被考核人					
目标认知程度	工作目标明确、工作计划具体、结合实际、具有可操作性	10						
情感态度	工作态度端正、注意力集中、能使用网络资源收集相关资料	10						
团队协作	积极与他人合作共同完成工作任务	10						
专业能力要求	熟悉电力系统的组成、电力网的类型、中性点运行方式	70						
总分								

教师对小组评价		评分	评语:
资讯	15		
计划	15		
决策	20		
实施	20		
检查	10		
评估	20		
总分			

➤ 【思考问题】

1. 何为电力系统、动力系统及电力网?

2. 电能的质量指标有哪几项? 简要说明其内容。

3. 何为电力系统额定电压? 我国电网和用电设备的额定电压有哪些等级?

4. 电力系统中性点有哪几种运行方式? 各有什么优缺点?

任务 3　一、二次设备的认识

➤ 【内容提要】

本任务主要通过学习发电厂及变电站的电气设备,掌握一次设备的内容,了解二次设备的内容,以此认识发电厂及变电站的电气设备,这是国家电网考试大纲重点要掌握的内容,也是变电站值班员应知应会的内容。

➤ 【学习要求】

①掌握一次设备的定义。
②掌握一次设备包含的内容。
③掌握二次设备的定义。
④了解二次设备包含的内容。

➤ 【任务导入】

电能的生产、转换、输送、分配和使用整个过程中用到了哪些电气设备?

➤ 【知识链接】

学习情境 1:一次设备的认识

为了满足电能的生产、转换、输送和分配的需要,发电厂和变电所中安装有各种电气设备。

直接参与生产、转换和输配电能的设备,称为发电厂和变电所的一次设备。

(1)生产和转换电能的设备

生产和转换电能的设备有同步发电机、变压器及电动机,它们都是根据电磁感应原理进行工作的。

①同步发电机,用来将机械能转换为电能。
②变压器,用来将电压升高或降低,以满足输配电需要。
③电动机,用来将电能转换为机械能,用于拖动各种机械。发电厂、变电所使用的电动机绝大多数是异步电动机,或称感应电动机。

(2)开关电器

开关电器的作用是接通或断开电路。高压开关电器主要有以下几种：

①断路器(俗称开关),用来接通或断开电路的正常工作电流、过负荷电流或短路电流,设有专门的灭弧装置,是电力系统中最重要的控制和保护电器。

②隔离开关(俗称刀闸),用来在检修设备时隔离电压,进行电路的切换操作及接通或断开小电流电路。它没有灭弧装置,一般只有在电路断开的情况下才能操作。在各种电气设备中,隔离开关使用量较多。

③熔断器(俗称保险),用来断开电路的过负荷电流或短路电流,保护电气设备免受过负荷和短路电流的危害。熔断器不能用来接通或断开正常工作电流,必须与其他电器配合使用。

此外,开关设备还有负荷开关、重合器、分段器等。

(3)限流电器

限流电器包括串联在电路中的普通电抗器和分裂电抗器。其作用是限制短路电流,使发电厂或变电所能够选择轻型电器。

(4)载流导体

①母线,用来汇集和分配电能,或将发电机、变压器与配电装置连接,有敞露母线和封闭母线之分。

②架空线和电缆线,用来传输电能。

(5)补偿设备

常用的补偿设备有调相机、电力电容器、消弧线圈和并联电抗器。

1)调相机

调相机是一种不带机械负荷运行的同步电动机。过励磁运行时,它向系统供给感性无功,起无功电源的作用,过励磁运行时的容量是调相机的容量;欠励磁运行时,它从系统吸取感性无功,起无功负荷作用。

2)电力电容器

电力电容器补偿分并联补偿和串联补偿。并联补偿是将电容器与用电设备并联,它发出无功功率,供给本地区需要,避免长距离输送无功,减少线路电能损耗和电压损耗,提高系统供电能力;串联补偿是将电容器与线路串联,抵消系统的部分感抗,提高系统的电压水平,相应地减少系统的功率损失。

3)消弧线圈

消弧线圈用来补偿小接地电流系统的单相接地电容电流,有利于熄灭电弧。

4)并联电抗器

并联电抗器一般装设在 330 kV 及以上超高压配电装置的某些线路侧,其作用主要是吸收过剩的无功功率,改善沿线电压分布和无功分布,降低有功损耗,提高送电效率。

(6)互感器

互感器包含电压互感器和电流互感器。电压互感器的作用是将交流高电压变为低压（100 V 或 $100/\sqrt{3}$ V），供电给测量仪表和继电保护装置的电压线圈。电流互感器是将交流大电流变为小电流（5 A 或 1 A），供电给测量仪表和继电保护装置的电流线圈。互感器使测量仪表和保护装置标准化和小型化，使测量仪表和保护装置等二次设备与高压部分隔离且互感器二次侧均接地，从而保证设备和人身安全。

(7)防御过电压设备

①避雷线（架空地线），可将雷电流引入大地，保护输电线路免受雷击。
②避雷器，可防止雷电过电压对电气设备的危害。
③避雷针，可防止雷电直接击中配电装置的电气设备或建筑物。

(8)绝缘子

绝缘子用来支持和固定载流导体，并使载流导体与地绝缘，或使装置中不同电位的载流导体间绝缘。

(9)接地装置

接地装置用来保证发电厂和变电所正常工作或保护人身安全。保证发电厂和变电所正常工作的接地称为工作接地，保护人身安全的接地称为保护接地。

常用一次设备的图形、文字符号见表1-9。

表 1-9 常用一次设备的图形、文字符号

序号	设备名称	图形符号	文字符号	序号	设备名称	图形符号	文字符号
1	双绕组变压器		T 或 TM	6	火花间隙		F
2	三绕组变压器		T 或 TM	7	电力电容器		C
3	电抗器		L	8	具有一个二次绕组的电流互感器		TA
4	分裂电抗器		L	9	具有两个二次绕组的电流互感器		TA
5	避雷器		F	10	电压互感器		TV

续表

序号	设备名称	图形符号	文字符号	序号	设备名称	图形符号	文字符号
11	三绕组电压互感器		TV	18	跌落时熔断器		FU
12	母线		WB	19	熔断器式负荷开关		Q
13	断路器		QF	20	熔断器式隔离开关		Q
14	隔离开关		QK	21	接触器		K 或 KM
15	负荷开关		QL	22	电缆终端头		W
16	隔离插头或插座		Q 或 QS	23	输电线路		WL 或 L
17	熔断器		FU	24	接地		PE

学习情境2:二次设备的认识

二次设备是指对一次设备进行监测、控制、调节、保护以及为运行、维护人员提供运行工况或生产指挥信号所需的低压电气设备,如熔断器、控制开关、继电器、控制电缆等。

(1)测量表计

测量表计用来监视、测量电路的电流、电压、功率、电能、频率及设备的温度等,如电流表、电压表、功率表、电能表、频率表、温度表等,用以测量一次回路的运行参数。

(2)绝缘监察装置

绝缘监察装置用来监察交、直流电网的绝缘状况。

(3)控制和信号设备

控制主要是指采用手动(用控制开关或按钮)或自动(继电保护或自动装置)方式过操作回路实现配电装置中断路器的合、跳闸。断路器都有位置信号灯,有些隔离开关有位置指示器。主控制室设有中央信号装置,用来反映电气设备的事故或异常状态。

(4)继电保护及自动装置

继电保护的作用是当发生故障时,作用于断路器跳闸,自动切除故障元件;当出现异常情况时发出信号。自动装置的作用是用来实现发电厂的自动并列、发电机自动调节、励磁电力系统频率自动调节、按频率启动水轮机组;实现发电厂或变电站的备用电源自动投入输电线路、自动重合闸及按事故频率自动减负荷等。

(5)直流电源设备

直流电源设备包括直流发电机组、蓄电池组和硅整流装置等,用作开关电器的操作,信号、继电保护及自动装置的直流电源,以及事故照明和直流电动机的备用电源。

(6)控制电缆

控制电缆用于连接二次设备。

(7)塞流线圈

塞流线圈又称高频阻波器,是电力载波通信设备中必不可少的组成部分,它与耦合电容、结合滤波器、高频电缆、高频通信机等组成电力线路高频通信通道。塞流线圈起到阻止高频电流向变电所或支线泄漏、减小高频能量损耗的作用。

➤ 【任务实施】

电气设备初步认知

1. 人员准备

(1)教师及学生应着实训工装,佩戴安全帽。

(2)每3~4名学生为一组,各组学生轮流开展实训。

(3)教师在学生实训期间必须始终在现场,不得擅自离开;如果确需离开,必须停止学生的实训操作。

2. 场地准备

(1)实训室应配备合格、充足的安全工器具,并正确使用。

(2)实训现场应具备明显的应急疏散标识。

3. 任务实施

(1)工作任务准备。根据"发电厂及变电站电气设备初步认知"的学习情况,布置工作任务。首先下发任务工作单,如表1-10所示。

表 1-10　电气设备初步认知工作任务单

任务名称	电气设备初步认知
相关任务描述	认识发电厂及变电站电气一次设备和二次设备
相关学习准备	学习"电气设备"的相关资料及网络资料

任务名称	电气设备初步认知
对学生的考核办法	过程考核
采用的主要教学方法	(1)多媒体、实验实训教学手段 (2)情境启发式、任务驱动式、自主探究式、协作学习式等教学方法
教学及实训设备、地点	多媒体教室、理实一体化实训室

(2)任务实施过程。根据工作任务的布置及学生学习情况,开展任务实施。实施过程如表 1-11 所示。

表 1-11 任务实施过程

任务名称	电气设备初步认知	授课班级	
		授课时间	
学习目标	初步认识发电厂及变电站电气一次设备和二次设备		
学习资料	配套教材《发电厂变电所电气设备》;教学视频、多媒体课件;网络资源;相关知识的储备		
专业能力	能够列举出发电厂及变电站主要一次和二次设备的种类		
方法能力	资料收集整理能力;制订、实施工作计划的能力;理论知识的综合运用能力		
社会能力	交接工作流程确认能力;沟通协调能力;语言表达能力;团队组织能力;班组管理能力;责任心与职业道德;安全与自我保护能力;环境保护能力		
技能考核项目与要求	(1)制作 PPT,介绍主要电气一次设备和二次设备 (2)能正确无误地认识电气一次和二次设备		
学习任务的说明	引导学生认识发电厂及变电站的电气一次和二次设备		
学习任务	(1)小组成员先集中讨论和学习任务所需要的知识,分工合作,吸收消化学习资料、分析学习目标、制订工作计划 (2)学生能够完成发电厂及变电站电气设备基本知识的学习 (3)学生能够按照计划在理实一体化教室组织完成对电气一次和二次设备的认知任务 (4)学生按小组制作汇报 PPT,小组成员全部上台汇报,其他小组给予评价。制作思维导图,将学习成果总结归纳。配合教师进行任务反馈		
项目实施过程			
目的	学习的内容		
1. 资讯	(1)布置工作任务、下发任务单 要求学生了解发电厂及变电站电气一次和二次设备的基本种类 (2)提供相关的参考资料 ①学生在教师指导下观看相关视频 ②学生自主完成讨论、习题 (3)提出本次学习过程中的疑难问题		

续表

任务名称	电气设备初步认知	授课班级	
		授课时间	
2.计划	学生分组(3~4人/组)讨论本任务所需的知识和技能,查阅相关学习资料		
3.决策	制订工作计划,明确工作任务,确定工作要求、工作注意事项及任务分工		
4.实施	学生根据分工完成各自任务,进行汇总,完成工作单,并根据制订的实施方案,在理实一体化教室完成发电厂及变电站电气一次设备和二次设备等的认识任务		
5.检查	学生分组对所做工作过程及结果进行演示和汇报:发电厂及变电站电气一次设备和二次设备的基本种类		
6.评价	(1)结果评价 ①学生对本项目的整个实施过程进行自评 ②以小组为单位,分别对其他组做的工作结果进行互评和建议 (2)资料整理和提升 ①学生总结本次实训心得,做成PPT形式 ②学生根据互评和教师评价的建议,填写评价表,优化方案		

4.任务评价

根据学生对本任务的实施情况,填写评价表。教师对学生的评价如表1-12所示。

表1-12　教师对学生评价表

学习任务:电气设备初步认知							
教师签字:			学习团队名称:				
评价内容		评分标准	被考核人				
目标认知程度	工作目标明确、工作计划具体、结合实际、具有可操作性	10					
情感态度	工作态度端正、注意力集中、能使用网络资源收集相关资料	10					
团队协作	积极与他人合作共同完成工作任务	10					
专业能力要求	熟悉发电厂及变电站电气一次设备和二次设备的基本种类	70					
总分							

续表

学习任务:电气设备初步认知		
教师对小组评价	评分	
资讯	15	
计划	15	评语:
决策	20	
实施	20	
检查	10	
评估	20	
总分		

➤ 【思考问题】

1.什么是发电厂、变电所的一次设备? 哪些设备属于发电厂、变电所的一次设备?
2.什么是发电厂、变电所的二次设备? 哪些设备属于发电厂、变电所的二次设备?

➤ 【知识拓展】

我国电力系统发展的特点

我国电力行业发展迅猛,电源结构不断调整,火电优化水平提高,水电开发力度加大,电网建设不断加强,电力环保成绩显著,电力装备技术不断提高,多项技术已经达到国际先进水平。进入 21 世纪,电力需求更加旺盛,发展潜力巨大,电力建设任务仍十分艰巨,电力系统的主要发展趋势是开发新能源,开发节能环保的新产品,降低设备的功耗,加快研究更高一级的电压输电技术,推广柔性输电技术,加快电网建设,优化资源配置,继续推进城乡电网建设与改造,形成可靠的配电网络。

我国电力发展的基本方针是提高能源效率,保护生态环境,加强电网建设,大力开发水电,优化发展煤电,积极推进核电建设,适度发展天然气发电,鼓励新能源和可再生能源发电,带动装备工业发展,深化体制改革。在此方针的指导下,结合近期电力工业建设重点及目标,我国电力系统发展将呈现以下 4 个鲜明特点:

①自动化水平逐步提高,安全性和可靠性受到充分重视。先进的继电保护装置、变电站综合自动化系统、电网调度自动化系统以及电网安全稳定控制系统得到广泛应用。随着电网建设和网架结构的加强、电网自动化水平的提高,我国电网安全稳定事故大幅下降,电网供电可靠性有较大提高,平均供电可靠性为 99.82%。

②经济、高效和环保。随着大容量机组的应用、电网的发展以及先进技术的广泛采用,煤耗与网损逐年下降。新建火电厂将广泛采用大容量、高效、节水机组,采用脱硫技术和控制 NO_x 的排放。到 2020 年,在人口密集地区,将建设 60GW 的天然气发电机组和 40GW 的核电

机组。在电网建设方面,将采用先进技术提高单位走廊输电能力、降低网损,加强环境和景观保护,城市电网将逐步提高电缆化率,推广变电站紧凑化设计。

③结构调整力度将会继续加大。将重点推进水电流域梯级综合开发,加快建设大型水电基地,因地制宜开发中小型水电站和发展抽水蓄能电站,使水电开发率有较大幅度提高。合理布局发展煤电,加快技术升级,节约资源,保护环境,节约用水,提高煤电技术水平和经济性。实现百万千瓦级压水堆核电工程设计、设备制造本土化、批量化的目标,全面掌握新一代百万千瓦级压水堆电站工程设计和设备制造技术,积极推进高温气冷堆核电技术研究和应用。在电力负荷中心、环境要求严格、电价承受力强的地区,因地制宜建设适当规模的天然气电厂,提高天然气发电比重。在风力资源丰富的地区,开发较大规模的风力发电场。在大电网覆盖不到的边远地区,发展太阳能光伏电池发电。因地制宜发展地热发电、潮汐电站、生物质能(秸秆等)与沼气发电等。与垃圾处理相结合,在大中城市规划建设垃圾发电项目。

④技术进步和产业升级步伐将会加快。电力工业要着眼于走出一条科技含量高、经济效益好、资源消耗低、环境污染小的新型工业化道路,促进电力设备的本土化。需要重点开展以下几个方面的工作:推广单机容量60万kW及以上大容量超临界机组。加大大型水电站建设关键技术的研究,加快大容量水电机组设备制造本地化。积极发展洁净煤发电技术,掌握空冷系统设计制造技术和机组节水改造技术,掌握大容量机组烟气脱硫的设计制造技术。加快100万千瓦级大型核电站设备制造本地化进程。实现600千瓦至兆瓦级风电设备本地化。引进第三代核电技术。建设功能完善、信息畅通、相互协调的电力调度自动化系统,建立适应电力市场竞争需要的技术支持系统,电力行业的信息化达到国际先进水平。加快电网建设,优化资源配置。

加快推进西电东送三大通道的输电线路建设,合理规划布局,积极采用先进适用技术提高线路输送容量,节约输电通道资源。建设坚强、清晰、合理、可靠的区域电网。推进大区电网互联,适当控制交流同步电网规模。继续推进城乡电网建设与改造,形成安全可靠的配电网络。完善城乡配电网结构,增强供电能力。

加快计算机技术、自动化技术和信息技术的推广应用,提高城网自动化水平和供电可靠性,满足城乡居民用电的需求。完善县城电网的功能、增强小城镇电网的供电能力,扩大电网覆盖面。发展循环经济,创建节约型社会。

加强发电、输变电、用电等环节的科学管理,提高能源使用效率。在加快电力建设,保障电力供给的同时,将节约资源和提高能效提升到与电力供应同等重要的地位。通过深化电力需求侧管理,加强全国联网,调整产业结构,逐步降低单位产值能耗等节能、节电的综合措施。通过节能、节电,加强全国联网,调整产业结构,逐步降低单位产值能耗等综合措施。

大国工匠   梅琳:落子无悔

位于四川、云南交界的白鹤滩水电站,装机容量1 600万kW,是世界第二大水电站。

让人们想不到的是,在这个水电站,全球最大发电机转子的吊装,竟然出自一位女工匠之手。她可以把直径16.5 m、重达2 300 t转子的移动距离控制在1 mm以内。她就是全球最大发电机转子的吊装者——梅琳。

4月25日,白鹤滩水电站右岸电站将吊装第四个发电机转子,转子是发电机能够输出电流的关键部件,在这里,每个转子的质量达到2 300 t,为世界之最,每次吊装,对白鹤滩水电站的建设者们来说都是一次考验。

这是吊装前的最后一次交底会,参加会议的是参与转子吊装各个岗位的核心人员,梅琳则是核心中的核心。

梅琳是国内为数不多可以吊装巨型精密装置的起重机司机,她要做的是在这个不足 2 m² 的驾驶室里,通过 3 个操纵杆将转子平稳、安全地吊入指定位置。

即使在这个岗位工作了 26 年,梅琳每次到达工位后,都要做些练习找到手感。

梅琳说:"作为桥机司机的基本功就是要稳钩,每一吊都要去总结,总结它的规律、惯性。"

梅琳养成做练习的习惯,还是 26 年前。那是梅琳第一次独立操控起重机,却成了她最不愿触碰的回忆。

梅琳说:"因为晃动太大了,地下的工友们接起来很吃力,我师父很严厉地批评了我,我的自尊心深受打击,从那天开始,把水桶吊在吊钩上面,每天练习几百次。"

那时,梅琳驾驶的是门式起重机,起重质量 60 t,要让这个庞然大物吊一桶水,并做到滴水不漏,不是一件容易的事。

梅琳说:"晃动性挺大的,基本上可以洒出半桶吧,就是不停地练,它就形成了一种肌肉记忆,慢慢就形成一种动作本能,经过一个月的练习,我可以做到水不从桶里面洒出来。"

梅琳说,她从第一次上车起,就知道这是要做一辈子的职业,她不会放弃。26 年里,不断重复的动作让梅琳的手掌覆盖了一层老茧,她操纵起重机如同和自己的身体融为一体一般自如。不断的摸索中,她创造出一套"手感、听感、嗅感"相结合的吊装方法,26 年来,从三峡水电站吊装 1 500 t 发电机转子,到溪洛渡水电站,吊装 1 800 t 发电机转子,梅琳的吊装始终在向世界之最冲击。这次,她的目标是 2 300 t。

最重要的就是最后这一截,就是最后 10 cm,这个间隙非常小,点动、点动、点动,指令一定要清楚。

梅琳说:"这四周被雨布蒙着的这一块是定子部分,转子下来的时候,转子和定子的间隙是 42 mm,但是对我来说最难的部分是最后这部分,销钉和销孔的距离是 1.5 mm,2 300 t 考验的是桥机的强度,但是对我来说考验的是精度。"

发电机是精密仪器,转子吊装要求精度非常高,梅琳要做的,是把这个直径 16.5 m、高 4 m、重达 2 300 t 的大家伙,吊入发电机坑位时的移动距离控制在 1 mm 以内。

吊装开始了,梅琳要把这个 2 300 t 的庞然大物吊起 10 m,平移近 200 m 后,再精确地放入发电机坑位中。

中国能建葛洲坝机电公司白鹤滩机电项目部经理李志宏说:"平移的难度是非常大的,在整个过程中,她要保持转子很平稳,很顺滑地过来,这样的话梅琳要控制速度。她的手感非常重要,如果速度快了,就会造成转子在空中摇晃。这么大的一个庞然大物,2 300 t 的庞然大物,空中摇晃是非常吓人的,这时她要保持非常好的手感,也要保持好的心态。"

转子只是在空中度过了二十多分钟,可等待的人们却觉得时间无比漫长。这个过程中,梅琳要时刻保持手感,确保起重机运行稳定,稍有不稳造成晃动,都可能带来无法估量的损失。

转子吊装平移结束,开始垂直吊入发电机坑位。梅琳每一步操控都干脆且坚定。

梅琳说:"终于松了一口气,我手心里都是汗,其实心里特别紧张。"

　　白鹤滩水电站的工程仍将继续,梅琳还会继续她的挑战。

　　梅琳说:"应该说这个岗位是很孤独的岗位,因为是热爱对这个工作,所以说可以克服一切困难。成百上千上万的零部件,就是经过我们的手,就是从那么大的一个深坑慢慢填最后并网发电,其实也还是有一种成就感在里面"。

项目2

高压开关电器的认知与维护

任务1 认识电弧

> **【内容提要】**

　　电力系统的开关电器,在断开和接通电流时,分离的触头之间不可避免地会产生电弧。本任务学习电弧的相关知识,了解电弧的定义,掌握电弧的产生和熄灭的基本原理,以此认识发电厂及变电站中开关电器灭弧的基本方法。

> **【学习要求】**

　　①了解电弧的定义。
　　②了解电弧的产生过程。
　　③掌握电弧产生与熄灭的基本原理。
　　④掌握灭弧的基本方法。

> **【任务导入】**

　　开关电器是发电厂和变电所中的重要组成设备,其工作中伴随电弧的产生。电弧直接决定开关电器的正常工作与否,对电力系统的安全、稳定运行影响重大。

> **【知识链接】**

　　电弧的产生与熄灭、电弧的危害、熄灭电弧的基本方法。

学习情境:了解电弧的基础知识

　　电弧是一种气体放电现象,是指接触的两个触点通有大电流,在触点断开的瞬间,电子或离子游离到空气中并瞬间产生电火花,导致周围的空气自持导电的现象。电弧是一束游离的气体。电弧常产生在开关电器触头接通或分离的时候,伴随有强烈的白光、高温等现象。

(1)电弧的产生

电弧由阴极区、弧柱区、阳极区 3 个部分组成,如图 2-1 所示。阴极和阳极间的明亮光柱称为弧柱。弧柱区中心部位温度最高,电流密度最大,同时发出强烈的白光。电弧是一种自持气体导电,其大多数载流子为一次电子发射所产生的电子。

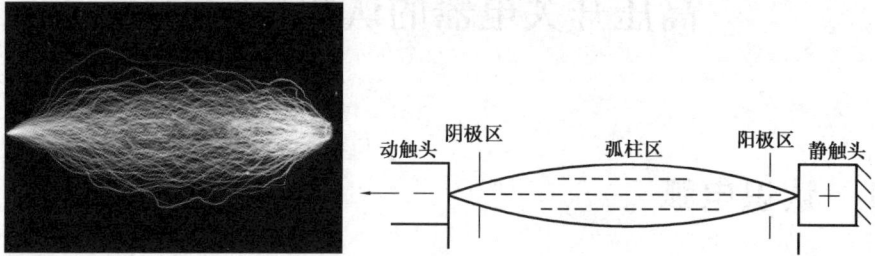

图 2-1　电弧的组成

在正常状态下,气体具有良好的电气绝缘性能。但当在气体间隙的两端加上足够大的电场时,就可以引起电流通过气体,这种现象称为放电。放电现象与气体的种类及其压力、电极的材料和几何形状、两极间的距离以及加在间隙两端的电压等因素有关。在开关电弧研究中,电弧的产生有以下路径:

①电路开断时电弧的产生。

②触头闭合时电弧的产生。

③真空和气体间隙的击穿。

④从辉光放电到电弧放电的转变。

⑤从火花放电到电弧放电的转变。

电弧的形成及维持包括强电场发射、热电子发射、碰撞游离(图 2-2)和热游离 4 个阶段。

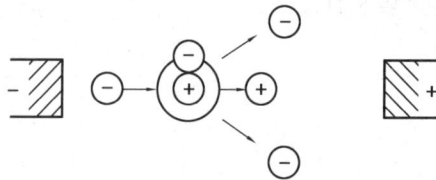

图 2-2　碰撞游离过程示意图

①强电场发射。开关电器的触头分离时,动、静触头间的压力不断下降,接触面积减小,接触电阻增大,温度上升。另外,触头开始分离时,触头间距很小,即使电压很低,只有几百伏甚至几十伏,但是电场强度却很大。上述原因使阴极表面可能向外发射电子,这种现象称为强电场发射。

②热电子发射。触头由金属材料制成,在常温下,金属内部存在大量自由电子,当开关开断电路时,在触头分离的瞬间,大电流被切断,在阴极上出现强烈的炽热点,有电子从阴极表面向四周发射,这种现象称为热电子发射。发射电子的多少与阴极材料及表面温度有关。

③碰撞游离。从阴极表面发射出来的电子,在电场力的作用下向阳极作加速运动,并不

断与中性质点碰撞,如果电场足够强,电子所受的力足够大,且两次碰撞间的自由行程足够大,电子积累的能量足够多,则发生碰撞时就可能使中性质点发生游离,产生新的自由电子和正离子,这种现象称为碰撞游离。新产生的自由电子在电场中作加速运动可能与中性质点发生碰撞而产生碰撞游离。结果使触头间充满大量自由电子和正离子,使触头间电阻很小,在外加电压作用下,带电粒子作定向运动形成电流,使介质击穿而形成电弧。

④热游离。处于高温下的中性质点由于高温而产生强烈的热运动。相互碰撞的结果而发生的游离称为热游离。其作用是维持电弧的燃烧。一般气体发生热游离的温度为 9 000 ~ 10 000 ℃,而金属蒸气为 4 000 ~ 5 000 ℃。因为电弧中总有一些金属蒸气,而弧柱温度在 5 000 ℃以上,所以热游离足以维持电弧的燃烧。

(2)电弧的熄灭

依据电弧产生的过程,其熄灭过程实际上是气体介质由导电变为截止的去游离过程。弧隙中带电正离子和自由电子减少,自身消失或者失去电荷变为中性质点的现象称为去游离。去游离的主要方式包括复合和扩散两种形式。

复合是指带异性电荷的质点相遇,彼此中和正负电荷成为中性质点的现象。若利用液体或气体吹弧,或将电弧挤入绝缘冷壁做成的窄缝中,迅速冷却电弧,减小离子的运动速度,可加强复合过程。此外,增加气体压力,使离子间自由行程缩短,气体分子密度加大,使复合的概率增加,这是加强复合过程的措施。

扩散是指电弧中自由电子和正离子逸出弧柱以外,与周围未被游离的冷介质相混合的现象。扩散去游离主要有以下两个方面的原因及形式:

①离子浓度差。弧道中带电质点浓度高,而弧道周围介质中带电质点浓度低,存在着浓度上的差别,带电质点会由浓度高的地方向浓度低的地方扩散,使弧道中的带电质点减少。

②温度差。弧道中温度高,而弧道周围温度低,存在温度差,这样,弧道中的高温带电质点将向温度低的周围介质扩散,减少了弧道中的带电质点。电弧截面越小,离子扩散越强。

若游离作用大于去游离作用,则电弧电流增大,电弧愈加强烈燃烧;若游离作用等于去游离作用,则电弧电流不变,电弧稳定燃烧;若游离作用小于去游离作用,则电弧电流减小,电弧最终熄灭。要熄灭电弧,必须采取措施加强去游离作用而削弱游离作用。

影响去游离的因素有介质特性、电弧的温度和气体介质压力。介质特性包括导热系数、热容量、热游离温度、介电强度等,这些参数值越大,去游离作用越强,电弧越容易熄灭。降低电弧温度可以减弱热游离,加强去游离。气体介质压力增大,可使质点间的距离减小、浓度增大、复合作用加强。

交流电弧流数值随时间而变动。电流增加,电弧功率增大,则电弧温度升高;电流减小,电弧功率减小,则电弧温度降低。电弧电流交变,每半个周期过零一次,称为"自然过零"。

当电弧电流过零时,电弧熄灭。电流接近零值时输入电弧的能量减少,电流过零后去游离作用继续进行,弧隙的导电性减小,绝缘强度增大,若触头间的电压不足以使间隙击穿,电弧就不再产生。交流电流过零时刻是灭弧的良好时机。

电流过零后,电弧能否熄灭取决于两个恢复过程作用的结果:如果弧隙电压恢复过程上升速度较快,幅值较大,弧隙电压恢复过程大于弧隙介质强度恢复过程,介质被击穿,电弧重燃,如图 2-3(a)所示。如果弧隙介质强度恢复过程始终大于弧隙电压恢复过程,则电弧熄灭,如图 2-3(b)和图 2-3(c)所示。

交流电弧熄灭的条件应为耐受的电压大于电源电压 $u_d(t) > u_r(t)$。

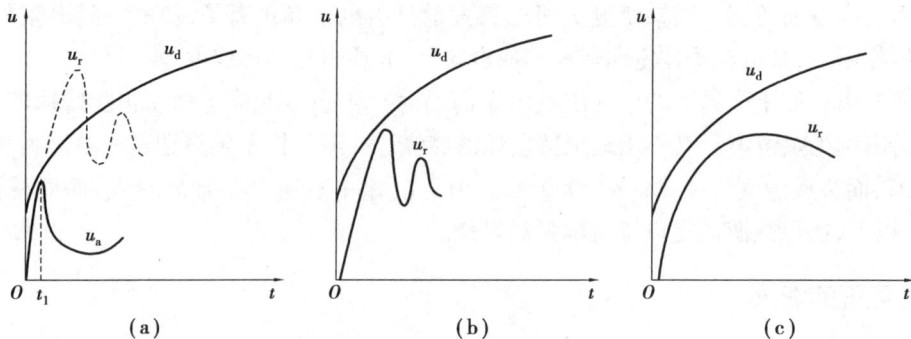

图 2-3　交流电弧熄灭过程

(3)电弧的危害

电力系统中的电气设备,当带电电路断开和接通电压电路时,常伴随电弧产生。电流可通过电弧继续流动,只有当电弧熄灭,触头间隙成为绝缘介质时,电路才算断开。电弧危害电力系统设备及运行的安全,具体如下:

①电弧的高温可能烧坏电气设备触头及触头周围的其他部件;对充油设备可能引起着火甚至爆炸等危险,危及电力系统的安全运行,造成人员的伤亡和财产的重大损失。

②电弧是一种气体导电现象,在开关电器中,虽然开关触头已经分开,但是在触头间只要电弧存在,电路就没有断开,电流仍然存在,只有电弧完全熄灭才能实现电路的真正断开。电弧延长了开关电器断开故障电路的时间,加重了电力系统短路故障的危害。

③电弧在电动力、热力作用下能够移动,极易造成飞弧短路、伤人或导致事故扩大。

(4)熄灭电弧的基本方法

加强弧隙的去游离、提高介质强度的恢复速度和降低弧隙电压的上升速度与幅值,是高压断路器中熄灭电弧的基本方法。

①利用灭弧介质。在高压断路器中,广泛采用去游离作用强的灭弧介质灭弧。广泛使用的灭弧介质有变压器油、压缩空气、氯氟化硫(SF_6)气体和真空。

②吹弧。吹弧是指利用各种结构形式的灭弧室,使高温分解的气体或具有很大压力的新鲜且低温的气体或油在灭弧室中按特定的通路,吹动电弧,加强扩散和复合去游离而使电弧熄灭的方法。吹弧的方式有纵吹和横吹(图 2-4)。纵吹使电弧冷却变细,加大介质压强,加强去游离,最后电弧熄灭。而横吹能把电弧拉长,使其表面积增大并加强冷却,灭弧效果较好。不少断路器采用横吹和纵吹的混合方式,灭弧效果更好。

③采用特殊金属材料作灭弧触头。采用铜、钨合金和银、钨合金等特殊金属材料作触头。这些材料在高温下不易熔化和蒸发、抗熔焊,可以减少热电子发射和高温分解产生的金属蒸气,削弱了游离作用。

　　④提高断路器触头的分离速度。加快断路器触头的分离速度,可以迅速拉长电弧,使弧隙的电场强度骤降,弧隙电阻和电弧的表面积突然增大,电弧的冷却加快,有利于带电质点的扩散和复合去游离。

　　⑤采用多断口灭弧。某些电压等级较高的断路器采用多个灭弧室串联的多断口灭弧方式。

　　a.多断口将电弧分割成多段,在相同触头行程下,增加了电弧的总长度,弧隙电阻迅速增大,介质强度恢复速度加快。

　　b.使每个断口上的恢复电压减小,降低了恢复电压的上升速度和幅值,提高了灭弧能力。

　　⑥利用金属栅片灭弧。灭弧室内装很多由钢板冲成的金属灭弧栅片,栅片为铁磁性材料。当触头间发生电弧后,由电弧电流产生的磁场与铁磁物质间生长的相互作用力,把电弧吸引到栅片内,将长弧分割成一串短弧,如图 2-5 所示。

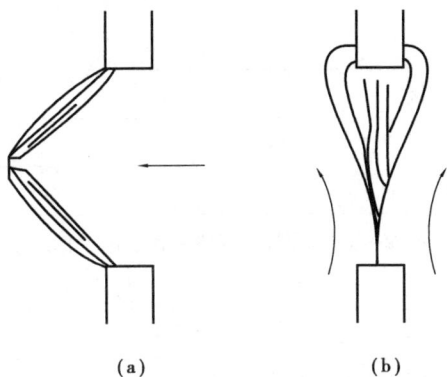

图 2-4　吹弧
(a)横吹;(b)纵吹

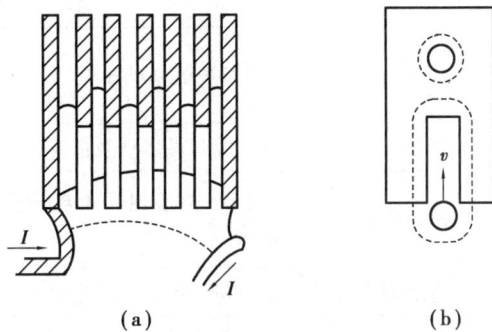

图 2-5　利用金属栅灭弧
(a)灭弧栅装置;(b)栅片结构

➤ 【任务实施】

了解电弧基础知识

　　1.人员准备

　　(1)教师及学生应着实训工装,佩戴安全帽。

　　(2)每 3~4 名学生为一组,各组学生轮流开展实训。

　　(3)教师在学生实训期间必须始终在现场,不得擅自离开;如果确需离开,必须停止学生的实训操作。

　　2.场地准备

　　(1)实训室应配备合格、充足的安全工器具,并正确使用。

　　(2)实训现场应具备明显的应急疏散标识。

　　3.任务实施

　　(1)工作任务准备。根据了解电弧基础知识的学习,布置工作任务。首先下发任务工作单,如表 2-1 所示。

表 2-1   了解电弧基础知识工作任务单

任务名称	了解电弧基础知识
相关任务描述	开关电器中的电弧产生与熄灭
相关学习准备	学习"开关中的电弧"的相关资料及网络资料
对学生的考核办法	过程考核
采用的主要教学方法	(1)多媒体、实验实训教学手段 (2)情境启发式、任务驱动式、自主探究式、协作学习式等教学方法
教学及实训设备、地点	多媒体教室、理实一体化实训室

(2)任务实施过程。根据工作任务的布置及学生学习情况,开展任务实施。实施过程如表 2-2 所示。

表 2-2   任务实施过程

任务名称	了解电弧基础知识	授课班级	
		授课时间	
学习目标	认识电弧的本质及危害,产生和灭弧的基本方法		
学习资料	配套教材《发电厂变电所电气设备》;教学视频、多媒体课件;网络资源;相关知识的储备		
专业能力	能够讲述电弧的产生、危害,并给出灭弧方法		
方法能力	资料收集整理能力;制订、实施工作计划的能力;理论知识的综合运用能力		
社会能力	交接工作流程确认能力;沟通协调能力;语言表达能力;团队组织能力;班组管理能力;责任心与职业道德;安全与自我保护能力;环境保护能力		
技能考核 项目与要求	(1)制作 PPT,介绍发电厂和变电站中的电弧及危害 (2)能正确无误地讲述电弧的本质 (3)能正确无误地讲述灭弧的方法		
学习任务的说明	引导学生讲述并探讨电弧的性质及灭弧的方法		
学习任务	(1)小组成员先集中讨论和学习任务所需要的知识,分工合作,吸收消化学习要点、分析学习目标、制订工作计划 (2)学生能够完成了解电弧基础知识的学习 (3)学生能够按照计划在理实一体化教室组织完成对电弧的产生及灭弧的认知任务 (4)学生按小组制作汇报 PPT,小组成员全部上台汇报,其他小组给予评价。制作思维导图,将学习成果总结归纳。配合教师进行任务反馈		
项目实施过程			
目的	学习的内容		

续表

任务名称	了解电弧基础知识	授课班级	
		授课时间	
1.资讯	(1)布置工作任务、下发任务单 要求学生了解电弧、定义及危害、产生及灭弧方法 (2)提供相关的参考资料 ①学生在教师指导下观看相关视频 ②学生自主完成讨论、习题 (3)提出本次学习过程中的疑难问题		
2.计划	学生分组(3~4人/组)讨论本任务所需的知识和技能,查阅相关学习资料		
3.决策	制订工作计划,明确工作任务,确定工作要求、工作注意事项及任务分工		
4.实施	学生根据分工完成各自任务,进行汇总,完成工作单,并根据制订的实施方案,在理实一体化教室完成电弧的认识任务		
5.检查	学生分组对所做工作过程及结果进行演示和汇报:电弧的存在及灭弧的方法		
6.评价	(1)结果评价 ①学生对本项目的整个实施过程进行自评 ②以小组为单位,分别对其他组做的工作结果进行互评和建议 (2)资料整理和提升 ①学生总结本次实训心得,做成PPT形式 ②学生根据互评和教师评价的建议,填写评价表,优化方案		

4.任务评价

根据学生对本任务的实施情况,填写评价表。教师对学生的评价如表2-3所示。

表 2-3　教师对学生评价表

学习任务:了解电弧的基础知识								
教师签字:			学习团队名称:					
评价内容		评分标准	被考核人					
目标认知程度	工作目标明确、工作计划具体、结合实际、具有可操作性	10						
情感态度	工作态度端正、注意力集中、能使用网络资源收集相关资料	10						
团队协作	积极与他人合作共同完成工作任务	10						

续表

学习任务:了解电弧的基础知识							
专业能力 要求	熟悉电弧的产生过程,认识危害， 能理解灭弧的方法	70					
总分							

教师对小组评价		评分	评语:
资讯	15		
计划	15		
决策	20		
实施	20		
检查	10		
评估	20		
总分			

➤ 【思考问题】

1. 什么是电弧？电弧具有什么特征？
2. 电弧对电力系统和电气设备有哪些危害？
3. 电弧的产生过程是怎样的？什么是游离和去游离？
4. 灭弧的基本方法是什么？

任务 2 断路器的认知与运行维护

➤ 【内容提要】

高压断路器是电力系统中最重要的控制和保护电气设备,有复杂的灭弧装置,能切断正常和短路故障电流。本任务主要通过学习高压断路器的相关知识,了解开关电器的定义、断路器的作用和功能,掌握断路器的基本结构和工作原理,掌握断路器的主要类型和型号含义,以此达到分辨断路器外观和类型,能判断断路器的工作状态与运行好坏,以及在发电厂及变电站广泛应用的意义。

➤ 【学习要求】

①了解断路器的作用。

②理解断路器的结构组成及功能。

③掌握断路器的常用类型、型号及特点。

④掌握断路器运行的要求。

➤ 【任务导入】

高压断路器在发电厂和变电所开关电器中是最复杂、最重要的,具有控制和保护的作用。学习其知识对电力系统自动化专业的学生掌握职业岗位的技能,奠定了高压电工特种作业资格证书的取证基础。

➤ 【知识链接】

高压断路器的作用、分类、基本结构、型号、参数、基本要求和典型代表类型。

学习情境 1:认识高压断路器

开关电器是指直接用于正常投切和故障切除电路的电气一次设备。开关电器的作用包括接通或断开电路、改变运行方式时进行切换操作、自动切除故障、检修时隔离带电部分。开关电器在电力系统中使用频繁,类型多样。开关电器按电压高低分为高压开关电器和低压开关电器;按安装场所分为户内式和户外式;按功能分为断路器、隔离开关、负荷开关、熔断器、自动重合器、自动分段器和组合式开关电器。

额定电压在 3 kV 及以上,能够关合、承载和开断运行状态的正常电流,并能在规定时间关合、承载和开断规定的异常电流(如短路电流、过负荷电流)的开关电器称为高压断路器。断路器俗称开关。

(1)高压断路器的作用和功能

高压断路器是发电厂和变电所中最重要的控制和保护电器。它结构上具有完善的灭弧装置,内密封有灭弧介质,可以熄灭接通或开断电路时产生的电弧,实现对电路的控制和保护,在正常运行时接通或断开有负荷电流的电路;在电气设备出现故障时,能够在继电保护装置的控制下自动切断短路电流。

高压断路器在电网中起两个方面的作用:一是控制作用,即根据电网运行的需要,将部分电气设备或线路投入或退出运行(开闭正常工作电流);二是保护作用,即在电气设备或电力线路发生故障时,继电保护或自动装置发出跳闸信号,使断路器断开,将故障设备或线路从电网中迅速切除,确保电网中无故障部分的正常运行(断开短路电流)。

高压断路器在电力系统中是变、配电所中的主要设备之一,可以切断和接通高压电路中的空载电流和负荷电流,即切断工作电流,还可以在系统故障下与保护装置和自动装置相配合,迅速切断故障电流,防止事故扩大,保证系统的安全运行。

高压断路器的工作特点是能瞬时地在导电状态和绝缘状态之间进行切换。要求断路器具有以下功能:

①导电。在正常的闭合状态时应为良好的导体,不仅对正常的电流,而且对规定的短电流应能承受其发热和电动力的作用,保持可靠的接通状态。

②绝缘。相与相之间、相对地之间及断口之间应具有良好的绝缘性能,能长期耐受最高工作电压,短时耐受大气过电压及操作过电压。

③开断。在闭合状态的任何时刻,应能在不发生危险过电压的条件下,在尽可能短的时间内安全地开断规定的短路电流。

④关合。在开断状态的任何时刻,应能在断路器触头不发生熔焊的条件下,在短时间内安全地闭合规定的短路电流。

(2)高压断路器的主要类型

我国目前发电厂和变电所中使用的高压断路器的类型有很多,依据装设的地点不同,可分为户内式和户外式两类;根据断路器所采用的灭弧介质及工作原理的不同,可以分为油断路器、真空断路器、压缩空气断路器、六氟化硫断路器等。

①油断路器,是指以绝缘油作为灭弧介质和绝缘介质的断路器。变压器油只作为灭弧介质和触头断开后的间隙绝缘介质,而带电部分对接地之间采用固体绝缘(如瓷绝缘)的称为少油断路器。断路器中的油除作为灭弧介质外,还作为触头断开后的间隙绝缘介质和带电部分与接地外壳之间的绝缘介质的称为多油断路器。

②六氟化硫断路器,是指采用具有优良灭弧性能的 SF_6 气体作为灭弧介质和触头断开后的间隙绝缘介质的断路器。SF_6 气体是一种无色、无味、无毒、不燃的惰性气体,具有优良的灭弧性能和绝缘性能。

③真空断路器,是指在真空中开断电流,利用真空的高绝缘介质强度实现灭弧和绝缘的断路器。

④压缩空气断路器,是指采用压缩空气作为灭弧介质和触头断开后的间隙绝缘介质的断路器。

(3)高压断路器的基本结构

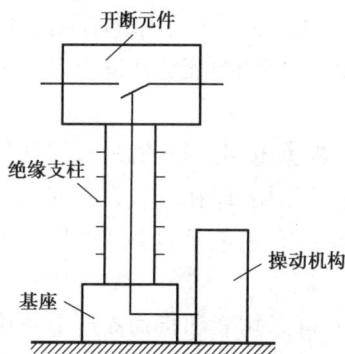

图 2-6　高压断路器的基本结构

为实现其基本功能,高压断路器应具备的基本结构如图2-6所示。

①开断元件:执行接通或断开电路的任务。其核心部分是触头,而是否具有灭弧装置或灭弧能力的大小则决定了开关的开断能力大小。

②操动机构:向开断元件提供分合闸操作的能量,实现各种规定的顺序操作,并维持断路器的合闸状态。

③传动机构:把操动机构提供的操作能量及发出的操作命令传递给开断元件。

④绝缘支柱:支撑固定开断元件,实现与各结构部分之间的绝缘。

⑤基座:用于支撑、固定和安装开关电器各结构部分,使之成为一个整体。

（4）高压断路器的型号及含义

国产高压断路器的型号如下：

$$\boxed{1}\,\boxed{2}\,\boxed{3}-\boxed{4}\,\boxed{5}\,/\,\boxed{6}\,\boxed{7}\,\boxed{8}$$

1——产品字母代号，用下列字母表示：S—少油断路器；D—多油断路器；K—空气断路器；L—六氟化硫断路器；Z—真空断路器；Q—产生气断路器；C—磁吹断路器。

2——装置地点代号，N—户内，W—户外。

3——设计系列顺序号，以数字 1，2，3，…表示。

4——额定电压，kV。

5——其他补充工作特性标志，G—改进型，F—分相操作。

6——额定电流，A。

7——额定开断电流，kA。

8——特殊环境代号。

例如，高压断路器型号为 LW6-220H/3150-40，表示含义为：SF_6 断路器，户外式，设计序号 6，额定电压 220 kV，额定电流 3 150 A，额定开断电流为 40 kA。

（5）高压断路器的技术参数

为了发电厂和变电所电气部分的设计及运行能正确使用，制造厂家提供高压断路器的技术性能常用以下技术参数来表征：

①额定电压 U_N（kV）。

②最高工作电压 U_{Wmax}（kV）。

③额定电流 I_N（A）。

④额定开断电流 I_{Nbr}（kA）。

⑤额定关合电流 I_{Ncl}（kA）。

⑥动稳定电流（峰值）i_{ds}（kA）。

⑦热稳定电流（有效值）I_t（kA）。

⑧热稳定时间 t（s）。

⑨近区故障开断电流（kA）。

⑩失步开断电流（kA）。

⑪空载长线开断电流（kA）。

⑫合闸时间 t_{on}（s）。

⑬分闸时间 t_{off}（s）。

⑭自动重合闸性能。

除了以上几个主要的技术参数外，一台高压断路器往往还有其他技术参数。例如，一台 SF_6 断路器，还有 SF_6 气体的压力、耐压值及气体含水量等参数，对其性能有重要的影响。

①额定电压（U_N）

额定电压是指高压断路器正常工作时所能承受的电压等级，它决定了断路器的绝缘水平和外形尺寸。额定电压是指其线电压。常用的断路器的额定电压等级为 3，10，20，35，60，

110,220,330,500 kV 等。

②最高工作电压 U_{Wmax}

考虑输电线路上的电压降,变压器出口端电压应高于线路额定电压,断路器可能在高于额定电压的条件长期工作。为了适应断路器在不同安装地点耐压的需要,国家相关标准中规定了断路器可承受的最高工作电压。按国家标准,对额定电压在 220 kV 及以下的设备,其最高工作电压为额定电压的 1.15 倍。对 330 kV 及 500 kV 的设备,规定为 1.1 倍。例如,不同额定电压断路器的最高工作电压分别为 3.6,12,24,40.5,72.5,126 kV 等。

③额定电流 I_N

额定电流是指铭牌上所表明的断路器可以长期通过的工作电流,是指高压断路器在规定条件下,可以长期通过的最大电流。该参数表征了断路器承受长期工作电流产生的发热量的能力。它决定了断路器的触头及导电部分的截面,并一定程度上决定其结构。

④额定开断电流 I_{Nbr}

额定开断电流是指在额定电压下,高压断路器能可靠开断的最大短路电流有效值。该参数表征了断路器的灭弧能力。

⑤额定关合电流 I_{Ncl}

额定关合电流是指在规定条件下,断路器能关合不致产生触头熔焊及其他妨碍继续正常工作的最大电流峰值。

⑥动稳定电流 i_{ds}

动稳定电流是指断路器在合闸位置所能承受的最大电流峰值,该参数表征了断路器承受短路电流电动力效应的能力。

⑦热稳定电流 I_t

热稳定电流是指断路器在合闸位置 t(单位为 s)时间所能承受的最大电流有效值。表征断路器不损坏的条件下,在规定时间 t 内允许通过断路器的最大短路电流有效值。

⑧合闸时间 t_{on}

合闸时间是指断路器从接到合闸命令起到各相触头完全接触为止的一段时间。

⑨分闸时间 t_{off}(也称全开断时间)

分闸时间是指断路器从接到分闸命令起到各相触头电弧完全熄灭为止的一段时间,它等于断路器的固有分闸时间与燃弧时间之和。固有分闸时间是指从接到分闸命令起到触头刚刚分离的一段时间。燃弧时间是指从触头分离到各相电弧均熄灭的一段时间。

⑩自动重合闸性能

要求高压断路器满足自动重合闸的操作循环:

$$分—\theta—合分—t—合分$$

分——分闸操作;

合分——合闸后立即分闸的动作;

θ——无电流间隔时间,标准值为 0.3 s 或 0.5 s;

t——强送电时间,标准时间为 180 s。

学习情境2:高压断路器的运行

(1)对断路器的基本要求

在电网运行中,断路器一方面要带负荷关合电路;另一方面其操作和动作比较频繁,而电网中负载的性质比较复杂,为保证安全可靠运行,必须满足以下要求:

①工作可靠。工作条件必须符合生产厂家规定的使用条件,如户内、户外、海拔高度、环境温度、相对湿度等。绝缘部分能长期承受最大工作电压、操作过电压和大气过电压等。

②具有足够的开断能力。

③具有尽可能短的切断时间。

④具有自动重合闸性能。

⑤具有足够的机械强度和良好的稳定性能。

⑥结构简单、价格低廉。

(2)典型高压断路器

我国目前发电厂和变电所中使用的高压断路器的类型有很多,常见的断路器型式主要为六氟化硫断路器和真空断路器。油断路器是最早出现的,可分为多油和少油两种。少油断路器其体积小,断流量大,结构坚固,用于各级电压的户内、户外变电所,目前,10 kV 广泛使用户内式 SN10-10 型少油断路器(图2-7、图2-8),35 kV 有户内式 SN4-35 型、户外式 SW4-35 型,110 kV 有 SW6-110 型(图2-9)等。其外壳带电,安装时一定要注意外壳与地之间的绝缘。

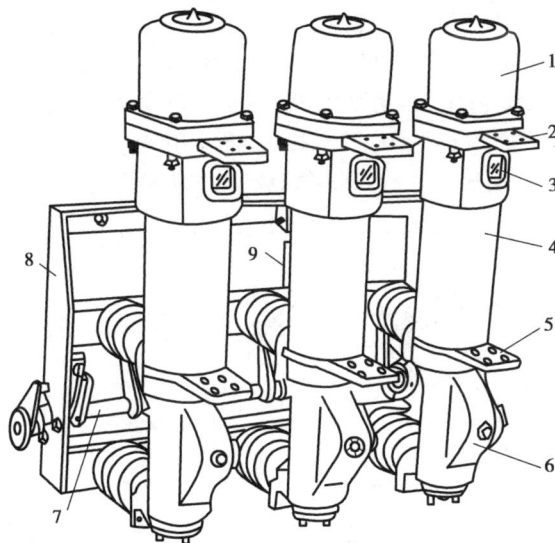

图2-7　SN10-10 型少油断路器

1—铝帽;2—上接线端子;3—油标;4—绝缘筒;5—下接线端子;6—基座;7—主轴;8—框架;9—断路弹簧

多油断路器用油量多、金属耗材量大、易发生火灾或爆炸、体积庞大、加工工艺要求不高、价格较低、安装维护不方便,除35 kV 等个别型号的户外式多油断路器仍在使用外,现在基本停止生产。

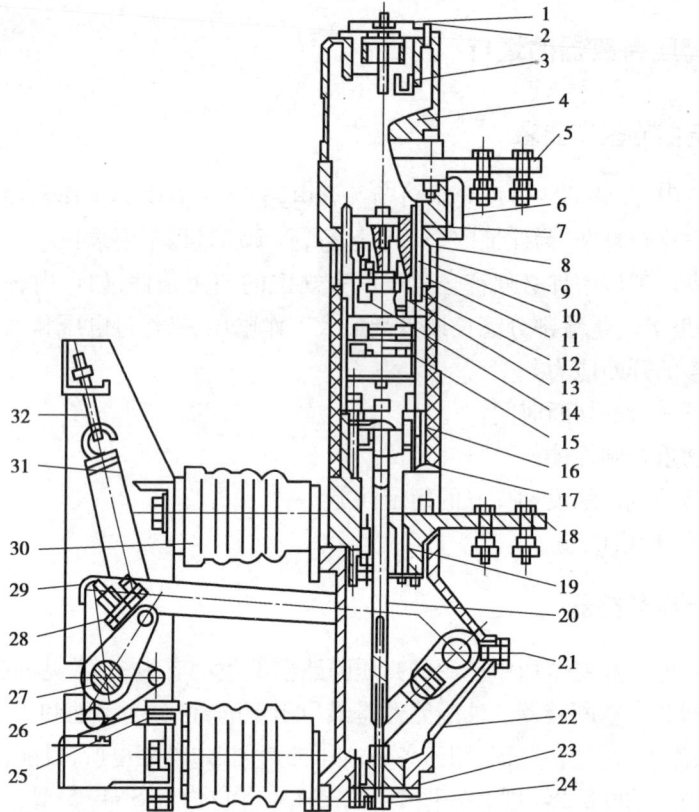

图 2-8　SN10-10 型少油断路器内部剖面结构

1—排气孔盖;2—注油螺栓;3—回油阀;4—上帽装配;5—上接线座;6—油位指示计;7—静触头;8—逆止阀;
9—弹簧片;10—绝缘套筒;11—上压环;12—绝缘环;13—触指;14—弧触指;15—灭弧室;16—下压环;
17—绝缘筒装配;18—下接线座;19—滚动触头;20—导电杆;21—特殊螺栓;22—底座;23—油缓冲器;
24—放油螺栓;25—合闸缓冲器;26—轴承座;27—主轴;28—分闸限位器;29—绝缘拉杆;30—支柱绝缘子;
31—分闸弹簧;32—框架装配

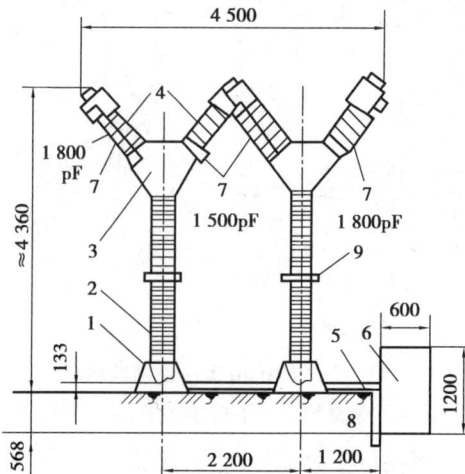

图 2-9　SW6-110 型少油断路器

1—底座;2—支柱绝缘子;3—三角形机构箱;4—灭弧装置;5—传动拉杆;6—操动机构;7—均压电容器;8—支架

真空断路器是20世纪60年代发展起来的一种新型高压断路器(图2-10、图2-11),它利用真空来灭弧。所谓的"真空"可以理解为气体压力远远低于一个大气压的稀薄气体空间,空间内气体分子极为稀少。真空断路器是将其动、静触头安装在"真空"的密封容器(又称真空灭弧室)内而制成的一种断路器。其优点是体积小、质量轻、动作快、防火防爆、噪声小等。目前有取代其他断路器的趋势,主要用于35 kV以下的变电所及工矿企业中要求频繁操作的场所。按布置方式分为落地式和悬挂式以及两种方式相结合的综合式和接地箱式。

图 2-10　ZN28-12 型真空断路器

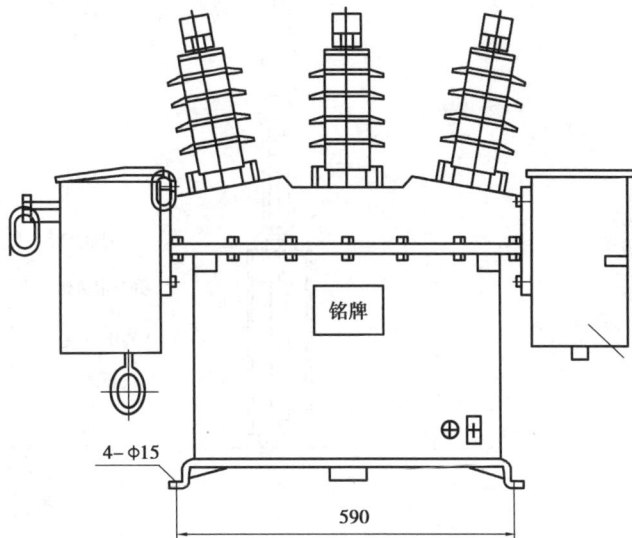

图 2-11　ZW8-12 型真空断路器

真空断路器是利用真空度为10^{-4}Pa(运行中$\geq 10^{-2}$Pa)的高真空作为内绝缘和灭弧介质,此时其绝缘强度要高于绝缘油、一个大气压的SF_6和空气介质。真空断路器灭弧室由外壳、波纹管、屏蔽罩和触头等组成,如图2-12所示。

六氟化硫(SF_6)断路器是采用具有优质绝缘性能和灭弧性能的SF_6气体作为灭弧介质的断路器。SF_6断路器具有灭弧性能强、不自燃、体积小、质量轻、运行维护简单、噪声低、检修周期长、可频繁操作等优点。按使用地点分为敞开型和全封闭组合电器型。按灭弧方式分为单压式和双压式,单压系统内只有一个压力,而双压灭弧室内设有高压和低压两个系统。按总体结构分为支柱瓷瓶式(图2-13)和落地罐式(图2-14),支柱瓷瓶式可做成积木式结构,其系列性和通用性强,灭弧室多用电工陶瓷布置成I形、T形或Y形;落地罐式也称金属接地箱型,将SF_6气体封装的断路器装入一个外壳接地的金属罐中,整体性强,机械稳定性好,抗震能力强,还可以组装电流互感器等其他元件,但系列性差。按触头动作方式分为定开距和变开距两类,定开距灭弧开距小,电弧长度小,断口电场均匀,气流状态好,稳定性好,体积大,动作时间长;变开距的开距大,断口电压高,恢复快,

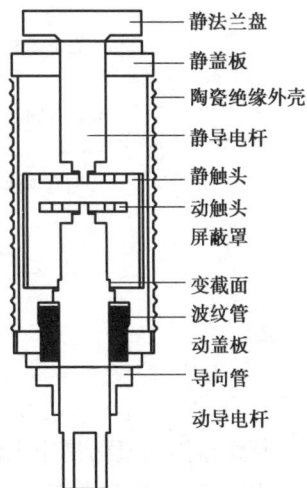

图 2-12　真空灭弧室的结构

设计合理,吹弧效果好,开断能力强,但绝缘易被破坏。

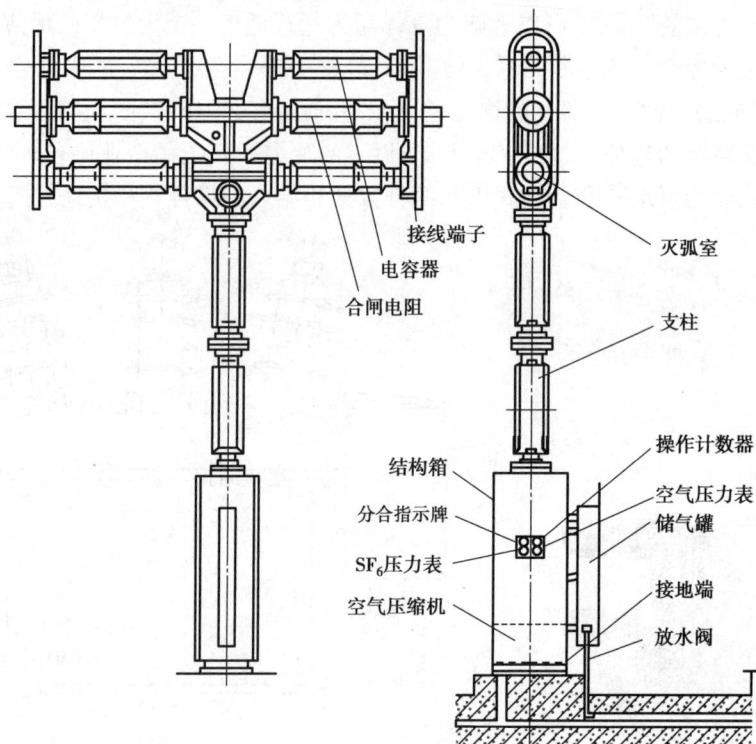

图 2-13 支柱瓷瓶式 SF$_6$ 断路器图

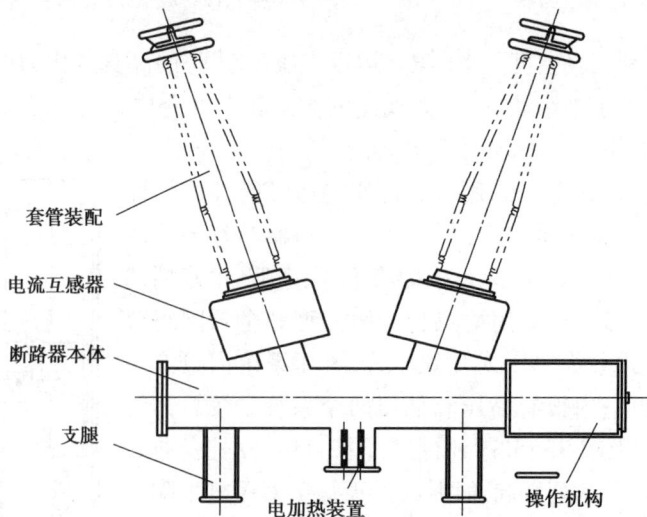

图 2-14 落地罐式 SF$_6$ 断路器

断路器操动机构是用来使断路器合闸、分闸,并维持在合闸状态的设备。操动机构由合闸机构、分闸机构和维持合闸机构(搭钩)3 个部分组成。根据断路器合闸所需能量的不同,操动机构的类型分为手动操动机构、电磁操动机构、弹簧操动机构、液压操动机构、气动操动机构和永磁操动机构。

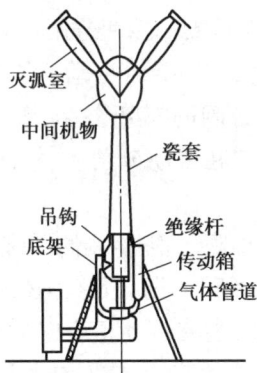

图 2-15 LW6-220(H)SF$_6$ 型断路器

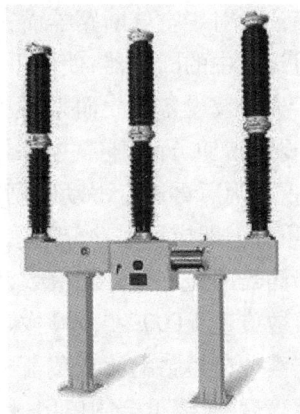

图 2-16 LW46-126/3150-40 SF$_6$ 型断路器

(3)断路器正常运行条件

①断路器的性能必须符合有关标准的要求及有关技术条件的规定。

②断路器装设位置必须符合断路器技术参数的要求(如额定电压、开断容量等)。

③断路器各参数调整值必须符合制造厂规定的要求。

④断路器的瓷件、机构等部分均应处于良好状态。

⑤严禁将有拒跳或合闸不可靠的断路器投入运行。

⑥严禁将动作速度、同期、跳合闸时间不合格的断路器投入运行。

⑦断路器合闸后,一相未合闸,应立即拉开断路器,查明原因。缺陷未消除前,一般不可进行第二次合闸操作。

⑧断路器的金属外壳及底座应有明显的接地标志并可靠接地。

⑨运行中与断路器相连接的汇流排,接触必须良好可靠,防止因接触部位过热而引起断路器事故。

⑩所有断路器均应在断路器轴上装有分合闸机械指示器,以便运行值班人员在操作或检查时用它来校对断路器断开或合闸的实际位置。

⑪禁止将有拒绝分闸缺陷或严重缺油、漏油、漏气等异常情况的断路器投入运行。若需紧急运行,必须采取措施,并得到相关领导的同意。

⑫严禁对运行中的高压断路器进行慢合慢分试验。

⑬各种类型的断路器,其操动机构(电磁式、弹簧式、气动式、液压式)应经常保持足够的操作能源。

⑭采用电磁式操动机构的断路器禁止用手动杠杆或千斤顶带电进行合闸操作。采用液压(气压)式操动机构的断路器,如压力异常导致断路器分合闸闭锁时,不准擅自解除闭锁进行操作。

⑮严禁断路器在带有工作电压时使用手动机构合闸,或手动就地操作按钮合闸,以避免故障电路引起断路器爆炸和危及人身安全。对油断路器,只有在遥控合闸失灵又需紧急运行且肯定电路中无短路和接地时,操作人员才可站在墙后或金属遮板后进行手动机械合闸,以

防止可能的喷油。对于空气断路器而言,可手动就地操作按钮合闸。

⑯禁止对运行中的断路器,使用手动机械分闸或手动就地操作按钮分闸。只有在遥控跳闸失灵或发生人身及设备事故而来不及遥控断开断路器时,方可允许手动机械分闸(油断路器)或者就地操作按钮分闸(空气断路器)。对装有自动重合闸的断路器,在条件可能的情况下,应先解除重合闸后再进行手动跳闸,若条件不可能时,应在手动分闸后,立即检查是否重合上了,若已重合上即应再手动分闸。

⑰明确断路器的允许分合闸次数,以保证一定的工作年限。根据标准,一般断路器允许空载分合闸次数应达 1 000 ~ 2 000 次。为了加长断路器的检修周期,断路器还应有足够的电寿命即允许连续分合短路电流或负荷电流的次数。一般地,装有自动重合闸的断路器,在切断 3 次短路故障后,应将重合闸停用;断路器在切断 4 次短路故障后,应对断路器进行计划外的检修,以避免断路器再次切断故障电流时,造成断路器的损坏或爆炸。

⑱应检查断路器合闸的同期性。因调整不当、拉杆断开或横梁折断而造成一相未合闸,在运行中会引起"缺相",即两相运行。运行人员如检查到断路器某相未合上时,应立即停止运行。在检查断路器时,运行人员应注意辅助接点的状态。若发现接点在轴上扭转、接点松动或固定触片自转盘脱离,应紧急检修。

(4)断路器正常巡视检查

断路器在电网安全运行中占有重要地位,为了使断路器能始终处于完好状态,巡视检查工作非常重要,特别是容易造成事故的部分,如操作机构、瓷套、油位、压力表等的巡回检查,大部分缺陷是可以及时发现和处理的。

1)定期工作

①高压开关电器每班检查不少于一次,设备过负荷运行及有缺陷时,应增加检查次数,加强监视。检修后或重新投入运行的设备,应重点检查。

②每星期一晚高峰负荷时,对室外高压开关电器进行熄灯检查,夏季七、八、九月份的每星期四晚高峰时,应增加巡检一次。

③每周记录避雷器动作次数。

2)日常巡检项目

①瓷瓶表面应清洁,无裂纹及放电痕迹。

②充油设备油位、油色、油温、压力正常,无渗漏油。

③充气设备气压正常、无漏气等异常现象。

④各引线接头应无过热、氧化变色、打火等现象。

⑤各开关设备操作机构应完好,各部件无松脱,开关位置指示应与实际位置一致。

⑥设备外壳接地良好,设备周围无易燃、易爆、易腐蚀等杂物。

⑦室外高压电气设备随季节变化增加下列检查项目:

a. 雪天检查导线接头处是否有水汽蒸发及冰溜。

b. 大风天气检查架空线有无摆动过大,有无悬挂物。

c. 冬季室外气温低于 5 ℃,投入带电热设备的电热装置,并检查发热正常。春季气温高于 8 ℃时,断开电热电源。

⑧各操作电源、工作电源应投入正常。

⑨注意 SF_6 开关各部位气压变化情况,发现压力不正常,应立即联系维护人员进行处理。

3)开关操作机构检查及注意事项

①开关操作机构电源投入正确,指示灯位置正常。

②开关操作机构柜门关好、门灯联锁正常、远方/就地把手位置正确。

③设备检修前,应断开交、直流操作电源及储能电机、加热器电源。

④严禁带电拆、接操作回路电源接头。

⑤严禁对操作机构进行空操作。

⑥电动储能时,严禁用手按接触器进行储能。

⑦严禁手动释放脱扣器。

⑧检查手/自动储能转换开关在自动位置,当在手动位置时,不能自动储能。

⑨开关手动储能时,摇把按逆时针进行转动,手/自动储能转换开关在手动位置。

⑩开关手动卸能时,摇把按顺时针进行转动,手/自动储能转换开关在手动位置。

(5)断路器的维护与检修

(1)断路器检修

断路器检修严格按照 GB1984-2014《交流高压断路器》进行,无漏项,检修项目为:三相连接接头检查;断路器瓷套表面检查清扫;SF_6 压力检查;操作机构检查与维护;操作机构箱检查清扫。

图 2-17   断路器检修

图 2-18   断路器 SF_6 压力检查

(2)断路器预防性试验

高压断路器在运行过程中,由于受到机械磨损、负荷冲击、电磁振动、有害气体腐蚀、电弧的烧蚀等因素的影响,使得一些零件产生磨损、紧固件松动、绝缘介质老化等变化。这些变化如果不及时通过试验、检修及时发现并解决,就会引起高压电气设备的技术性能下降,甚至会引起重大安全事故,停止供电,使生活、生产无法正常进行。

定期的预防性试验,是为了及时发现设备潜在的缺陷或隐患。运行中变配电所高压电气设备一般每隔 1~3 年进行一次测试,以便掌握高压电气设备的绝缘情况,保证系统安全经济运行。按试验范围分类为:定期试验、大修试验、查明故障试验、预知性试验。按试验性质分类为非破坏性试验或称绝缘特性试验、破坏性试验或称绝缘耐压试验。

断路器预试应严格按照 DL/T 596-1996《电力设备预防性试验规程》要求进行试验,无漏项,定期试验项目一般为:辅助回路和控制回路绝缘电阻、分、合闸电磁铁的动作电压、导电回路电阻、SF_6 气体微水等。

图 2-19　断路器试验

图 2-20　断路器 SF_6 微水试验

➤ 【任务实施】

高压断路器的认知与运行

1. 人员准备

(1)教师及学生应着实训工装,佩戴安全帽。

(2)每 3~4 名学生为一组,各组学生轮流开展实训。

(3)教师在学生实训期间必须始终在现场,不得擅自离开;如果确需离开,必须停止学生的实训操作。

2. 场地准备

(1)实训室应配备合格、充足的安全工器具,并正确使用。

(2)实训现场应具备明显的应急疏散标识。

3. 任务实施

(1)工作任务准备。根据高压断路器的认知与运行的学习,布置工作任务。首先下发任务工作单,如表 2-4 所示。

表 2-4　高压断路器的认知与运行工作任务单

任务名称	高压断路器的认知与运行
相关任务描述	高压断路器是发电厂和变电所中最重要的控制和保护电器。
相关学习准备	学习"什么是高压断路器"的相关资料及网络资料
对学生的考核办法	过程考核
采用的主要教学方法	(1)多媒体、实验实训教学手段 (2)情境启发式、任务驱动式、自主探究式、协作学习式等教学方法
教学及实训设备、地点	多媒体教室、理实一体化实训室

(2)任务实施过程。根据工作任务的布置及学生学习情况,开展任务实施。实施过程如表 2-5 所示。

表 2-5　任务实施过程

任务名称	高压断路器的认知与运行	授课班级	
		授课时间	
学习目标	高压断路器的作用、类型、结构、型号、技术参数及运行基本要求		
学习资料	配套教材《发电厂变电所电气设备》;教学视频、多媒体课件;网络资源;相关知识的储备		
专业能力	能够讲述高压断路器的作用、结构组成、型号识别、运行要求		
方法能力	资料收集整理能力;制订、实施工作计划的能力;理论知识的综合运用能力		
社会能力	交接工作流程确认能力;沟通协调能力;语言表达能力;团队组织能力;班组管理能力;责任心与职业道德;安全与自我保护能力;环境保护能力		
技能考核项目与要求	(1)制作 PPT,介绍高压断路器的广泛应用,主要结构和类型 (2)能正确无误地指出高压断路器的类型及结构组成 (3)能正确无误地辨别高压断路器及其相关技术参数 (4)能正确无误阐述高压断路器的正常运行条件 (5)能正确无误的辨别高压断路器运行是否正常		
学习任务的说明	引导学生探索高压断路器在电力行业的地位和作用、运行特点		
学习任务	(1)小组成员先集中讨论和学习任务所需的知识,分工合作,吸收消化学习要点、分析学习目标、制订工作计划 (2)学生能够完成高压断路器的认知与运行的学习 (3)学生能够按照计划在理实一体化教室组织完成高压断路器的认知与运行的认知任务 (4)学生按小组制作汇报 PPT,小组成员全部上台汇报,其他小组给予评价。制作思维导图,将学习成果总结归纳。配合教师进行任务反馈		
项目实施过程			
目的	学习的内容		
1.资讯	(1)布置工作任务、下发任务单 要求学生了解高压断路器的作用、类型、结构组成、型号含义及技术参数、掌握高压断路器的运行要求,日常巡视及检查要求 (2)提供相关的参考资料 ①学生在教师指导下观看相关视频 ②学生自主完成讨论、习题 (3)提出本次学习过程中的疑难问题		
2.计划	学生分组(3~4 人/组)讨论本任务所需的知识和技能,查阅相关学习资料		
3.决策	制订工作计划,明确工作任务,确定工作要求、工作注意事项及任务分工		

续表

任务名称	高压断路器的认知与运行	授课班级	
		授课时间	
4.实施	学生根据分工完成各自任务,进行汇总,完成工作单,并根据制订的实施方案,在理实一体化教室完成高压断路器的认知与运行任务		
5.检查	学生分组对所做工作过程及结果进行演示和汇报:高压断路器的类型及特点、运行要求及维护		
6.评价	(1)结果评价 ①学生对本项目的整个实施过程进行自评 ②以小组为单位,分别对其他组做的工作结果进行互评和建议 (2)资料整理和提升 ①学生总结本次实训心得,做成 PPT 形式 ②学生根据互评和教师评价的建议,填写评价表,优化方案		

4.任务评价

根据学生对本任务的实施情况,填写评价表。教师对学生的评价如表2-6 所示。

表2-6　教师对学生评价表

学习任务:高压断路器的认知与运行								
教师签字:			学习团队名称:					
评价内容		评分标准	被考核人					
目标认知程度	工作目标明确、工作计划具体、结合实际、具有可操作性	10						
情感态度	工作态度端正、注意力集中、能使用网络资源收集相关资料	10						
团队协作	积极与他人合作共同完成工作任务	10						
专业能力要求	熟悉高压断路器的结构组成、类型和作用、运行要求,能够发现巡检中存在的问题	70						
总分								

续表

学习任务:高压断路器的认知与运行			
教师对小组评价		评分	评语:
资讯	15		
计划	15		
决策	20		
实施	20		
检查	10		
评估	20		
总分			

➤ 【思考问题】

1. 高压断路器的作用和功能有哪些?
2. 高压断路器的主要类型有哪些?
3. 高压断路器的基本要求是什么?
4. 六氟化硫断路器和真空断路器的特点是什么?

任务 3　隔离开关的认知与运行维护

➤ 【内容提要】

高压隔离开关是电力系统广泛使用的开关电器,它没有灭弧装置,不能切断负荷及短路电流。本任务主要通过学习高压隔离开关的相关知识,了解隔离开关的性能,掌握其基本结构、作用,掌握隔离开关的主要类型、型号含义及运行基本要求,以此达到分辨隔离开关外观、类型,区别断路器,能判断其分合闸状态,在发电厂、变电站运行的基本要求。

➤ 【学习要求】

1. 了解高压隔离开关的作用。
2. 理解高压隔离开关的结构组成。
3. 掌握高压隔离开关的常用类型。
4. 掌握高压隔离开关在运行使用中的要求。

➤ 【任务导入】

　　高压隔离开关常配合断路器使用,能实现电路的控制及短路故障的切除,在电力系统中应用广泛。认识高压隔离开关的结构、性能、作用及结构等基础知识,结合岗位工作中倒闸实践进一步掌握实操技能,培养学生职业素养和专业技能。

➤ 【知识链接】

　　高压隔离开关工作中的作用、分类、基本结构、型号参数和使用要求。认识典型高压隔离开关的结构和工作特点。

学习情境1:认识高压隔离开关

　　隔离开关俗称闸刀,能造成明显的空气断开点。隔离开关没有专门的灭弧装置,不能用来接通或切断负荷电流和短路电流,否则,将产生强烈的电弧,造成人身伤亡,设备损坏或引起相间短路故障。

(1)高压隔离开关的作用和功能

　　隔离开关主要是指用于电源隔离、开关操作、连接和切断小电流电路、消弧线功能的开关装置。隔离开关没有灭弧装置,工作原理和结构比较简单,其性能不如断路器优越,但使用量大,工作可靠性高,对变电站、电站的设计、建立和安全运行有很大影响。可以将需要维修的电力设备与有电的电网隔离开来,从而保证维修人员的安全,具体作用如下:

　　①隔离电源在检修电气设备时,为了安全,需要用隔离开关将停电检修的设备与带电运行的设备隔离,形成明显可见的断口。隔离电源是隔离开关的主要用途。

　　②倒闸操作在双母线接线倒换母线或接通旁路母线时,某些隔离开关可以在"等电位"的情况下进行分合闸,配合断路器完成改变运行方式的倒闸操作。

　　③分合小电流电路可用来合电压互感器、避雷器和空载母线,分合励磁电流小于2 A的空载变压器,关合电容电流不超过5 A的空载线路。

　　④在某些终端变电所中,快分隔离开关与接地开关相配合,可以代替断路器工作。

　　隔离开关不能在额定负载或大负载下工作,不能是分合负载电流和短路电流,但有可以带小负载和空载电路工作的断路器。与断路器配合使用,根据系统的工作方式执行切换操作,从而更改系统的工作布线方式。在常规输电操作中,隔离开关与断路器配合使用时,遵循"先通后断"的基本原则。例如,在操作隔离开关时,必须首先确认该回路的断路器实际位于分离位置,以避免拉动负荷、隔离开关。线路停止送电时,必须按顺序拉隔离开关。

(2)隔离开关的主要类型

　　隔离开关种类较多,按安装地点可分为户内式和户外式;按刀闸运动方式可分为水平旋转式、垂直旋转式、摆动式和插入式;按每相支柱绝缘子数目可分为单柱式、双柱式和三柱式;

按操作特点可分为单极式和三极式;按有无接地开关可分为带接地开关和无接地开关;按操动机构方式可分为手动、电动、气动和液压操作等类型。

(3)隔离开关的基本结构

隔离开关实现其基本功能的结构主要包括底座、支持绝缘子、导电系统和操作系统 4 个部分。如图 2-21 所示为配电网中广泛使用的户内式隔离开关的结构图,动触头数目为三相隔离开关刀闸装在同一底座上,操作机构通过连杆带动转动轴完成分合闸操作,动触头为矩形的铜条,并设有闭锁装置,防止发生短路时误动。

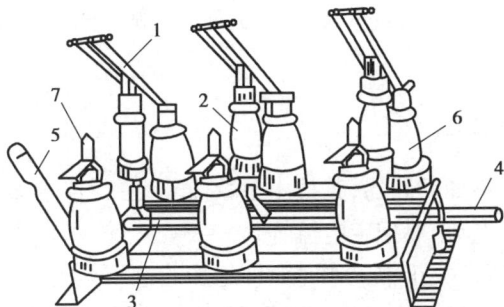

图 2-21　隔离开关的基本结构

1—动触头;2—拉杆绝缘子;3—拉杆;4—转动轴;5—转动杠杆;6—支持绝缘子;7—静触头

①导电部分包括触头、倒闸、接线座,主要起传导电路中的电流,关合和开断电路的作用。可加强触头的接触压力,提高隔离开关的动、热稳定性。

②绝缘部分包括支柱绝缘子和操作绝缘子(拉杆绝缘子),实现带电部分和接地部分的绝缘。

③传动部分由拐臂、连杆、轴齿或操作绝缘子组成,接受操动机构的力矩,将运动传给触头,以完成分合闸动作。

④操动机构通过手动、电动、气动、液压向隔离开关的动作提供能源。

⑤支持底座使导电部分、绝缘子、传动机构、操动机构等固定为一体,并固定安装在基础上。

(4)隔离开关的型号及含义

隔离开关的型号组成及含义与断路器相似,也是由字母和数字组成。从左至右依次表示为:

第一位:产品字母代号(G—隔离开关,J—接地开关)。

第二位:使用环境(N—户内,W—户外)。

第三位:设计序号(1,2,3,…)。

第四位:额定电压(kV)。

第五位:派生代号(K—带快分装置,D—带接地刀闸,G—改进型,T—统一设计产品,C—人力操作机构)。

第六位:额定电流(A)。

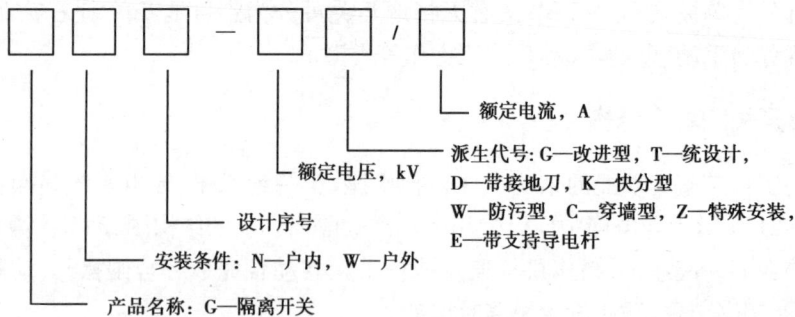

例如,GW12-220D(W)的含义表示设计序号为12,额定电压为220 kV,带接地刀闸或防污型的户外隔离开关。

(5)隔离开关的技术参数

隔离开关的开断能力不如断路器,其技术参数简单,主要技术参数包括额定电压、最高工作电压、额定电流、动稳定电流、热稳定电流等。

①额定电压,是指隔离开关正常工作时允许施加的电压等级。

②最高工作电压。由于输电线路存在电压损失,电源端的实际电压总是高于额定电压,因此,要求隔离开关能够在高于额定电压的情况下长期工作,在设计制造时就给隔离开关确定了一个最高工作电压。

③额定电流,是指隔离开关可以长期通过的最大工作电流。隔离开关长期通过额定电流时,其各部分的发热温度不超过允许值。

④动稳定电流,是指隔离开关承受冲击短路电流所产生电动力的能力。生产厂家在设计制造时已确定,一般以额定电流幅值的倍数表示。

⑤热稳定电流,是指隔离开关在某一规定时间内允许通过最大电流。它表明隔离开关承受短路电流热稳定的能力。

⑥极限通过电流峰值,是指隔离开关所能承受的瞬时冲击短路电流。其值与隔离开关各部分的机械强度有关。

学习情境2:高压隔离开关的运行

(1)隔离开关的使用要求

隔离开关在分位置时触头间有符合规定要求的绝缘距离和明显的断开标志,在合位置的时候,能够承载正常回路条件下的电流,以及在规定时间内异常情况下的电流。具体使用要求可理解如下:

①没有专门的灭弧装置,不能切断 I_g 及 I_d(工作电流及短路电流)。

②QS 应与 QF 配合使用,满足"隔离开关先通后断"原则(即合闸时,QS 先 QF 后;分闸时,QF 先 QS 后)。

③QS 分闸时,应有明显可见的断口。

④QS 合闸时,应能可靠地通过 I_{gmax} 及 I_{dmax},通过时满足动、热稳定。

⑤QS 断开点之间应有较好的绝缘性,防止出现过电压及闪络情况。

⑥QS 装有接地闸刀时,为了安全,应装连锁装置,保证按照"先断 QS,再合接地闸刀;先断接地闸刀,再合 QS"的操作顺序。

⑦QS 的结构要简单,动作可靠。

⑧隔离开关的结构应简单,动作要可靠,有一定的机械强度;金属制件应能耐受氧化而不腐蚀;在冰冻的环境里能可靠地分合闸。

隔离开关应具备以下 3 种连锁:

①隔离开关与断路器之间的闭锁。

②隔离开关与接地开关之间的闭锁。

③母线隔离开关与母线隔离开关之间的闭锁。

连锁的方式有机械连锁、电气连锁和电磁锁(微机防误闭锁)3 种。

(2)典型高压隔离开关

按安装地点将隔离开关分为户内式和户外式两类。

1)户内式隔离开关

户内式隔离开关采用闸刀形式,有单极和三极两种,主要结构是闸刀式触头和线接触,闸刀的运动方式为垂直旋转式,广泛适用额定电压 $U_N \leqslant 35$ kV 的屋内。常用型号有 GN8-6 系列、GN8-10 系列、GN10-10 系列、GN19-10 系列(图 2-22)、GN22-10 系列、GN2-35 系列、GN19-35 系列等。GN6、GN8 型均为三极(三相)式。GN6 型为平装式,采用支柱绝缘子。GN8 型为穿墙式,部分或全部采用套管绝缘子。导电回路由动、静触头和接线端等组成。

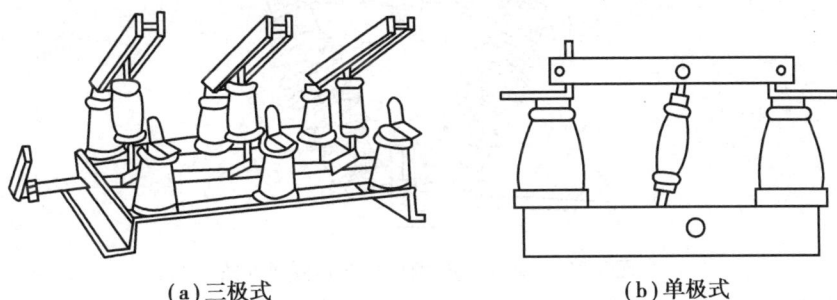

(a)三极式　　　　　　　　　　　　(b)单极式

图 2-22 　GN19-10 型插入式户内高压隔离开关

户内式隔离开关分闸时由操作拐臂带动转轴旋转,使操作绝缘子向上顶闸刀,闸刀和静触头分开,闸刀绕底座旋转至分闸位置;合闸时由操作拐臂带动转轴旋转,使操作绝缘子向下转动,和静触头相遇后,动、静触头一起旋转直至合闸位置。

2)户外式隔离开关

户外式隔离开关根据每一相支柱绝缘子的数目分为单柱式、双柱式、V 形式和三柱式等。

①GW6-220GD 型户外单柱式隔离开关(图 2-23)。每极或每相具有两个绝缘子,即支柱绝缘子和旁边紧挨着的操作绝缘子,但由于只有一个支柱绝缘子,因此称为单柱式。分合闸动作是靠操作绝缘子转动带动导电架(动闸刀)上下运动而实现的,运动方向是垂直方向。其具有工作可靠,占地面积小,不受外界影响,运行平稳等特点。

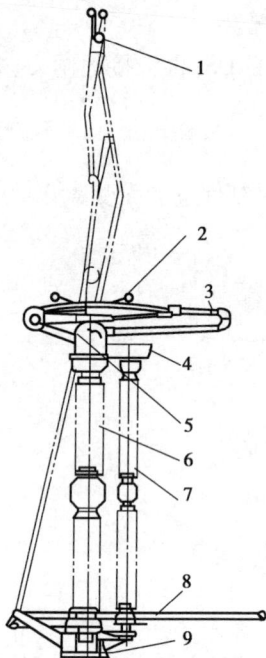

图 2-23　GW6-220GD 型户外
单柱式隔离开关结构

②GW5-110D 型户外 V 形隔离开关(图 2-24)。其特点是棒式支柱绝缘子有两个,相交呈 50°,固定同一底座,是双柱式结构,闸刀一分为二减少导电杆长度,操作时闸刀实现水平等速相向转动 90°的分合闸运动,使冰层收到很大剪力而易于破冰。但相间距离较大,合闸受弯折力要求强度较高。V 形隔离开关结构简单、尺寸小、质量轻,手动、电动或气动操作灵活,广泛用于 35～110 kV 电压等级的配电装置中。

③GW4-110 型户外双柱式隔离开关(图 2-25)。该结构每极有两个可转动的触头,分别安装在单独的瓷柱上,即由两个绝缘支柱组成,且在两支柱之间接触,其断口方向与底座平面平行的隔离开关。按不同的导电构造可分为水平旋转式和垂直伸缩式两种类型;按导电隔离开关的动作方式可分为水平回转式和水平伸缩式两种。水平回转式隔离开关由两根绝缘支柱同时起支撑和传动作用。为确保隔离开关和接地开关两者之间操作顺序正确,在产品或机构上装有机械连锁装置,以保证"主分—地合""地分—主合"的顺序动作。

绝缘支柱既起支撑作用又起传动作用,虽然其结构简单、安装方便,但不易向超高压发展。代表型号有 GW4,GW5,Gw31,

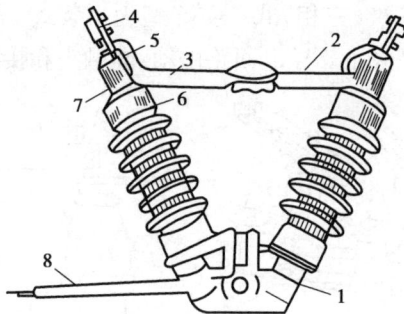

图 2-24　GW5-110D 型户外 V 形隔离开关

1—底座;2,3—闸刀;4—接线端子;5—挠性连接导体;6—棒式绝缘子;7—支撑座;8—接地刀闸

GW25 等系列。双柱单断口水平旋转式结构,广泛用于 10～220 kV 配电装置中。

④GW7-220 型户外三柱式隔离开关(图 2-26)。三柱式隔离开关的特点是两边的绝缘支柱都静止不动,中间绝缘支柱带动隔离开关回转,隔离开关对称地装在中间支柱顶上。分合闸时,隔离开关在水平方向旋转,分闸后形成两个串联断口。在超高压情况下,采用中间支柱固定不动,只支撑隔离开关,由另一根操作支柱传动。我国生产的三柱式隔离开关主要有 GW7 系列,电压等级为 220～1 100 kV。为了改善电场分布,每个瓷柱顶部装有均压环。

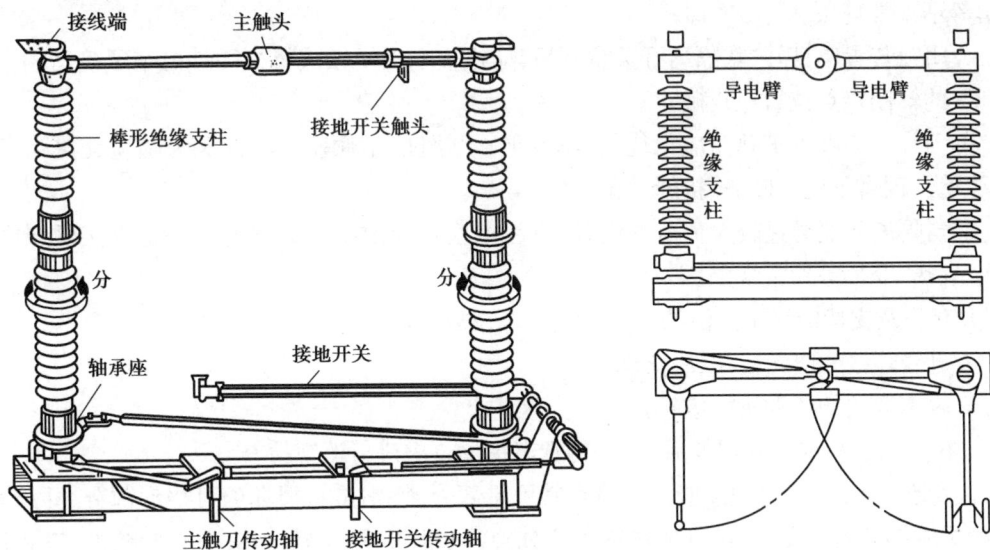

图 2-25　GW4-110 型户外双柱式隔离开关（单极）

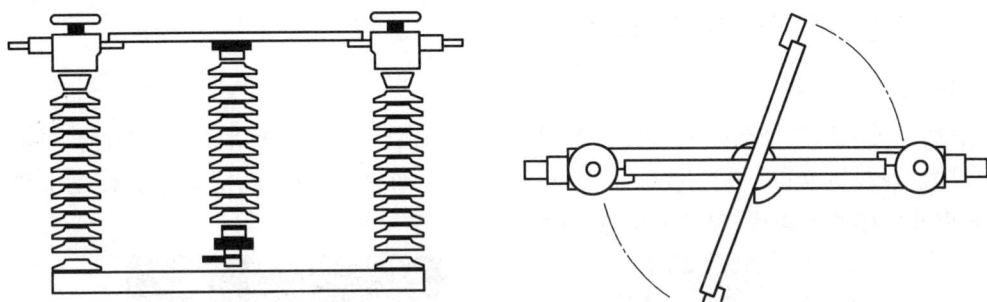

图 2-26　GW7-220 型户外三柱式隔离开关

（3）高压隔离开关的运行

高压隔离开关经常搭配断路器配合使用,实现发电厂、变电所的停、送电等倒闸操作,是特种作业高压电工等证书中技能实操的重要内容。使用的基本原则是隔离开关先通后断,因为无灭弧装置配合断路器使用。

①高压隔离开关在运行中的监视。变电所值班人员的任务之一是对隔离开关进行切换操作和对它进行监视。在正常运行时,应监视隔离开关的电流不得超过额定值,温度不超过允许温度 70 ℃,隔离开关的接头及触头在运行中不应有过热现象(可采用变色漆或示温蜡片进行监视)。如接触部分的温度达 80 ℃时,应立即设法减少隔离开关的负荷,并应尽可能将其停止使用。若电网负荷的需要不允许停电时,则应采取降温措施,如临时用风扇吹风冷却等,并加强监视,待高峰负荷过去后,再停用修理。

②隔离开关运行中的检查值班人员在巡视配电装置时,对隔离开关是否进行仔细的检查,如发现缺陷,应及时消除,以保证隔离开关的安全运行。其检查项目如下:

a.对隔离开关绝缘子检查时,应注意绝缘子完整无裂纹,无电晕和放电现象。

b.操作连杆及机械各部分,应无损伤、不锈蚀,各机件应紧固,位置应正确,无歪斜、松动、脱落等不正常现象。

c.闭锁装置应良好,在隔离开关拉开后,应检查电磁闭锁或机械闭锁的销子确已插牢,隔离开关的辅助接点位置应正确。

d.刀片和刀嘴的消弧角应无烧伤、不变形、不锈蚀、不倾斜。刀片和刀嘴应无脏污,弹簧片、弹簧及铜辫子应无断股、折断现象。

e.当隔离开关通过较大负荷电流时,应注意检查合闸状态的隔离开关是否接触严密,无弯曲、发热、变色等异常现象。

f.套管及支持绝缘子应清洁,无裂纹、损坏及放电声。

g.母线连接处应无松动、脱落现象。

h.隔离开关的传动机构应正常。

i.在发生事故或气候骤变后,应按特殊巡视的要求进行巡视检查。

j.接地开关应接地良好,应注意检查其可见部分,特别是易损坏的可挠动部分,并检查触头,触头应接触紧密良好,没有发热现象。分合闸过程应无卡涩,出头中心要校准,三相同期应符合要求。

(4)高压隔离开关的维护与检修

1)隔离开关检修

隔离开关检修严格按照 GB1985-2014《高压交流隔离开关和接地开关》进行,无漏项,检修项目为:外观检查和一次引线联结部分检查清扫;动静触头检查;隔离开关传动部件的检修;隔离开关接地检查;隔离开关整体调试。

图 2-27   隔离开关分合闸不到位   图 2-28   50016 分合闸不到位故障处理

2)隔离开关预防性试验

隔离开关预试严格按照 DL/T 596-1996《电力设备预防性试验规程》要求进行试验,无漏项,定期试验项目为:导电回路电阻测试,绝缘电阻测试。

图 2-29   隔离开关试验

➤ 【任务实施】

隔离开关的认知与运行

1. 人员准备

(1)教师及学生应着实训工装,佩戴安全帽。

(2)每 3~4 名学生为一组,各组学生轮流开展实训。

(3)教师在学生实训期间必须始终在现场,不得擅自离开;如果确需离开,必须停止学生的实训操作。

2. 场地准备

(1)实训室应配备合格、充足的安全工器具,并正确使用。

(2)实训现场应具备明显的应急疏散标识。

3. 任务实施

(1)工作任务准备。根据隔离开关的认知与运行的学习,布置工作任务。首先下发任务工作单,如表2-7所示。

表2-7　隔离开关的认知与运行工作任务单

任务名称	隔离开关的认知与运行
相关任务描述	高压隔离开关是电力系统广泛使用的开关电器,结构简单,没有灭弧装置。
相关学习准备	学习"什么是高压隔离开关"的相关资料及网络资料
对学生的考核办法	过程考核
采用的主要教学方法	(1)多媒体、实验实训教学手段 (2)情境启发式、任务驱动式、自主探究式、协作学习式等教学方法
教学及实训设备、地点	多媒体教室、理实一体化实训室

(2)任务实施过程。根据工作任务的布置及学生学习情况,开展任务实施。实施过程如表2-8所示。

表2-8　任务实施过程

任务名称	隔离开关的认知与运行	授课班级	
		授课时间	
学习目标	高压隔离开关的作用、类型、结构、型号、技术参数及运行基本要求		
学习资料	配套教材《发电厂变电所电气设备》;教学视频、多媒体课件;网络资源;相关知识的储备		
专业能力	能够讲述高压隔离开关的作用、结构组成、型号识别、运行要求		
方法能力	资料收集整理能力;制订、实施工作计划的能力;理论知识的综合运用能力		
社会能力	交接工作流程确认能力;沟通协调能力;语言表达能力;团队组织能力;班组管理能力;责任心与职业道德;安全与自我保护能力;环境保护能力		

续表

任务名称	隔离开关的认知与运行	授课班级	
		授课时间	
技能考核项目与要求	(1)制作 PPT,介绍高压隔离开关的介绍 (2)能正确无误地指出高压隔离开关的类型及结构组成 (3)能正确无误地辨别高压隔离开关及其相关技术参数 (4)能正确无误地阐述高压隔离开关的使用要求 (5)能正确无误地判断高压隔离开关运行状况		
学习任务的说明	引导学生探索高压隔离开关在电力行业的地位和作用		
学习任务	(1)小组成员先集中讨论和学习任务所需要的知识,分工合作,吸收消化学习要点、分析学习目标、制订工作计划 (2)学生能够完成隔离开关的认知与运行的学习 (3)学生能够按照计划在理实一体化教室组织完成隔离开关的认知与运行的认知任务 (4)学生按小组制作汇报 PPT,小组成员全部上台汇报,其他小组给予评价。制作思维导图,将学习成果总结归纳。配合教师进行任务反馈		
项目实施过程			
目的	学习的内容		
1.资讯	(1)布置工作任务、下发任务单 要求学生了解高压隔离开关的作用、类型、结构组成、型号含义及技术参数、掌握高压隔离开关的使用与运行要求 (2)提供相关的参考资料 ①学生在教师指导下观看相关视频 ②学生自主完成讨论、习题 (3)提出本次学习过程中的疑难问题		
2.计划	学生分组(3~4 人/组)讨论本任务所需的知识和技能,查阅相关学习资料		
3.决策	制订工作计划,明确工作任务,确定工作要求、工作注意事项及任务分工		
4.实施	学生根据分工完成各自任务,进行汇总,完成工作单,并根据制订的实施方案,在理实一体化教室实施完成隔离开关的认知与运行任务		
5.检查	学生分组对所做工作过程及结果进行演示和汇报:高压隔离开关的类型及特点、运行要求		
6.评价	(1)结果评价 ①学生对本项目的整个实施过程进行自评 ②以小组为单位,分别对其他组做的工作结果进行互评和建议 (2)资料整理和提升 ①学生总结本次实训心得,做成 PPT 形式 ②学生根据互评和教师评价的建议,填写评价表,优化方案		

4. 任务评价

根据学生对本任务的实施情况,填写评价表。教师对学生的评价如表 2-9 所示。

表 2-9　教师对学生评价表

学习任务:隔离开关的认知与运行								
教师签字:				学习团队名称:				
评价内容		评分标准	被考核人					
目标认知程度	工作目标明确、工作计划具体、结合实际、具有可操作性	10						
情感态度	工作态度端正、注意力集中、能使用网络资源收集相关资料	10						
团队协作	积极与他人合作共同完成工作任务	10						
专业能力要求	熟悉高压隔离开关的结构组成、类型和作用、使用与运行要求	70						
总分								
教师对小组评价		评分	评语:					
资讯	15							
计划	15							
决策	20							
实施	20							
检查	10							
评估	20							
总分								

➤ 【思考问题】

1. 高压隔离开关的作用和结构是什么?

2. 高压隔离开关的主要类型有哪些?

3. 高压隔离开关的型号及主要技术参数有哪些?

4. 隔离开关使用的基本要求有哪些?

任务 4　　高压负荷开关的认知与运行

➤ 【内容提要】

　　高压负荷开关是配电网中使用最多的一种电器,其结构简单、制造容易、价格便宜,得到广泛的应用。它不能直接作为电路中的保护开关。本任务主要通过学习高压负荷开关的相关知识,了解负荷开关的作用和功能,掌握负荷开关的结构组成、主要类型和型号含义,能区分其与断路器、隔离开关的性能及应用场合。

➤ 【学习要求】

　　①了解高压负荷开关的作用与功能。
　　②理解高压负荷开关的结构。
　　③掌握高压负荷开关的主要类型。
　　④掌握高压负荷开关型号、参数及运行要求。

➤ 【任务导入】

　　高压负荷开关是一种功能介于高压断路器和高压隔离开关之间的电器,高压负荷开关常与高压熔断器串联配合使用,实现短路保护,还用于控制电力变压器。高压负荷开关具有简单的灭弧装置,能通断一定的负荷电流和过负荷电流,但不能开断短路电流。学习高压负荷开关奠定了高压电工特种作业资格证书的取证基础。

➤ 【知识链接】

　　高压负荷开关的作用、分类、基本结构、型号及典型代表,运行中的基本要求。

学习情境 1:认识高压负荷开关

(1)高压负荷开关的作用和功能

　　高压负荷开关具备简单的灭弧装置,能开断和关合额定负荷电流和过负荷电流,但不能开断短路电流。在分闸状态有明显可见的断口,可起到隔离开关的作用,但性能优于隔离开关,是介于隔离开关与断路器之间的一种开关电器。高压负荷开关常常与高压熔断器串联合用,前者作为操作电器投切电路的正常负荷电流,而后者作为保护电器开断电路的短路电流及过载电流。

　　它可用来分合一定容量的变压器、电容器组及一定容量的配电线路。配有高压熔断器的负荷开关替代断路器使用,作为断流能力有限的断路器。这时负荷开关本身用于分合正常情况下的负荷电流,高压熔断器则用来切断短路故障电流。高压负荷开关主要用于较为频繁操作和非重要的场所的操作,尤其是小容量的变压器保护。

(2)高压负荷开关的主要类型

高压负荷开关按使用地点分为户内型和户外型;按是否带熔断器分为带熔断器和不带熔断器;按灭弧方式分为产气式、压气式、压缩空气式、油浸式、真空式、SF₆ 式等。产气式负荷开关利用固体产气材料在电弧作用下产生气体来进行灭弧的负荷开关。压气式负荷开关是用空气作为灭弧介质的,可分为转动式和直动式两种结构,适用于 35 kV 及以下。

高压负荷开关依据布置特点可分为两类:一种是独立安装在墙上、架构上的,其结构类似于隔离开关;另一种是安装在高压开关柜中,特别是采用真空或 SF₆ 气体的,更接近于断路器。负荷开关与限流熔断器串联组合成一体的负荷开关称为"组合式负荷开关",在国家标准中称为"负荷开关-熔断器组合电器"。熔断器可以装在负荷开关的电源侧,也可以装在负荷开关的受电侧。

(3)高压负荷开关的基本结构

高压负荷开关具有简单的灭弧装置,其功能介于隔离开关与断路器之间的开关电器,结构与断路器和隔离开关基本结构类似。负荷开关及组合电器主要由框器、隔离开关(组合器的限流熔断器在隔离开关上)、真空开关管、接地开关、弹簧操作机构等组成。高压负荷开关常与熔断器配合使用,结构上有明显的特征,如图 2-30 所示为 FN3-10RT 型高压负荷开关结构。

图 2-30　FN3-10RT 型高压负荷开关结构

（4）高压负荷开关的型号及含义

高压负荷开关的型号组成及含义与断路器、隔离开关相似,也是由字母和数字组成。从左至右依次表示为:

第一位:产品字母代号表示高压开关的类别,其中,F代表负荷开关、G代表隔离开关、R代表熔断器。

第二位:使用环境(N—户内,W—户外)。

第三位:设计序号(1,2,3,…)。

第四位:额定电压(kV)。

第五位:额定电流(A)派生代号(K—带快分装置,D—带接地刀闸,G—改进型,T—统一设计产品,C—人力操作机构)。

第六位:最大开断电流(kA),表征开断能力。

第七位:是否带有熔断器及安装特征,R带熔断器,不带则忽略不标;S熔断器安装于上端。

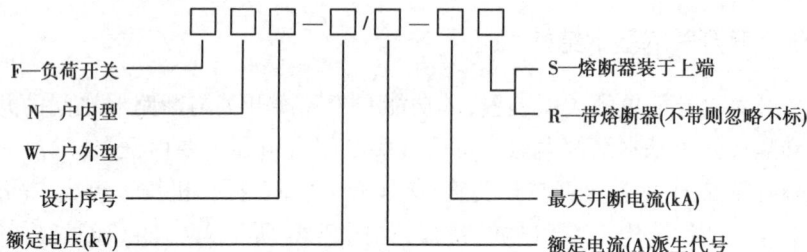

例如,FN2-10R/400型的含义是户内式、设计序号为2、额定电压为10 kV、R带熔断器(装在开关的上端)、额定电流为400 A的高压负荷开关。

（5）典型高压负荷开关

高压负荷开关的种类很多,目前常使用的主要是产气式负荷开关、真空负荷开关和六氟化硫负荷开关。真空负荷开关和六氟化硫负荷开关与断路器的结构和功能相似,性能优越,广泛应用于配电网中。如图2-31所示为FZN25-12FZ(R)N25-12D型户内高压真空负荷开关。

FZN25-12FZ(R)N25-12D型户内高压真空负荷开关和FZRN25-12D/T200-31.5型户内高压真空负荷开关-熔断器组合电器是三相交流50 Hz、12 kV配电系统的控制和保护装置,产品无油、无毒、无燃火与爆炸危险,广泛使用于工矿企业及城市大楼配电站等场所。后者对变压器等电气设备的保护作用比断路器更可靠,特别适合环网、双辐射供电单元和箱式变电站。

FZN25-12D/T630-20型户内高压真空负荷开关(以下简称"负荷开关")是三相交流50 Hz、额定电压12 kV的户内装置,适用于工矿企业配电所及变电站等场所,作为电气设施的保护和控制,用于分合负荷电流、闭环电流、空载变压器和电缆充电电流。它具有关合短路电流能力的接地开关。其操作机构可手动和电动,便于实现电力系统的三遥控制要求。

FZRN25-12D/T200-31.5型户内高压真空负荷开关与熔断器组合电器(以下简称"组合电

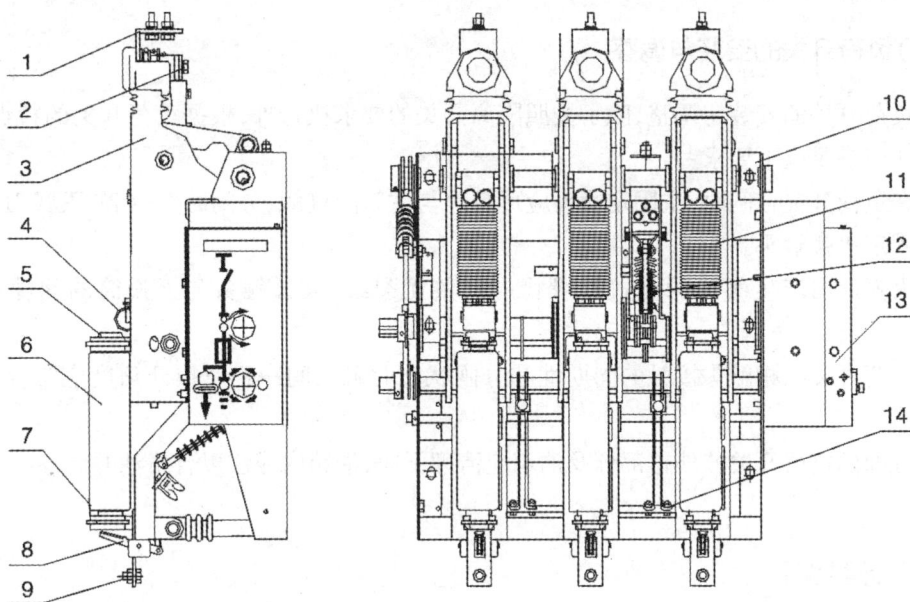

图 2-31 FZN25-12FZ(R)N25-12D 型户内高压真空负荷开关

1—上出线;2—隔离开关;3—绝缘座;4—软联接;5—上熔断器夹;6—熔断器;7—下熔断器夹;

8—脱扣板;9—下出线;10—金属框架;11—真空灭弧室;12—弹簧机构;13—操作面板;14—接地开关

器")是三相交流 50 Hz、额定电压 12 kV 的户内装置,适用于工矿企业配电所及变电站等场合,作负荷控制和短路保护之用。它还具有关合短路电流能力的接地开关。其操作机构可手动和电动,便于实现电力系统的三遥控制要求。

真空式负荷开关产品的特点是无明显电弧,不会发生火灾和爆炸,可靠性好,结构紧凑、体积小、寿命长、关合开断能力强、操作维护简便,开关配有弹簧操作机构,采用电动机(另配手动)弹簧储能、合闸方式有电磁铁合闸和手动分合闸两种,可配用于各种成套的保护装置,特别是城市电网箱式变电所、环网柜等供电设施。

利用 SF$_6$ 气体作为绝缘和灭弧介质的负荷开关。在城网和农网中已大量使用。其特点是灭弧能力强,容量大,但都必须与熔断器串联使用才能断开短路电流,而且断开后无可见间隙,不能作隔离开关用,适用于 35 kV 及以下的户外电网。

学习情境2:高压负荷开关的运行

(1)负荷开关应满足的要求

①要有明显可见的间隙。负荷开关在分闸位置时要有明显可见的间隙。这样,负荷开关前面就无须串联隔离开关,在检修电气设备时,只要开断负荷开关即可。

②经受开断次数要多。负荷开关要能经受尽可能多的开断次数,而无须检修触头和调换灭弧室装置的组成元件。

③要能关合短路电流。负荷开关虽然不要求开断短路电流,但要能关合短路电流,并承受短路电流的动稳定性和热稳定性的要求(对负荷开关-熔断器组合电器无此要求)。

(2)负荷开关的安装与调整

对负荷开关的安装与调整,除了按照隔离开关的要求执行外,根据负荷开关的特点,其导电部分还应满足以下要求:

①在负荷开关合闸时,主固定触头应可靠地与主刀闸接触;分闸时,三相的灭弧刀片应同时跳离固定灭弧触头。

②灭弧筒内产生气体的有机绝缘物应完整无裂纹,灭弧触头与灭弧筒的间隙应符合要求。

③负荷开关三相触头接触的同期性和分闸状态时触头间净距及拉开角度应符合产品的技术规定。

④带油的负荷开关的外露部分及油箱应清理干净,油箱内应注以合格油并无渗漏。

➤ 【任务实施】

高压负荷开关的认知与运行

1. 人员准备

(1)教师及学生应着实训工装,佩戴安全帽。

(2)每3~4名学生为一组,各组学生轮流开展实训。

(3)教师在学生实训期间必须始终在现场,不得擅自离开;如果确需离开,必须停止学生的实训操作。

2. 场地准备

(1)实训室应配备合格、充足的安全工器具,并正确使用。

(2)实训现场应具备明显的应急疏散标识。

3. 任务实施

(1)工作任务准备。根据高压负荷开关的认知与运行的学习,布置工作任务。首先下发任务工作单,如表2-10所示。

表2-10　高压负荷开关的认知与运行工作任务单

任务名称	高压负荷开关的认知与运行
相关任务描述	高压负荷开关是配电网中使用最多的一种电器,其结构简单、制造容易、价格便宜,得到广泛的应用。
相关学习准备	学习"什么是高压负荷开关"的相关资料及网络资料
对学生的考核办法	过程考核
采用的主要教学方法	(1)多媒体、实验实训教学手段 (2)情境启发式、任务驱动式、自主探究式、协作学习式等教学方法
教学及实训设备、地点	多媒体教室、理实一体化实训室

(2)任务实施过程。根据工作任务的布置及学生学习情况,开展任务实施。实施过程如

表 2-11 所示。

表 2-11　任务实施过程

任务名称	高压负荷开关的认知与运行	授课班级	
		授课时间	
学习目标	高压负荷开关的作用、类型、结构、型号、技术参数及运行要求		
学习资料	配套教材《发电厂变电所电气设备》;教学视频、多媒体课件;网络资源;相关知识的储备		
专业能力	能够讲述高压负荷开关作用、结构组成、型号识别、运行要求		
方法能力	资料收集整理能力;制订、实施工作计划的能力;理论知识的综合运用能力		
社会能力	交接工作流程确认能力;沟通协调能力;语言表达能力;团队组织能力;班组管理能力;责任心与职业道德;安全与自我保护能力;环境保护能力		
技能考核项目与要求	(1)制作 PPT,介绍高压负荷开关的介绍 (2)能正确无误地指出高压负荷开关的类型及结构组成 (3)能正确无误地辨别高压负荷开关及其相关技术参数 (4)能正确无误地阐述高压负荷开关的使用要求 (5)能正确无误地判断高压负荷开关运行状况		
学习任务的说明	引导学生探索高压负荷开关在电力行业的应用		
学习任务	(1)小组成员先集中讨论和学习任务所需要的知识,分工合作,吸收消化学习资料、分析学习目标、制订工作计划 (2)学生能够完成高压负荷开关的认知与运行的学习 (3)学生能够按照计划在理实一体化教室组织完成高压负荷开关的认知与运行的认知任务 (4)学生按小组制作汇报 PPT,小组成员全部上台汇报,其他小组给予评价。制作思维导图,将学习成果总结归纳。配合教师进行任务反馈		
项目实施过程			
目的	学习的内容		
1. 资讯	(1)布置工作任务、下发任务单 要求学生了解高压负荷开关的作用、类型、结构组成、型号含义及技术参数、掌握高压负荷开关的使用要求、安装与调试 (2)提供相关的参考资料 ①学生在教师指导下观看相关视频 ②学生自主完成讨论、习题 (3)提出本次学习过程中的疑难问题		
2. 计划	学生分组(3~4 人/组)讨论本任务所需的知识和技能,查阅相关学习资料		
3. 决策	制订工作计划,明确工作任务,确定工作要求、工作注意事项及任务分工		
4. 实施	学生根据分工完成各自任务,进行汇总,完成工作单,并根据制订的实施方案,在理实一体化教室完成高压负荷开关的认知与运行		

续表

任务名称	高压负荷开关的认知与运行	授课班级	
		授课时间	
5.检查	学生分组对所做工作过程及结果进行演示和汇报:高压负荷开关的类型及特点、使用与安装要求		
6.评价	(1)结果评价 ①学生对本项目的整个实施过程进行自评 ②以小组为单位,分别对其他组做的工作结果进行互评和建议 (2)资料整理和提升 ①学生总结本次实训心得,做成 PPT 形式 ②学生根据互评和教师评价的建议,填写评价表,优化方案		

4. 任务评价

根据学生对本任务的实施情况,填写评价表。教师对学生的评价如表 2-12 所示。

表 2-12   教师对学生评价表

学习任务:高压负荷开关的认知与运行							
教师签字:			学习团队名称:				
评价内容		评分标准	被考核人				
目标认知程度	工作目标明确、工作计划具体、结合实际、具有可操作性	10					
情感态度	工作态度端正、注意力集中、能使用网络资源收集相关资料	10					
团队协作	积极与他人合作共同完成工作任务	10					
专业能力要求	熟悉高压负荷开关的结构组成、类型和作用、使用与安装要求	70					
总分							

教师对小组评价		评分	评语:		
资讯	15				
计划	15				
决策	20				
实施	20				
检查	10				
评估	20				
总分					

➤ 【思考问题】

1.高压负荷开关的作用和功能是什么?

2.高压负荷开关的分类有哪些?

3.高压负荷开关的型号及主要技术参数有哪些?

4.高压负荷开关使用的运行要求有哪些?

任务 5　高压熔断器的认知与运行

➤ 【内容提要】

　　高压熔断器是用来保护电气设备免受过载和短路电流的损害,安装方便、价格低廉而广泛应用在线路、电力变压器、电压互感器、电容器组和电动机等设备的短路保护及过载保护。本任务主要通过学习高压熔断器的相关知识,了解高压熔断器的工作原理,掌握高压熔断器的结构组成、作用、型号与技术参数,掌握典型高压熔断器的主要类型、结构特点及应用特点。

➤ 【学习要求】

　　①了解高压熔断器的结构。

　　②理解高压熔断器的工作原理。

　　③掌握高压熔断器的型号含义。

　　④掌握高压熔断器的典型结构及运行要求。

➤ 【任务导入】

　　熔断器俗称保险,是一种开断电器,也最早使用的、结构最为简单的保护电器。高压熔断器常与高压负荷开关串联配合使用,实现短路保护与控制电力变压器。高压熔断器能开断短路电流,但不能通断一定的负荷电流和过负荷电流,只有在电路中出现短路故障时起到短路保护的作用。学习高压熔断器奠定了高压开关电气设备中对短路保护实施认识,对高、低压电工作业资格证书的取证奠定了基础。

➤ 【知识链接】

　　高压熔断器的原理、分类、结构、型号含义及典型应用类型,运行中的基本要求。

学习情境1:认识高压熔断器开关

熔断器俗称保险,是一种开断电器,也是最早使用的、结构最为简单的保护电器,它用来保护电气设备免受过载和短路电流的损害,安装方便、价格低廉而广泛应用在线路、电力变压器、电压互感器、电容器组和电动机等设备的短路保护及过载保护。

熔断器具有结构简单、体积小、质量轻、价格低廉、维护方便、使用灵活等特点,广泛应用于60 kV及以下电压等级的小功率辐射型电网和小容量变电站等电路的保护。为了使用更安全、方便,常将熔断器和刀开关电器封装在一个壳体内,通过优化结构,减小零部件,进一步减小体积及降低成本。

(1)熔断器的工作原理

熔断器工作时需与被保护元件串联在电路中,其内部金属熔体是一个易于熔断的导体,是电路中最薄弱的导电环节。在正常工作状态下,通过熔体的电流较小,熔体的温度虽然上升,但不致达到熔点,熔体不会熔化,电路能可靠接通。一旦电路发生过负荷或短路故障时,电流显著增大,使熔体迅速升温超过其熔点,在被保护设备的温度未达到破坏其绝缘性能之前熔化,将电路切断,从而使线路中的电气设备得到保护。

熔断器的工作过程大致可分为以下4个阶段:

①熔断器的熔体因过载或短路而加热到熔化温度。

②熔体的熔化和气化。

③触点之间的间隙击穿和产生电弧。

④电弧熄灭、电路被断开。

显然,熔断器的动作时间为上述4个过程所需时间的总和。熔体熔化时间长短,取决于熔体熔点的高低和所通过电流大小。电流越大,熔断时间越短(反时限特性);电流越小,熔断时间越长。熔断器的开断能力取决于熄灭电弧能力的大小。由于熔断器不能开断与关合正常负荷电流,因此需要与负荷开关、重合器等其他开关电器配合使用。

(2)熔断器的基本结构

熔断器的基本结构主要由金属熔件(熔体)、壳体(熔管)、底座等组成,如图2-32所示。

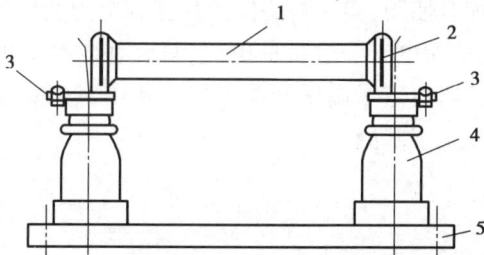

图2-32   RN1系列高压熔断器的基本结构

1—熔件管;2—静触点座;3—接线座;4—支柱绝缘子;5—底座

1)壳体(熔管)

壳体的外观一般呈管状,也将其称为熔管,通常由陶瓷、密胺、玻纤增强树脂等高强度绝缘材料制成,既保护着内部的熔体和填料不受外界环境的影响,也使熔体分断短路电流时产生的电弧和金属蒸气不影响到外界。

壳体两端的接线端子有许多形式,如触刀式、圆筒形帽、接触板式等,多种多样的接线端子提供了不同的安装方式,使熔断体能适应各种应用场合的需求。一般同一个熔断体两端的接线端子是相同的,但在一些特殊的场合下,也会在同一个熔断体两端采用不同的接线端子,这是为了使熔体能适应各种场合和设备的安装要求,保证熔体与整个电路之间始终具有稳定可靠的电气连接。

2)熔体

熔体是装在壳体内部的金属导体,与两端的接线端子相连。熔体常为丝状、片状和栅状,是熔断体乃至整个熔断器系统的核心部分,其形状和材料对熔断体的保护能力具有决定性的影响。采用特殊形状的熔体,如变截面、网孔状、焊有小锡或铅球等。熔体材料要求熔点低、导电性好、不易氧化、易于加工等,一般选用铅、铅锡合金、锌、铜、银等。其中铅锡合金、铅和锌熔点低(200 ℃,327 ℃,420 ℃),但电阻率大,截面大,不利于灭弧,仅用于电压小于500 V的场所。铜的导电、导热性能良好,制成熔体截面小,有利于灭弧,但其熔点较高(1 080 ℃),在通过临界熔断电流时动作性差,此时可利用"冶金效应"(即在铜质熔体上焊锡或铅)克服此缺点。其广泛用于高低压熔断器中。银的导电、导热性能较好,不易氧化,熔点(960 ℃)略低于铜,但价格较高,一般只用于高压小电流熔断器。

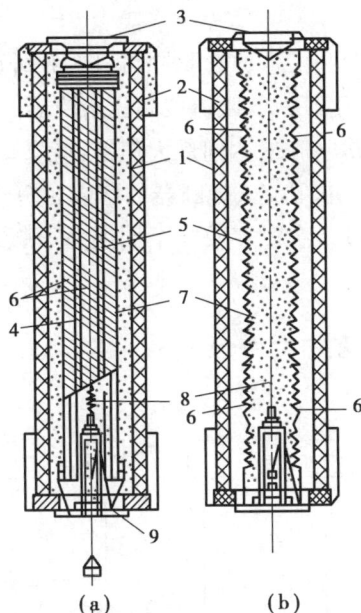

图 2-33　充石英砂的熔体管结构

(a)熔体绕于陶瓷芯上;(b)具有螺旋形熔体

1—瓷质熔体管;2—黄铜罩;3—管盖;4—陶瓷芯;5—工作熔体;
6—小锡球;7—石英砂;8—指示器熔体;9—熔断指示器

3）填料

填料通常是指装填在壳体内部的石英砂细粒,决定了熔断器是否具有限流能力,以及限流能力的强弱。熔断器内装有产气纤维管、石英砂等特殊的灭弧介质。正常工作时,填料能帮助把熔体因电阻而产生的热量传导到外界,使熔体保持适当的工作温度。

4）指示器

指示器用于指示已经熔断的熔断体,常见的形式是一个在熔体熔断后弹出的短棒,为了醒目,指示器通常是红色。指示器不是每个熔断体必备的部分,有些熔断器系统能通过其他配件实现其功能。

5）支持件

支持件通常包括两个部分:一部分安装完毕后不可移动,作为熔断体的安装底座和接线端子,在熔断体和电路的其他部分之间提供可靠、稳定的机械支持和电气连接;另一部分则能拆卸和移动,用于帮助装卸和搬运熔断体。

(3)高压熔断器的主要类型

高压熔断器可按使用环境不同分为户内式和户外式;按结构特点不同分为支柱式和跌落式;按工作特性不同即是否有限流措施分为限流式和非限流式。

户内型高压熔断器全部是限流型。RN1,RN5 系列用于电力变压器或线路保护,RN2,RN6 用于系列电压互感器保护。其中,RN1 代表的奇数系列设计序号用于 35 kV 的输电线路和电气设备的过载及短路保护;RN2 代表的偶数系列设计序号专门用于 3～35 kV 的电压互感器的过载及短路保护。

户外型高压熔断器按其结构和工作原理不同可分为户外跌落式和户外支柱式高压熔断器,如 RW3 跌落式高压熔断器、RW10-35 限流式高压熔断器。

限流式熔断器的熔体在短路电流未达到最大值前,就立即熔断使电流变为零,具有速度快、电阻高、出现过电压的特点。非限流式熔断器的熔体在短路电流作用下熔化后,电流几乎不变,仍继续增大至最大值,经过一次过零或几个周期才灭弧,具有速度慢、不出现过电压的特点。

(4)高压熔断器的型号及含义

熔断器的型号表达式及含义:

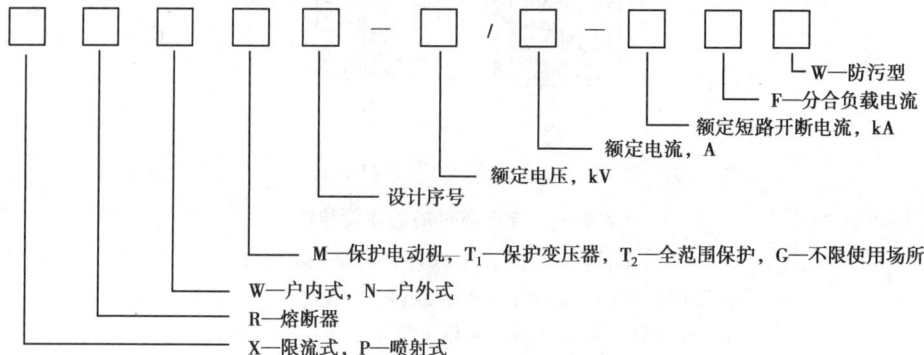

W—防污型
F—分合负载电流
额定短路开断电流,kA
额定电流,A
额定电压,kV
设计序号
M—保护电动机,T₁—保护变压器,T₂—全范围保护,G—不限使用场所
W—户内式,N—户外式
R—熔断器
X—限流式,P—喷射式

例如,RW3-10Z 表示为户外式、设计序号为 3、额定电压 10 kV,具有重合性户外高压熔断器。

(5)高压熔断器的主要技术参数

熔断器的主要技术参数包括额定电压、熔断器的额定电流、熔断器的开断电流、熔体的额定电流。

①额定电压:是指熔断器长期能够承受的正常工作电压,即安装处电网的额定电压。

②额定电流:是指熔断器壳体部分和载流部分允许通过的长期最大工作电流。长期通过此电流时,熔断器不会损坏。

③熔体的额定电流:是指熔体允许长期通过而不会熔断的最大电流。

④极限断路电流:是指熔断器所能断开的最大短路电流。若被断开的电流大于此电流时,有可能使熔断器损坏,或由于电弧不能熄灭引起相间或接地短路。

熔断器的技术参数还包括额定开断能力、电流种类、额定频率、分断范围、使用类别和外壳防护等级等。

熔断器的技术参数应区分为熔断器(底座)的技术参数和熔体的技术参数。原因是同一规格的熔断器底座可以装设不同规格的熔体,相应的保护特性也不同,两者不能混淆。熔体的额定电流可以与熔断器的额定电流不同,但要求熔体的额定电流不得大于熔断器的额定电流,其额定电流的表示形式为熔断器底座的额定电流/熔体的额定电流。

(6)典型高压熔断器

RN2 型高压熔断器(图 2-34),电流为 0.5 A 的用于保护 3 ~ 35 kV 的电压互感器。RW10-35,RXWO-35(图 2-35)型为限流式高压熔断器,其额定电流为 0.5 A,用于保护电压互感器。

跌落式熔断器(俗语称为鸭嘴型)(图 2-36),无限流作用,过电压较低,开断电流时会排出大量气体,响声很大,用于户外。

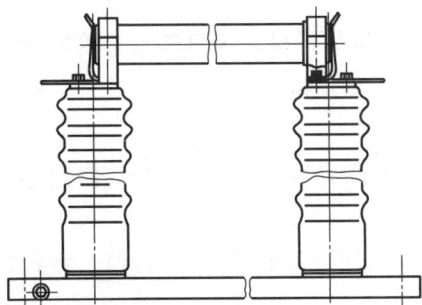

图 2-34   RN2 户内高压熔断器

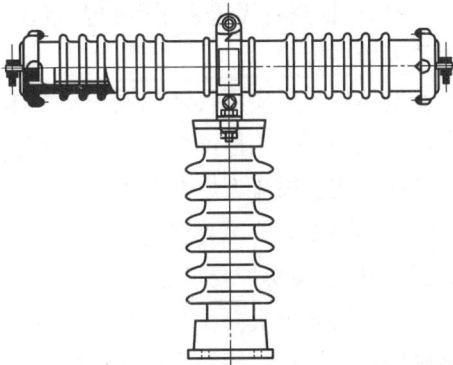

图 2-35   RXWO-35 限流式户外高压熔断器

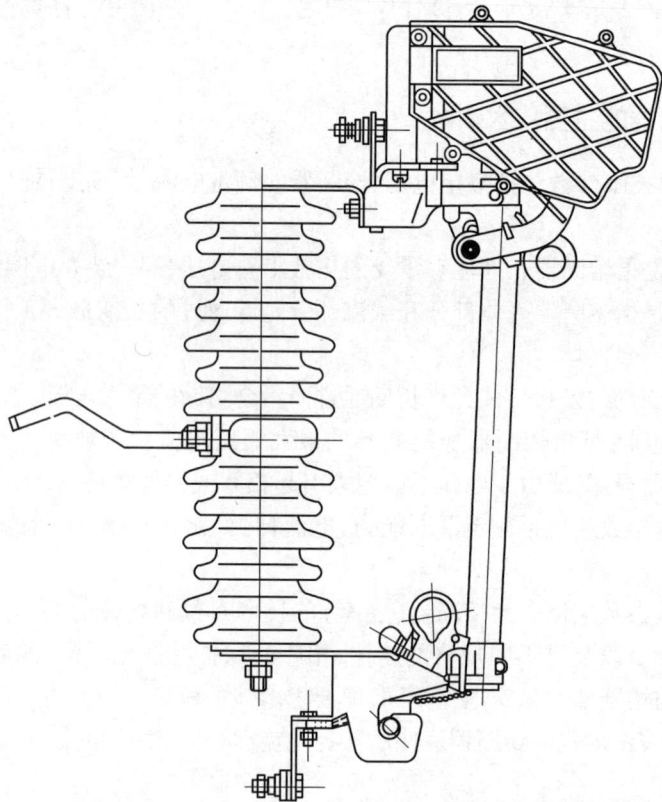

图 2-36   RW7-10 型跌落式熔断器

学习情境 2:高压熔断器的运行

①为使熔断器能更可靠、安全地运行,除按规程要求严格地选择正规厂家生产的合格产品及配件(包括熔件等)外,对运行中的高压熔断器应经常检查接触是否良好,应加强接触点的温升检查,检查有无绝缘子破损及熔体熔断现象,若发现熔体熔断时,则要查明原因,不可随意加大熔体容量。

②熔体熔断后应更换新的同规格熔体,不可将熔断后的熔体连接起来再装入熔管继续使用。熔管内必须使用标准熔件,禁止用铜丝、铝丝代替熔体,更不准用铜丝、铝丝及铁丝将触点绑扎住使用。限流型熔断器不能降低电压等级使用。

③更换熔断器的熔管(体)时,一般应在不带电情况下进行,若需带电更换,则应使用绝缘工具,并按照有关防护要求进行。

④熔断器的每次操作必须仔细认真,不可粗心大意,拉合熔断器时不要用力过猛,特别是合闸操作,必须使动、静触头接触良好。

⑤在拉闸操作时,一般规定为先拉断中相,再拉背风的边相,最后拉断迎风的边相。合闸的时候先合迎风边相,再合背风边相,最后合上中相。

⑥应定期对熔断器进行巡视,每月不少于一次夜间巡视,查看有无放电火花和接触不良现象。

➤ **【任务实施】**

高压熔断器的认知与运行

1. 人员准备

(1)教师及学生应着实训工装,佩戴安全帽。

(2)每 3～4 名学生为一组,各组学生轮流开展实训。

(3)教师在学生实训期间必须始终在现场,不得擅自离开;如果确需离开,必须停止学生的实训操作。

2. 场地准备

(1)实训室应配备合格、充足的安全工器具,并正确使用。

(2)实训现场应具备明显的应急疏散标识。

3. 任务实施

(1)工作任务准备。根据高压熔断器的认知与运行的学习,布置工作任务。首先下发任务工作单,如表 2-13 所示。

表 2-13　高压熔断器的认知与运行工作任务单

任务名称	高压熔断器的认知与运行
相关任务描述	熔断器俗称保险,是一种开断电器,也最早使用的、结构最为简单的保护电器,与高压负荷开关串联配合使用,实现短路保护与控制电力变压器。
相关学习准备	学习"什么是高压熔断器开关"的相关资料及网络资料
对学生的考核办法	过程考核
采用的主要教学方法	(1)多媒体、实验实训教学手段 (2)情境启发式、任务驱动式、自主探究式、协作学习式等教学方法
教学及实训设备、地点	多媒体教室、理实一体化实训室

(2)任务实施过程。根据工作任务的布置及学生学习情况,开展任务实施。实施过程如表 2-14 所示。

表 2-14　任务实施过程

任务名称	高压熔断器的认知与运行	授课班级	
		授课时间	
学习目标	高压熔断器的工作原理、结构、型号、参数及运行要求		
学习资料	配套教材《发电厂变电所电气设备》;教学视频、多媒体课件;网络资源;相关知识的储备		
专业能力	能够讲述高压熔断器工作原理、结构组成、型号识别、运行要求		
方法能力	资料收集整理能力;制订、实施工作计划的能力;理论知识的综合运用能力		

续表

任务名称	高压熔断器的认知与运行	授课班级	
		授课时间	
社会能力	交接工作流程确认能力;沟通协调能力;语言表达能力;团队组织能力;班组管理能力;责任心与职业道德;安全与自我保护能力;环境保护能力		
技能考核项目与要求	(1)制作 PPT,介绍高压熔断器的介绍 (2)能正确无误地指出高压熔断器的类型及结构组成 (3)能正确无误地辨别高压熔断器及其相关技术参数 (4)能正确无误地阐述高压熔断器的关运行状况		
学习任务的说明	引导学生探索高压熔断器在电力行业的应用		
学习任务	(1)小组成员先集中讨论和学习任务所需的知识,分工合作,吸收消化学习要点、分析学习目标、制订工作计划 (2)学生能够完成高压熔断器的认知与运行的学习 (3)学生能够按照计划在理实一体化教室组织完成高压熔断器的认知与运行的认知任务 (4)学生按小组制作汇报 PPT,小组成员全部上台汇报,其他小组给予评价。制作思维导图,将学习成果总结归纳。配合教师进行任务反馈		

项目实施过程

目的	学习的内容
1. 资讯	(1)布置工作任务、下发任务单 要求学生了解高压熔断器的工作原理、类型、结构组成、型号含义及技术参数、掌握高压熔断器的运行 (2)提供相关的参考资料 ①学生在教师指导下观看相关视频 ②学生自主完成讨论、习题 (3)提出本次学习过程中的疑难问题
2. 计划	学生分组(3~4 人/组)讨论本任务所需的知识和技能,查阅相关学习资料
3. 决策	制订工作计划,明确工作任务,确定工作要求、工作注意事项及任务分工
4. 实施	学生根据分工完成各自任务,进行汇总,完成工作单,并根据制订的实施方案,在理实一体化教室完成高压熔断器的认知与运行
5. 检查	学生分组对所做工作过程及结果进行演示和汇报:高压熔断器的类型及特点、运行
6. 评价	(1)结果评价 ①学生对本项目的整个实施过程进行自评 ②以小组为单位,分别对其他组做的工作结果进行互评和建议 (2)资料整理和提升 ①学生总结本次实训心得,做成 PPT 形式 ②学生根据互评和教师评价的建议,填写评价表,优化方案

4.任务评价

根据学生对本任务的实施情况,填写评价表。教师对学生的评价如表 2-15 所示。

表 2-15　教师对学生评价表

学习任务:高压熔断器的认知与运行							
教师签字:			学习团队名称:				
评价内容		评分标准	被考核人				
目标认知程度	工作目标明确、工作计划具体、结合实际、具有可操作性	10					
情感态度	工作态度端正、注意力集中、能使用网络资源收集相关资料	10					
团队协作	积极与他人合作共同完成工作任务	10					
专业能力要求	熟悉高压熔断器的结构组成、类型和作用、运行	70					
总分							

教师对小组评价	评分	评语:
资讯	15	
计划	15	
决策	20	
实施	20	
检查	10	
评估	20	
总分		

➤ 【思考问题】

1.高压熔断器的作用是什么? 结构组成怎样?

2.高压熔断器的分类有哪些?

3.高压熔断器的型号及主要技术参数有哪些?

4.高压熔断器使用的运行要求有哪些?

任务6   重合器和分段器的配合使用

➤ 【内容提要】

重合器是配电网自动化中的一种智能化开关设备,具有控制及保护的功能。分段器是发电厂和变电所配电装置中用来隔离故障线路区段的自动保护装置,通常与自动重合器或断路器配合使用。本任务主要通过学习重合器和分段器的相关知识,了解重合器和分段器的作用和工作原理,掌握它们的分类、结构组成、性能及特点,掌握典型代表结构与应用、配合使用的方案实例。

➤ 【学习要求】

①了解重合器的工作原理及结构组成。
②掌握重合器的类型和典型应用结构。
③掌握分段器的作用、分类和结构。
④掌握重合器和分段器配合使用的方案实例。

➤ 【任务导入】

随着计算机信息技术的飞速发展,自动重合器和自动分段器(简称重合器、分段器)是比较完善的、具有高可靠性的自动化设备,不仅能可靠及时地消除瞬时故障,而且能将永久性故障引起的停电范围限制到最小。重合器、分段器用于配电网络,可有选择地、有效地消除瞬时性故障,使其不致发展成永久性故障,又可切除永久性故障,故而能够极大地提高供电可靠性。学习该部分知识,结合当代先进的技术,使高压开关朝着更智能、更自动化的智能电器方向发展,同时培养学生与时俱进的思想与态度。

➤ 【知识链接】

重合器的定义、作用与功能、原理、分类、结构、特性、型号含义及典型应用类型;分段器的定义、作用与功能、分类、结构。重合器和分段器配合使用的方案实例。

学习情境1:认识重合器

重合器是配电网自动化中的一种智能化开关设备,具有控制及保护的功能。它能检测故障电流并能在给定的时间内切断故障电流,以及整定给定次数重合的控制装置。

（1）重合器的作用和功能

重合器可以自动检测通过其主回路的电流,当确认是故障电流后,持续一定的时间,按定时限或反时限保护特性自动断开故障电流,并根据要求多次自动地重合,向线路恢复供电。如果故障是瞬时性的,重合器重合后线路恢复正常供电;如果故障是永久性的,重合器按预先整定的操作顺序进行动作,在完成预先整定的重合次数(一般为3次)后,确认线路为永久性故障,则自动闭锁,不再对故障线路送电,直至人为排除故障后,重新将重合器合闸闭锁解除,恢复正常状态。

重合器的开断性能与普通断路器相似,但比普通断路器更具有"智能化"(表2-16)。它能自动进行故障检测,判断电流性质、执行开合功能,并能恢复初始状态,记忆动作次数,完成合闸闭锁等,即具有自动功能、保护功能和控制功能,并且无附加操作装置,适合于户外各种安装方式。

重合器具有控制、保护和重合的基本功能。控制即断路器开关,保护当线路故障时自动跳闸(跳闸时间可设置),重合即重合闸功能(重合次数及间隔时间可设置)。

表2-16　断路器与重合器的比较

比较项目	断路器	重合器
作用	强调开断和关合	强调开断、重合、操作顺序、复位和闭锁
结构	由灭弧室和操动机构组成	由灭弧室、操动机构、控制系统和高压合闸线圈组成
控制方式	分开设计,需提供操作电源	自身控制方式,检测、控制、操动一体,需提供操作电源
操作顺序	分—0.5 s—合分—180 s—合分	视电网需要而定,如"一快一慢""一快三慢""二快二慢"等组合
开断特性	由继电保护装置确定,可有定时限与反时限,但无双时性,即一种短路电流对应一种开断时间	具有反时限特性和双时性,即重合器的安秒特性有快慢之分,同一故障电流下可对应两种不同的开断时间
使用地点	变电所	变电所、线路柱上

备注:"快"即指快速分闸,一般设在一、二次;"慢"即指按一定的安秒特性曲线跳闸。

重合器的具体功能如下:

①重合器在开断性能上具有开断短路电流、多次重合闸操作、保护特性的顺序配合选择、保护系统的复位等功能。

②重合器主要由灭弧室、操动机构、控制系统、合闸线圈等部分组成。

③重合器是本体控制设备,在保护控制特性方面,具有自身故障检测、判断电流性质、执行开合等功能,并能恢复初始状态,记忆动作次数,完成合闸闭锁等操作顺序选择等。用于线路上的重合器,无附加操作装置,其操作电源直接取自高压线路,用于变电站内,具有低压电源可供操动机构的分合闸。

④重合器适用于户外柱上各种安装方式,既可安装在变电站内,也可安装在配电线路上。

⑤不同类型重合器的闭锁操作次数、分闸快慢动作特性、重合间隔等特性一般都不同,其

典型的 4 次分断 3 次重合的操作顺序为:分→(T)合分→(T)合分→(T;)合分,其中 TT,可调,且随不同产品而异,它可以根据运行中的需要调整重合闸次数及重合闸间隔时间。

⑥重合器的相间故障开断都采用反时限特性,以便与熔断器的安秒特性配合(但电子控制重合器的接地故障开断一般采用定时限)。重合器有快、慢两种安秒特性曲线。通常它的第一次开断都按快速曲线整定动作值,使其在 0.03 ~ 0.04 s 即可切断额定开断电流,以后各次开断,可根据保护配合的需要,选择不同的安秒特性曲线。

(2)重合器的主要类型

重合器自 20 世纪 30 年代末诞生以来,其性能优越,得到了不断的改进和发展。目前三相重合器使用电压已发展到 66 V,开断短路电流可达 8 000 A,连续工作电流由 50 A 发展到 560 A。重合器是断路器、继电保护装置及操动机构的组合,这就为变电所向户外式小型化发展奠定了良好的基础。

重合器的分类依据不同,可以分为不同类型:

①按相数可分为单相和三相。

②按绝缘和灭弧介质可分为油重合器、真空重合器、SF_6 重合器。

③按控制方式可分为液压控制式和电子控制式。其中电子控制重合器的电子控制箱与重合器分开设置,两者用多芯电缆相连,控制部件是通用的。

④按结构不同可分为分布式结构和整体式结构。整体式结构采用了高压合闸线圈,操作电源由线路提供,操动机构全部密封在绝缘箱体内,电弧依靠油或 SF_6 气体熄灭。油中出现电弧,对产品运行的可靠性和使用寿命有一定的影响。分布式结构重合器采取了扬长避短的设计原则,采用先进的户外真空断路器、低压合闸电源,断路器本体设计合理,组装灵活方便。

⑤按安装方式可分为柱上重合器、地面重合器和地下重合器。

(3)重合器的基本结构

重合器由灭弧部分和控制部分组成。灭弧部分的功能是开断故障电流,灭弧介质由油灭弧发展到真空或 SF_6 气体灭弧。控制部分主要包括选定或调整最小跳闸电流,选定和调整动作特性,记忆重合次数。若在选定次数内(一般为 3 ~ 4 次)重合闸不成功即自行闭锁。若在某次重合成功,经过一定时间记忆消失,自动恢复原始状态,下次发生故障时又能按预选次数重新动作。

(4)重合器的特性

①具有自身判断电流性质、完成故障检测、执行开合动作、自动恢复初始状态、记忆动作次数、完成合闸闭锁等功能。

②具有操作顺序调整、开断和重合特性调整功能。

③不需要外加电源和辅助装置能自行完成过电流保护。操作电源可直接取自高压线路或外加低压交流电源。

④具有多次重合闸功能,一般最多为 3 次重合。

⑤相间故障开断时采用反时限特性,有利于保护与熔断器的配合。

⑥开断能力大,可多次重复操作而不检修。

⑦过电流灵敏度高。当网络发生故障跳闸后能自动重合,其连续动作次数可以调整 1 ~ 4 次,一般为 4 次。第 1、2 次为快速跳闸,动作时间小于 0.03 ~ 0.04 s。这种快速跳闸使系统设备减少损坏,经时间间隔 1 ~ 1.5 s 后再次重合。若故障仍未消除,第 3、4 延时跳闸,其延时间隔均为 0.14 s。这种延时的目的是便于与其他保护设备配合,如分段器、跌落式熔断器等。重合器第 4 次跳闸后即自动闭锁,将故障线路切断,继续维持电网其他部分运行。要恢复送电,必须待排除故障后才能手动合闸。

⑧可调特性。更换重合器跳闸线圈即可改变最小跳闸电流值。若是电子控制的电器,不用打开油箱即可在控制板上调换插件,选择特性曲线、最小跳闸值、重复时间间隔恢复时间。

(5)典型重合器

重合器按结构不同可分为分布式结构和整体式结构。如图 2-37 所示,ESR 型整体式结构重合器可分为 3 个主要部分:

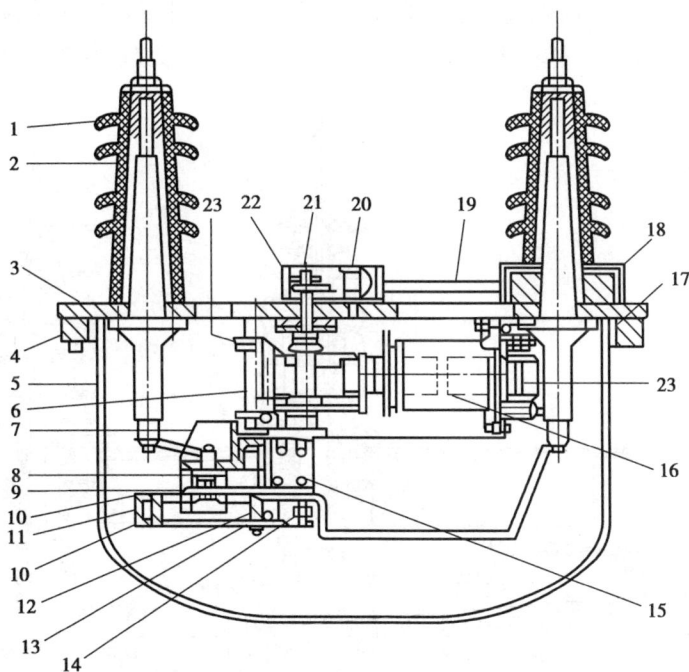

图 2-37 ESR 型整体式结构重合器的结构图

1—瓷套;2—导电杆;3—上盖;4—固定环;5—箱体;6—转轴;7—绝缘隔;8—静触头;
9—动触头;10,11—动触头支撑架;12—线圈;13—支撑架;14,15—绝缘架;16—机构;
17—密封垫;18—互感器;19—连杆;20—充放气阀;21—手动操作轴;22—护盖;23—机构轴连板

①机构及灭弧室导电部分,固定在上盖端。

②下罐与上盖构成密封,罐内充有 SF_6 气体作为灭弧和绝缘介质。

③电子控制部分是执行和控制重合器的核心,具有安秒特性曲线簇、操作顺序重合闸间隔、复位时间、动作电流值调整、接地故障投入、远控等控制功能。

其主要特点如下：

①性能可靠，在国内运行多年，未发生过由控制器所导致的事故及不正常运行。

②采用高压合闸线圈，直接电源 10 kV 获取合闸能源，尤其是在户外线路上采用时更为方便。

③绝缘及灭弧介质采用 SF_6 气体，其体积小，质量轻。

该重合器的控制采用了计算机控制系统，可适合不同条件下使用；有 4 次快、慢或快慢组合的操作顺序；有 17 条安秒特性曲线，满足上、下级保护的配合，有较宽的重合闸间隔时间、复位时间、接地故障延时时间的调整；具有远控、手控、就地操作等功能；采用 SF_6 气体绝缘，彻底消除了常规的作用；开断性能好，不会产生截流现象。

如图 2-38 所示为 CHZW(N)-12/D630-16 型分布式结构交流高压真空自动重合器的结构图。该重合器采用当前国际上最先进的真空灭弧及永磁操动机构，设计为 30 年免维护，具有体积小、质量轻、结构简单、操作方便、功能齐全、性能稳定、寿命长等一系列优点。该重合器中，断路器开断电流能力为 12.5 kA，可满容量连续开断 100 次，额定电流为 630 A，机械寿命为 30 000 次；控制部分采用先进的重合器控制装置，配置了外部接口板，控制检测信号由断路器的三相电流互感器中引入，由控制器实现对信号自动检测、处理、保护、控制等功能。

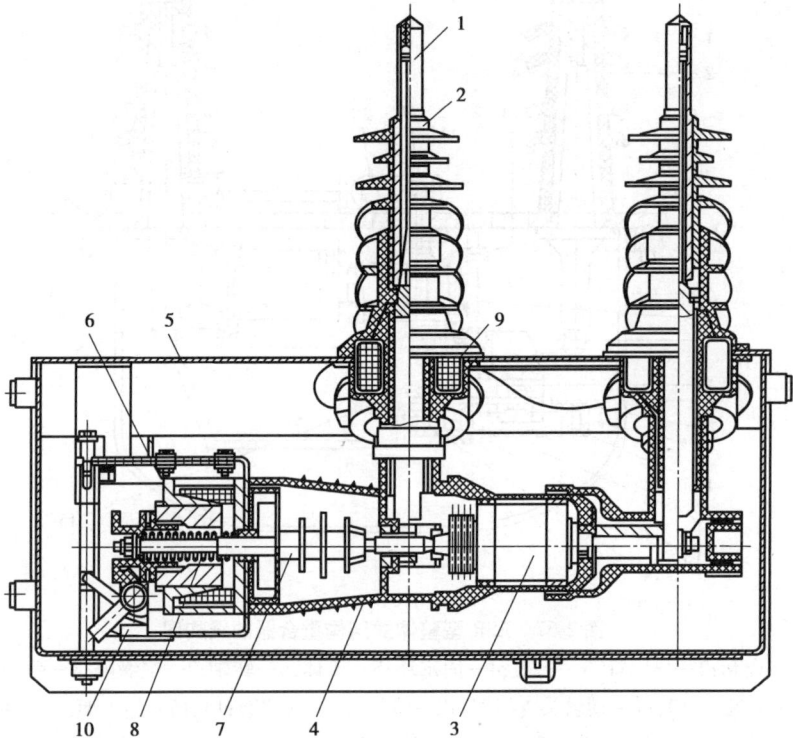

图 2-38   CHZW(N)-12/D630-16 型分布式重合器的结构图

1—套管端子；2—硅橡胶套管罩；3—真空灭弧室；4—壳体；5—箱体；6—永磁机构；7—驱动绝缘子；8—分闸弹簧；9—电压和电流互感器；10—辅助开关

该重合器由开关本体和箱盖部分组成。其主要结构由特殊设计的真空灭弧室、永磁操动机构、驱动模块、控制装置等主要单元组成。三相开关用真空开关管分别固定在绝缘框架上，由一根主轴与机构相连接,对称性和稳定性好。采用插接方式与外部连接,插接触头采用梅花触指,采用对角定位方法与箱盖连接,使插接部分保持接触良好,作为外部进出线连接之用,由 6 只绝缘套管支撑,并附有电流互感器,用于常规保护或重合器保护。操动机构采用永磁操动机构,不受外部电源影响,具备快速重合闸功能,动作性能可靠,维护检修方便。机构除具有手动、电动远方合分控制功能外,还可以配备过电流脱扣功能,应用灵活。

重合器的安装方式有装于线路的电线杆上、变电所的构架上、变电所的混凝土基础上 3 种(图 2-39)。在现场维修时,不需要特殊工具和起吊设备,便于安装和维护。

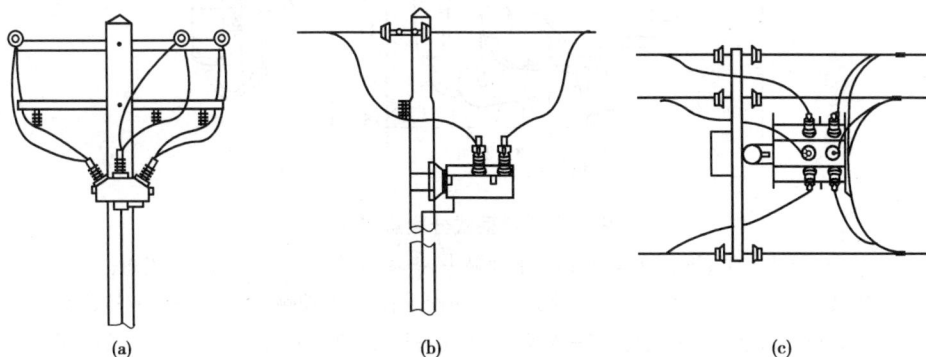

图 2-39　户外重合器的安装实例
(a)正视图;(b)侧视图;(c)俯视图

学习情境 2:认识分段器

分段器是发电厂和变电所配电装置中用来隔离故障线路区段的自动保护装置,通常与自动重合器或断路器配合使用。

(1)分段器的作用和功能

分段器不能开断故障电流。当分段线路发生故障时,分段器的后备保护重合器或断路器动作,分段器的计数功能开始累计断路器或重合器的跳闸次数;当分段器达到预定的记录次数后,在后备保护装置跳开的瞬间分段器自动跳闸分断故障线路段;断路器或重合器再次重合,恢复其他线路供电。若断路器或重合器跳闸次数未达到分段器预定的记录次数消除了故障,分段器的累计计数在经过一段时间后自动消失,恢复初始状态。

(2)分段器的分类与结构

分段器按相数分为单相、三相分段器;按灭弧介质分为油、空气、SF_6 分段器;按控制方式分为液压控制、电子控制分段器;按动作原理分为跌落式、重合式分段器等。

如图 2-40 所示,跌落式分段器是一种单相高压电器,由绝缘子、触头、导电机构组件等元件组成绝缘及一次导电系统,由电流互感器、电子控制器等元件组成二次控制系统,由储能式永磁机构、掣子、杠板及锁块等元件组成脱扣动作系统。其外形与跌落式熔断器相似。

自动配电开关的功能和作用与分段器类似,是分段器的一种,当采用具有开断能力的开关时,可作为重合器使用,能对线路区段故障进行自动判断。当确认是本自动配电开关闭合

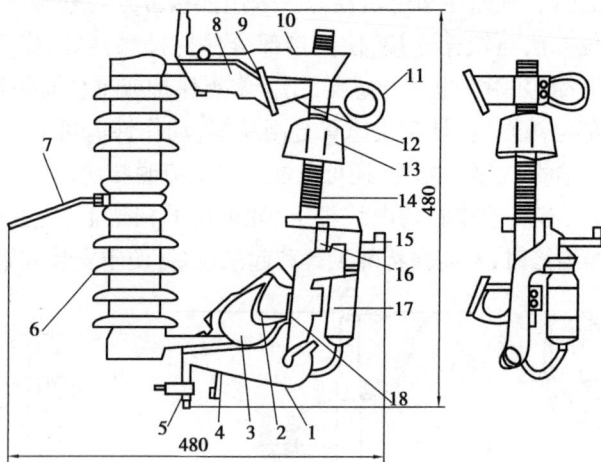

图 2-40　跌落式分段器结构

1—下支承架；2—下动触头；3—下静触头；4—缓冲片；5—接线端；6—瓷瓶；
7—安装板；8—上静触头；9—上动触头；10—防雨伞；11—上动触头操作环；12—传感器；
13—控制器；14—跌落导电杆组件；15—分离掣子；16—杠板；17—永磁机构；18—下动触头操作环

而引起的故障时,在上级保护开关分断后自动分断,并实现闭锁。自动配电开关与分段器的主要区别是自动配电开关具有延时的合闸功能,延时的时间根据系统保护及用户要求来确定,以区别故障是由哪一级配电开关引起的。

电子控制分段器利用电子元件实现计数,取消了串联线圈和液压计数机构,线路过电流靠分段器的套管式电流互感器进行检测。

(3)自动分段器的功能及特点

①分段器具有自动对上一级保护装置跳闸次数的计数功能。

②分段器不能切除故障电流,但与重合器配合可分断线路永久性故障。它能切除满负荷电流,可作为手动操作的负荷开关使用。

③分段器可进行自动和手动跳闸,跳闸后呈闭锁状态,只能通过手动合闸恢复供电。

④分段器有串接于主电路的跳闸线圈,更换线圈即可改变最小动作电流。

⑤分段器与重合器之间无机械和电气的联系,其安装地点不受限制。

⑥分段器没有安秒特性,在使用上有特殊的优点。例如,它能用在两个保护装置的保护特性曲线很接近的场合,从而弥补在多级保护系统中有时增加步骤无法实现配合的缺点。

学习情境 3：重合器和分段器的配合使用

重合器和分段器的配合动作,可实现排除瞬时故障、隔离永久性故障区域、保证非故障线段的正常供电。重合器和分段器的功能不同,应根据系统运行条件合理确定线路的分段布局,以提高配电线路自动化的程度和供电的可靠性。自动重合闸和自动分段器配合使用才能发挥最大效益,其具有四遥功能:遥信(YX)、遥测(YC)、遥控(YK)和遥调(YT)。重合器与分段器在配电系统中应用广泛。

(1)重合器和分段器的配合使用方案实例

如图 2-41、图 2-42 所示分别为电流—时间型"重合器+分段器"方案及电压—时间型"重合器+分段器"方案。

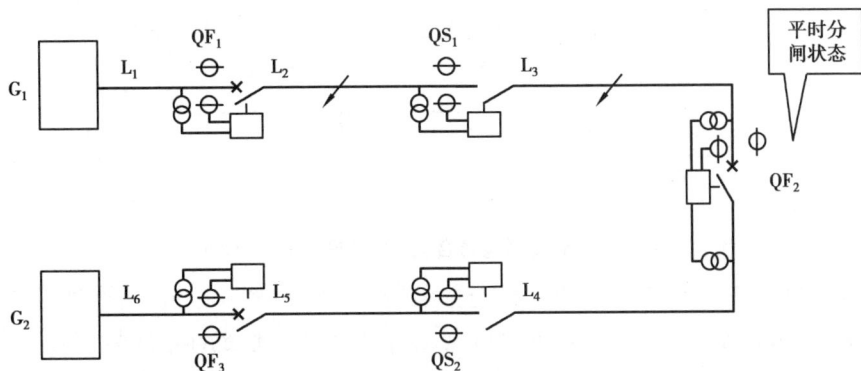

图 2-41　电流—时间型"重合器+分段器"方案

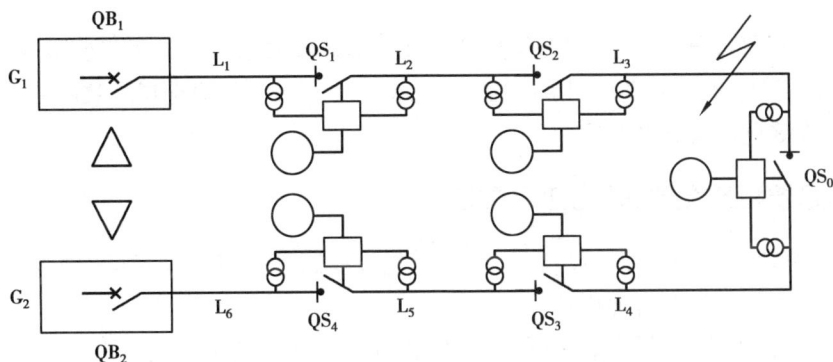

图 2-42　电压—时间型"重合器+分段器"方案

G_1,G_2—电源;QB_1,QB_2—出线断路器或重合器;QS_0,QS_4—分段器;

○—三巡终端;□—故障诊断终端;△—故障段位指示器

如图 2-43 所示,变电所出口选用重合器,整定为"一快三慢",分支线路选用 6 组跌落式自动分段器 $QS_1 \sim QS_6$ 将线路分成 L_1—L_7 段。分段器的额定启动电流值与重合器启动电流值相配合,QS_1 计数次数为 3 次,QS_2,QS_3,QS_5 计数次数为两次,QS_4,QS_6 计数次数为 1 次。

①若故障发生在 L_5 段 K_1 处,重合器与分段器 QS_1,QS_3,QS_4 通过故障电流,重合器自动分闸,线路失压,QS_4 达到整定 1 次计数次数自动分闸,隔离故障 L_5 段,重合器自动重合后恢复线路 L_1,L_2,L_3,L_4,L_6,L_7 段供电。

②若故障发生在 L_6 段 K_2 处,重合器与分段器 QS_1,QS_5 通过故障电流,重合器自动分闸,如果为瞬时故障,重合器自动重合成功恢复供电。QS_1,QS_5 没有达到整定计数次数应处于合闸状态。如果为永久性故障,重合器自动重合不成功,再次分闸,线路失压 QS_5 达到整定两次计数次数自动分闸,隔离故障 L_6 段,QS_1 没有达到整定的计数次数处于合闸状态。重合器重合后恢复线路 L_1,L_2,L_3,L_4,L_5 段供电。

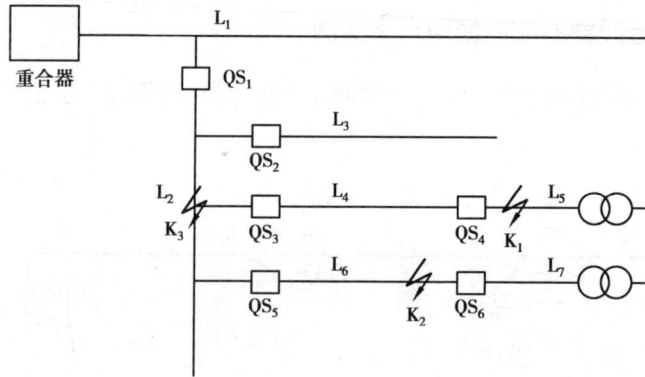

图 2-43　分段器与重合器(断路器)的配合使用

③若故障发生在 L_2 段 K_3 处,重合器与分段器 QS_1 通过故障电流,重合器自动分闸。如果为瞬时故障,重合器自动重合成功恢复供电,QS_1 没有达到整定计数次数应处于合闸状态。如果为永久性故障,重合器第二次重合不成功,再次分闸;重合器第三次重合又不成功,再次分闸,线路失压,QS_1 达到整定 3 次计数次数自动分闸,隔离故障 L_2 段,重合器第四次重合后恢复线路 L_1 段供电。

选择自动跌落式分段器,一般在用户入口处选择计数次数 1 次。用户变电所故障大多为永久性故障,架空线路故障 80% 为瞬时性故障,架空线路分支处应选择计数次数 2 次或 3 次,有利于分段器之间的优化和配合。

(2)重合器和分段器的配合使用原则

重合器、分段器均是智能化设备,具有自动化程度高等优点。只有正确配合使用才能发挥其作用。应遵守以下配合原则:

①分段器必须与重合器串联,并装在重合器的负载侧。

②后备重合器必须能检测到并能作用于分段器保护范围内的最小故障电流。

③分段器的启动电流必须小于其保护范围内的最小故障电流。

④分段器的热稳定额定值和动稳定额定值必须满足要求。

⑤分段器的启动电流必须小于后备保护最小分闸电流的 80%,大于预期最大负荷电流的峰值。

⑥分段器的记录次数必须比后备保护闭锁前的分闸次数少 1 次以上。

⑦分段器的记忆时间必须大于后备保护的累积故障开断时间(TAT)。后备保护动作的总累积时间(TAT)为后备保护顺序中的各次故障通流时间与重合间隔之和。

由于分段器没有安秒特性,所以重合器与分段器的配合不要求研究保护曲线。后备保护重合器整定为 4 次跳闸后闭锁,这些操作可以是任何快速和慢速(或延时)操作方式的组合,分段的整定次数选择 3 次记数。如果分段器负荷侧线路发生永久性故障,分段器将在重合器第 3 次重合前分开隔离故障,重合器再对非故障线路供电。

➤ 【任务实施】

重合器和分段器的配合使用

1. 人员准备

(1)教师及学生应着实训工装,佩戴安全帽。

(2)每 3~4 名学生为一组,各组学生轮流开展实训。

(3)教师在学生实训期间必须始终在现场,不得擅自离开;如果确需离开,必须停止学生的实训操作。

2. 场地准备

(1)实训室应配备合格、充足的安全工器具,并正确使用。

(2)实训现场应具备明显的应急疏散标识。

3. 任务实施

(1)工作任务准备。根据重合器和分段器的配合使用的学习,布置工作任务。首先下发任务工作单,如表 2-17 所示。

表 2-17　重合器和分段器的配合使用工作任务单

任务名称	重合器和分段器的配合使用
相关任务描述	重合器是配电网自动化中的一种智能化开关设备,具有控制及保护的功能。分段器是发电厂和变电所配电装置中用来隔离故障线路区段的自动保护装置,通常与自动重合器或断路器配合使用。
相关学习准备	学习"什么是重合器和分段器"的相关资料及网络资料
对学生的考核办法	过程考核
采用的主要教学方法	(1)多媒体、实验实训教学手段 (2)情境启发式、任务驱动式、自主探究式、协作学习式等教学方法
教学及实训设备、地点	多媒体教室、理实一体化实训室

(2)任务实施过程。根据工作任务的布置及学生学习情况,开展任务实施。实施过程如表 2-18 所示。

表 2-18　任务实施过程

任务名称	重合器和分段器 的配合使用	授课班级	
		授课时间	
学习目标	重合器和分段器的作用、分类、结构、特性及使用要求		
学习资料	配套教材《发电厂变电所电气设备》;教学视频、多媒体课件;网络资源;相关知识的储备		
专业能力	能够讲述重合器和分段器工作原理、结构特性及使用要求		
方法能力	资料收集整理能力;制订、实施工作计划的能力;理论知识的综合运用能力		

续表

任务名称	重合器和分段器的配合使用	授课班级	
		授课时间	
社会能力	交接工作流程确认能力;沟通协调能力;语言表达能力;团队组织能力;班组管理能力;责任心与职业道德;安全与自我保护能力;环境保护能力		
技能考核项目与要求	(1)制作PPT,介绍重合器和分段器的介绍 (2)能正确无误地指出重合器和分段器的类型及结构 (3)能正确无误地辨别重合器和分段器配合使用原则		
学习任务的说明	引导学生探索重合器和分段器在电力行业的应用意义		
学习任务	(1)小组成员先集中讨论和学习任务所需要的知识,分工合作,吸收消化学习要点、分析学习目标、制订工作计划 (2)学生能够完成重合器和分段器的配合使用的学习 (3)学生能够按照计划在理实一体化教室组织完成重合器和分段器的配合使用的认知任务 (4)学生按小组制作汇报PPT,小组成员全部上台汇报,其他小组给予评价。制作思维导图,将学习成果总结归纳。配合教师进行任务反馈		

项目实施过程

目的	学习的内容
1.资讯	(1)布置工作任务、下发任务单 要求学生了解重合器和分段器的工作原理、作用、分类、结构、特性及使用运行要求 (2)提供相关的参考资料 ①学生在教师指导下观看相关视频 ②学生自主完成讨论、习题 (3)提出本次学习过程中的疑难问题
2.计划	学生分组(3~4人/组)讨论本任务所需的知识和技能,查阅相关学习资料
3.决策	制订工作计划,明确工作任务,确定工作要求、工作注意事项及任务分工
4.实施	学生根据分工完成各自任务,进行汇总,完成工作单,并根据制订的实施方案,在理实一体化教室实施完成重合器和分段器的配合使用
5.检查	学生分组对所做工作过程及结果进行演示和汇报:重合器和分段器的配合使用
6.评价	(1)结果评价 ①学生对本项目的整个实施过程进行自评 ②以小组为单位,分别对其他组做的工作结果进行互评和建议 (2)资料整理和提升 ①学生总结本次实训心得,做成PPT形式 ②学生根据互评和教师评价的建议,填写评价表,优化方案

4. 任务评价

根据学生对本任务的实施情况,填写评价表。教师对学生的评价如表 2-19 所示。

表 2-19　教师对学生评价表

学习任务:重合器和分段器的配合使用							
教师签字:			学习团队名称:				
评价内容		评分标准	被考核人				
目标认知程度	工作目标明确、工作计划具体、结合实际、具有可操作性	10					
情感态度	工作态度端正、注意力集中、能使用网络资源收集相关资料	10					
团队协作	积极与他人合作共同完成工作任务	10					
专业能力要求	熟悉重合器和分段器的工作原理、作用、分类、结构、特性及使用运行要求	70					
总分							

教师对小组评价		评分	评语:
资讯	15		
计划	15		
决策	20		
实施	20		
检查	10		
评估	20		
总分			

➤ 【思考问题】

1. 重合器的作用是什么? 结构组成怎样?

2. 重合器的分类有哪些? 重合器的性能有哪些?

3. 重合器与断路器的区别是什么?

4. 分段器的作用是什么? 分类如何?

5. 分段器的结构是什么?

6. 重合器和分段器配合使用的原则有哪些?

➤ 【知识拓展】

低压开关电器

低压开关电器是指用于交流 1 000 V 和直流电路起通断、保护、控制或调节作用的电器。灭弧方法一般是在空气中拉长电弧或用灭弧栅将长电弧分为短电弧。

厂用的低压开关有开关刀、接触器、自动空气开关等。

（1）开关刀

开关刀也称手动开关，是最简单的开关电器（图 2-44）。其特点是不能频繁启动，用于控制、转换、保护和隔离电源。为能切断短路或过负荷电流，必须配合熔断器使用。表征开关性能的主要技术参数有额定电压、额定电流、通断能力、动稳定电流、热稳定电流、机械寿命和电气寿命。

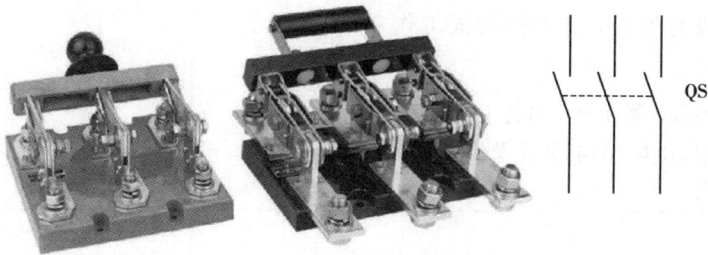

图 2-44　HD 系列刀开关

如图 2-45 所示为开启式负荷开关（HK 系列）（瓷底胶盖负荷开关），手动操作，用在不频繁带负荷的电路通断控制及短路保护。广泛应用在 5.5 kW 以下不频繁直接启动交流电机控制、照明电路、电热回路控制。

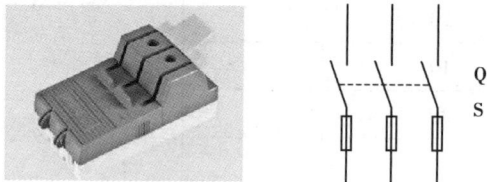

图 2-45　HK 系列负荷开关

带铁壳的封闭式负荷开关（HH 系列），手动操作，用在不频繁带负荷的电路通断控制及短路保护。广泛应用在 15 kW 以下电机不频繁直接启动与停止控制。

（2）接触器

接触器用于远距离接通或断开负荷电流的低压开关。主要用于频繁控制电机，还用于控制小发电机、电热装置、点焊机和电容器组等设备。接触器不能切断短路电流和过负荷电流，常与熔断器和热继电器等配合使用。

接触器可分为交流接触器和直流接触器。如图 2-46 所示为接触器符号，接触器型号组成及含义如下：

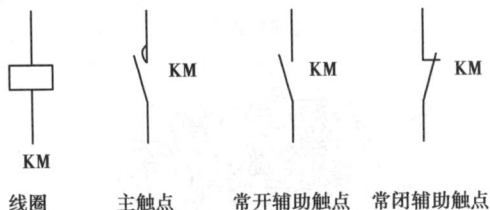

图 2-46　接触器符号

线圈　　　　主触点　　　常开辅助触点　常闭辅助触点

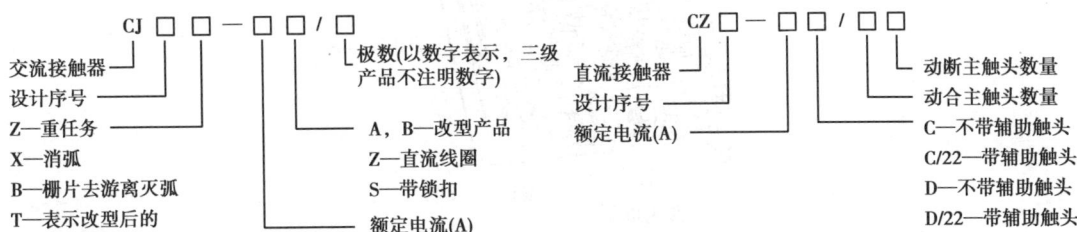

交流接触器——CJ □ □ — □ □ / □　　极数(以数字表示,三级产品不注明数字)
设计序号
Z—重任务　　　　　　　　　　　　A,B—改型产品
X—消弧　　　　　　　　　　　　　Z—直流线圈
B—栅片去游离灭弧　　　　　　　　S—带锁扣
T—表示改型后的　　　　　　　　　额定电流(A)

直流接触器——CZ □ — □ □ / □ □　　动断主触头数量
设计序号　　　　　　　　　　　　　动合主触头数量
额定电流(A)　　　　　　　　　　　C—不带辅助触头
　　　　　　　　　　　　　　　　　C/22—带辅助触头
　　　　　　　　　　　　　　　　　D—不带辅助触头
　　　　　　　　　　　　　　　　　D/22—带辅助触头

接触器性能的主要技术参数有额定电压、额定电流、约定发热电流、动作值、闭合与分断能力,机械寿命和电气寿命。

(3)自动空气开关

自动空气开关又称低压断路器(简称自动开关),是低压开关中性能最完善的开关,它不仅可以接通和断开正常电路的负荷电流及过负荷电流,还可以断开短路电流,常用在低压大功率电路中作为主要控制电路,如低压配电中变电站的总开关、大负荷电路和大功率电动机的控制等。

当电路内发生过负荷、短路、电压降低或失压时,自动开关都能自动地切断电路,但不能用在频繁操作的电路。

其主要分类有框架式(万能式)(图 2-47)和塑壳式(装置式)(图 2-48)。其系统结构由触头系统、灭弧装置、脱扣机构、传动机构组成(图 2-49),如图 2-50 所示为小型低压断路器。

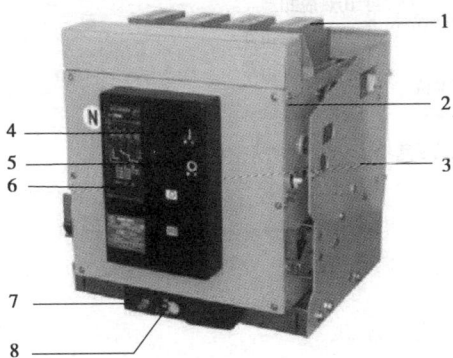

图 2-47　万能式(DW 系列)低压断路器

1—天弧罩;2—开关本体;3—抽屉座;4—合闸按钮;
5—分闸按钮;6—智能脱扣器;7—摇匀柄插入位置;
8—连接/试验/分离指示

图 2-48　塑壳式(DZ5 系列)低压断路器

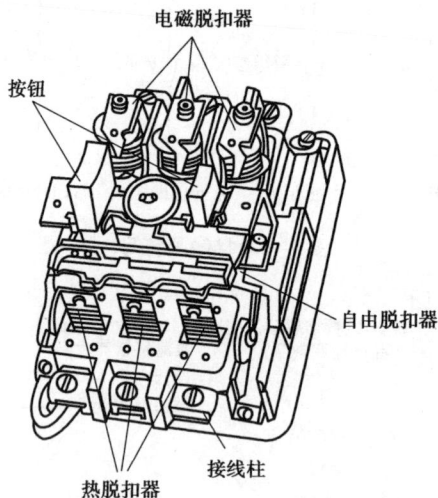

图 2-49   DZ5-20 低压断路器内部结构

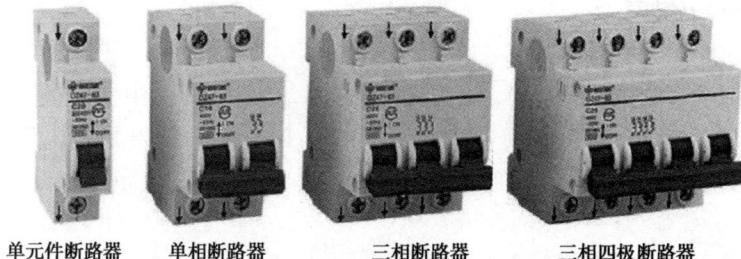

单元件断路器   单相断路器   三相断路器   三相四极断路器

图 2-50   小型低压断路器

自动开关(空气断路器)的型号及含义如下：

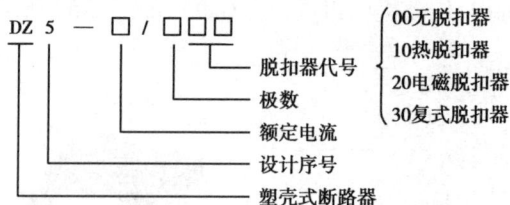

DZ 5 — □/□□□

00无脱扣器
10热脱扣器
20电磁脱扣器
30复式脱扣器

脱扣器代号
极数
额定电流
设计序号
塑壳式断路器

低压断路器选用原则如下：

①额定电压与电流大于等于线路电压与电流。

②热脱扣电流整定值等于负载额定电流。

③电磁脱扣电流整定值大于负载正常工作时峰值电流。

④欠压脱扣器额定电压等于线路的额定电压。

（4）低压熔断器

低压熔断器的结构主要包括熔断体、填充材料、绝缘管、支座(螺栓连接式熔断器除外)组成。其主要用于低压配电短路保护和电缆线路过载保护，具有分断能力高、可靠性高、安装面积小、维护方便、价格低廉的优点，缺点是保护方式少、恢复供电时间长。

　　熔断器的结构多种多样(图 2-51—图 2-56),主要包括瓷插式、螺旋式、有填料式、无填料式、快速和自恢复式熔断器。

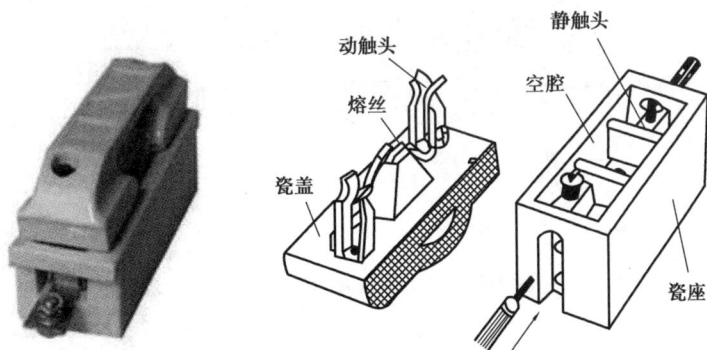

图 2-51　RC1A 系列瓷插式熔断器

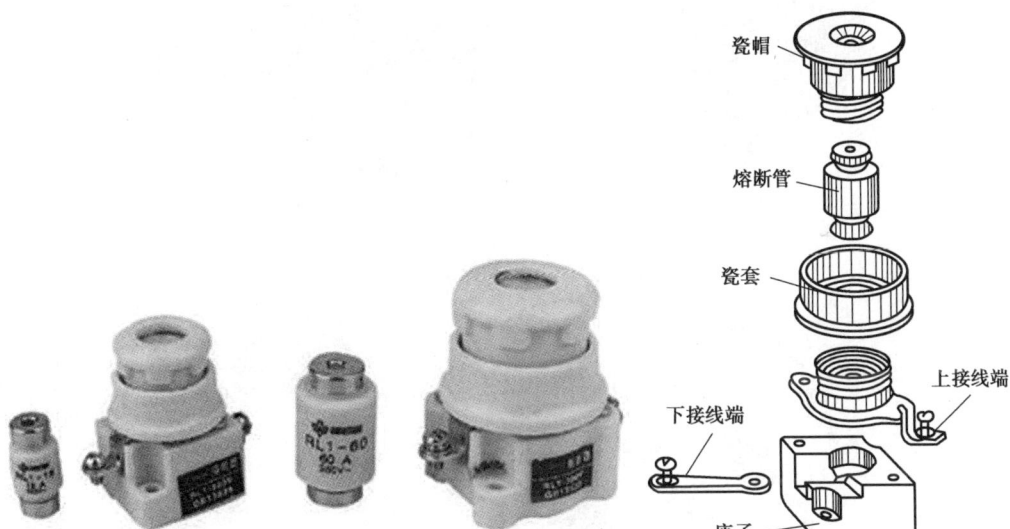

图 2-52　RL 系列螺旋式熔断器

图 2-53　RT0 系列有填料式熔断器

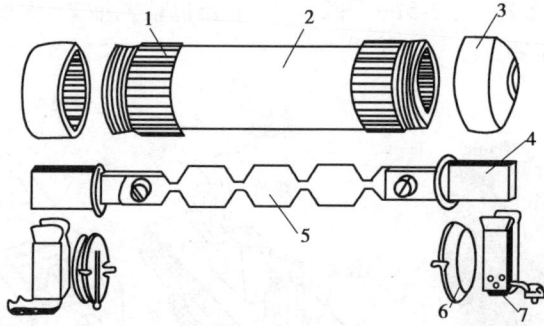

图 2-54　RM 系列无填料式熔断器

图 2-55　RS 系列快速熔断器

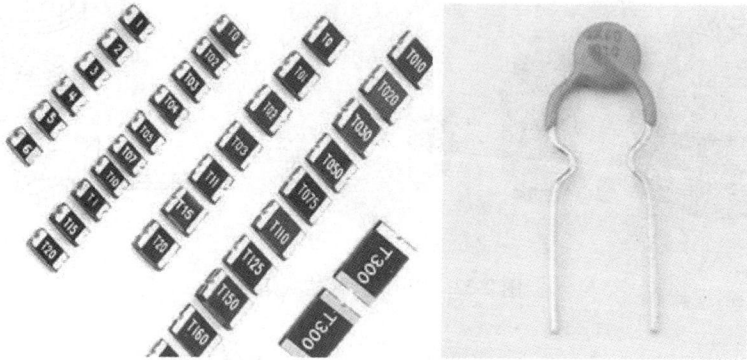

图 2-56　RZ 系列自恢复熔断器

熔断器的选择如下：

①根据条件确定熔断器类型(环境、负载性质)。

②先定熔体规格,再定熔断器规格。

③额定电压大于等于线路工作电压。

④额定电流大于等于熔体额定电流。

项目3

互感器的运行维护

任务1 初识互感器

➤ **【内容提要】**

本任务主要通过学习互感器的相关知识,掌握互感器的作用和类型,以此认识互感器,这是变电站值班员必须掌握的知识点。

➤ **【学习要求】**

掌握互感器的作用和类型。

➤ **【任务导入】**

在电力系统中,发电和用电的情况不同,线路上的电流大小不一,且相当悬殊。有的线路只有几安,有的线路达几千甚至几万安,要直接测量这些大大小小的电流就得需要从几安到几万的许多电流表,这样给仪表制造带来了困难。另外,有的电路是高压的,直接用电表测量线路的电流很危险,直接测量电压也很危险,如何安全地测量线路或设备上的电流和电压,对电力系统中的设备进行监测、保护和控制?

➤ **【知识链接】**

学习情境:初识互感器

互感器是一次系统和二次系统之间的联络元件,用以分别向测量仪表(电度表、电流表、电压表)、继电保护及自动装置等供给信号,其作用如下:

①电流互感器将交流大电流变成小电流(5 A 或 1 A),供给测量仪表和保护装置的电流

线圈,电压互感器将交流高电压变成低电压(100 V 或 $100/\sqrt{3}$ V),供给测量仪表和保护装置的电压线圈,使测量仪表和保护装置标准化和小型化。

②使二次回路可采用低电压、小电流控制电缆,使得二次回路简单、安装方便、便于集中管理,易于实现远方测量和控制。

③使二次回路不受一次回路限制,接线灵活,维护、调试方便。

④使二次设备与高电压部分隔离,且互感器二次侧均接地,从而保证设备和人身安全。

互感器包括电流互感器和电压互感器两大类,主要为电磁式,此外,电容式电压互感器在超高压系统中广泛应用。

➤ 【任务实施】

初识互感器

1. 人员准备

(1)教师及学生应着实训工装,佩戴安全帽。

(2)每3~4名学生为一组,各组学生轮流开展实训。

(3)教师在学生实训期间必须始终在现场,不得擅自离开;如果确需离开,必须停止学生的实训操作。

2. 场地准备

(1)实训室应配备合格、充足的安全工器具,并正确使用。

(2)实训现场应具备明显的应急疏散标识。

3. 任务实施

(1)工作任务准备。根据初识互感器的学习,布置工作任务。首先下发任务工作单,如表3-1所示。

表 3-1　初识互感器工作任务单

任务名称	初识互感器
相关任务描述	互感器的作用和类型
相关学习准备	学习"初识互感器"的相关资料及网络资料
对学生的考核办法	过程考核
采用的主要教学方法	(1)多媒体、实验实训教学手段 (2)情境启发式、任务驱动式、自主探究式、协作学习式等教学方法
教学及实训设备、地点	多媒体教室、理实一体化实训室

(2)任务实施过程。根据工作任务的布置及学生学习情况,开展任务实施。实施过程如表3-2所示。

表 3-2　任务实施过程

任务名称	初识互感器	授课班级	
		授课时间	
学习目标	掌握互感器的作用和类型		
学习资料	配套教材《发电厂变电所电气设备》;教学视频、多媒体课件;网络资源;相关知识的储备		
专业能力	能够讲述互感器的作用		
方法能力	资料收集整理能力;制订、实施工作计划的能力;理论知识的综合运用能力		
社会能力	交接工作流程确认能力;沟通协调能力;语言表达能力;团队组织能力;班组管理能力;责任心与职业道德;安全与自我保护能力;环境保护能力		
技能考核项目与要求	(1)制作 PPT,介绍互感器的作用 (2)能正确无误地认识电流互感器和电压互感器		
学习任务的说明	引导学生讲述互感器的作用		
学习任务	(1)小组成员先集中讨论和学习任务所需要的知识,分工合作,吸收消化学习要点、分析学习目标、制订工作计划 (2)学生能够完成互感器基本知识的学习 (3)学生能够按照计划在理实一体化教室组织完成对互感器的认知任务 (4)学生按小组制作汇报 PPT,小组成员全部上台汇报,其他小组给予评价。制作思维导图,将学习成果总结归纳。配合教师进行任务反馈		
项目实施过程			
目的	学习的内容		
1. 资讯	(1)布置工作任务、下发任务单 要求学生了解互感器的作用 (2)提供相关的参考资料 ①学生在教师指导下观看相关视频 ②学生自主完成讨论、习题 (3)提出本次学习过程中的疑难问题		
2. 计划	学生分组(3~4 人/组)讨论本任务所需的知识和技能,查阅相关学习资料		
3. 决策	制订工作计划,明确工作任务,确定工作要求、工作注意事项及任务分工		
4. 实施	学生根据分工完成各自任务,进行汇总,完成工作单,并根据制订的实施方案,在理实一体化教室完成互感器的认知任务		
5. 检查	学生分组对所做工作过程及结果进行演示和汇报:互感器的作用		
6. 评价	(1)结果评价 ①学生对本项目的整个实施过程进行自评 ②以小组为单位,分别对其他组做的工作结果进行互评和建议 (2)资料整理和提升 ①学生总结本次实训心得,做成 PPT 形式 ②学生根据互评和教师评价的建议,填写评价表,优化方案		

4.任务评价

根据学生对本任务的实施情况,填写评价表。教师对学生的评价如表 3-3 所示。

表 3-3　教师对学生评价表

学习任务:初识互感器							
教师签字:			学习团队名称:				
评价内容		评分标准	被考核人				
目标认知程度	工作目标明确、工作计划具体、结合实际、具有可操作性	10					
情感态度	工作态度端正、注意力集中、能使用网络资源收集相关资料	10					
团队协作	积极与他人合作共同完成工作任务	10					
专业能力要求	熟悉互感器的作用	70					
总分							

教师对小组评价		评分	评语:
资讯	15		
计划	15		
决策	20		
实施	20		
检查	10		
评估	20		
总分			

➤ 【思考问题】

互感器的作用是什么?

任务 2　电流互感器

➤ 【内容提要】

电流互感器是一种专门用于变换电流的特种变压器,其工作原理与普通变压器相似,本任务通过学习电流互感器的工作原理、技术参数、误差等基础知识,分析电流互感器的接线方式,并能掌握电流互感器运行维护的注意事项,这是变电站值班员应知应会的内容,也是变电设备检修工必须掌握的知识点。

➤ 【学习要求】

①掌握电流互感器的工作原理。
②了解电流互感器的误差,知道影响电流互感器误差的因素。
③掌握电流互感器的接线方式。
④掌握电流互感器的使用注意事项。

➤ 【任务导入】

电流互感器是如何进行电流变换的? 如何安全使用电流互感器,并能尽可能准确地反映电力系统的运行情况?

➤ 【知识链接】

学习情境 1:认识电流互感器

220 kV SF$_6$ 电流互感器

穿墙式电流互感器结构

(1)工作原理

电力系统中广泛采用的是电磁式电流互感器(以下简称"电流互感器")。它的工作原理与变压器相似,原理电路如图 3-1(a)所示。

电流互感器的特点如下:

①一次绕组与被测电路串联,并且匝数 N_1 很少,一次绕组中的电流完全取决于被测电路的负荷电流,而与二次电流无关。

②二次绕组与测量仪表和保护装置的电流线圈串联,二次绕组的匝数 N_2 是一次绕组的很多倍。

③二次绕组所接的测量仪表和保护装置的电流线圈阻抗都很小,正常情况下电流互感器

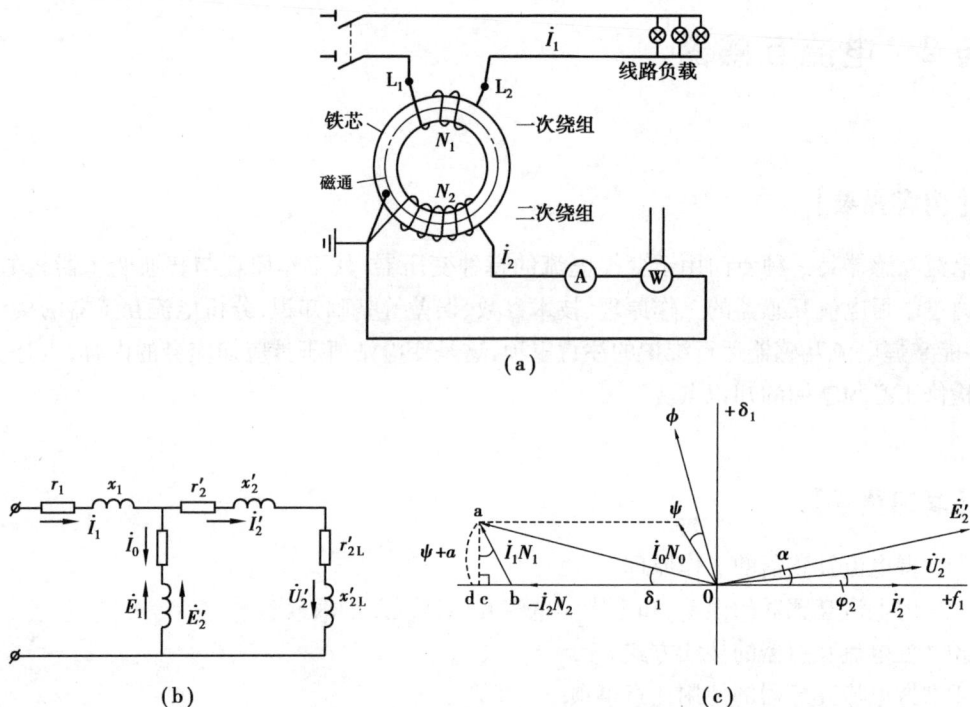

图 3-1 电流互感器

(a)原理电路;(b)等值电路;(c)相量图

$Z_1 = r_1 + j_{x_1}$:一次绕组的漏阻抗;$Z_2 = r_2 + j_{x_2}$:二次绕组的漏阻抗

$Z_0 = r_0 + j_{x_0}$ 励磁阻抗,r_0 为铁耗电阻,x_0 为励磁电抗

在近似短路状态下运行。

电流互感器的额定一、二次电流 I_{N_1},I_{N_2} 之比称为电流互感器的额定互感比,用 K_i 表示。与变压器相同,K_i 近似与一、二次绕组匝数 N_1,N_2 成反比,即

$$k_i = \frac{I_{N_1}}{I_{N_2}} \approx \frac{N_2}{N_1} \tag{3-1}$$

(2)误差

电流互感器的等值电路和相量图分别如图 3-1(b)和图 3-1(c)所示。相量图中以二次电流 $\dot{I}_2'$ 为基准,二次电压 $\dot{U}_2'$ 较 $\dot{I}_2'$ 超前 φ_2 角(二次负荷功率因数角),$\dot{E}_2'$ 较 $\dot{I}_2'$ 超前 α 角(二次总阻抗角),铁芯磁通 $\dot{\Phi}$ 较 $\dot{E}_2'$ 超前 90°,励磁磁动势 $\dot{I}_0 N_1$ 较磁通 $\dot{\Phi}$ 超前 Ψ(铁芯损耗角)。根据磁动势平衡原理

$$\dot{I}_1 N_1 + \dot{I}_2 N_2 = \dot{I}_0 N_1 \tag{3-2}$$

$$\dot{I}_1 N_1 = \dot{I}_1 N_1 + (-\dot{I}_1 N_2) \tag{3-3}$$

则

$$\dot{I}_1 = \dot{I}_0 - K_1 \dot{I}_2 = \dot{I}_0 - \dot{I}_2' \tag{3-4}$$

电流互感器本身存在励磁损耗和磁饱和等影响,使一次电流 $\dot{I}_1$ 与折算到一次侧的二次电流 $-K_i\dot{I}_2$ 在数值上和相位上都有差异,即测量结果有两种误差——电流误差(又称比值差或变比差)和相位差(又称角误差或相角差)。

1)电流误差 f_i

电流误差 f_i 为二次电流测量值乘额定互感比所得的一次电流近似值 K_iI_2 与一次电流实际值 I_1 之差,相对于 I_1 的百分数,即

$$f_i=\frac{k_iI_2-I_1}{I_1}\times100\%\tag{3-5}$$

2)角误差

角误差是指二次电流相量 $\dot{I}_2'$ 旋转 180° 后与一次电流相量 $\dot{I}_1$ 之间的夹角,并规定超前时,角误差为正值;反之,为负值。

电流误差能引起所有测量仪表和继电器产生误差,相位差只对功率型测量仪表和继电器(如功率表、电能表、功率型继电器等)及反映相位的继电保护装置有影响。

(3)电流互感器的运行工况对误差的影响

1)一次电流 I_1 的影响

正常运行时,在额定二次负荷下,当 I_1 为额定值时,B 约为 0.4,相当于图 3-2 所示中磁化曲线 a 点附近。当 I_1 减小或增加时,μ 值都将下降,电流误差和角误差增大。电流互感器在额定一次电流附近运行时,误差最小。

发生短路时,I_1 是额定值的很多倍,相当于图 3-2 所示中磁化曲线的 b 点以上,铁芯开始饱和,μ 值大大下降,电流误差和角误差都大大增加。

2)二次负荷阻抗 Z_{2L} 及其功率因数 $\cos\varphi_2$ 的影响

由误差表达式可知,电流误差 f_i 和角误差 δ_i 均与二次负荷阻抗成正比,当 Z_{2L} 增加时($\cos\varphi_2$ 不变),电流误差和角误差都增大。

当 $\cos\varphi_2$ 下降时,功率因数角 φ_2 增大,$\dot{E}_2$ 与 $\dot{I}_2$ 的夹角 α 增大,电流误差增大,而角误差减小;当 $\cos\varphi_2$ 上升时,φ_2 减小,电流误差减小,而角误差增大。

3)二次绕组开路

若二次绕组开路,则 $Z_{2L}=\infty$,$I_2=0$,$\dot{I}_0N_1=\dot{I}_1N_1$。励磁磁动势 $\dot{I}_0N_1$ 骤增为 $\dot{I}_1N_1$,铁芯中的磁通波形呈现严重饱和的平顶波,二次绕组将在磁通过零时感应产生很高的尖顶波电动势,如图 3-3 所示,其峰值可达数千伏甚至上万伏(与 K_i 和 I_1 有关),危及工作人员的安全和仪表、继电器的绝缘。磁感应强度骤增,还会引起铁芯和绕组过热。此外,在铁芯中会产生剩磁,使互感器特性变坏,误差增大。

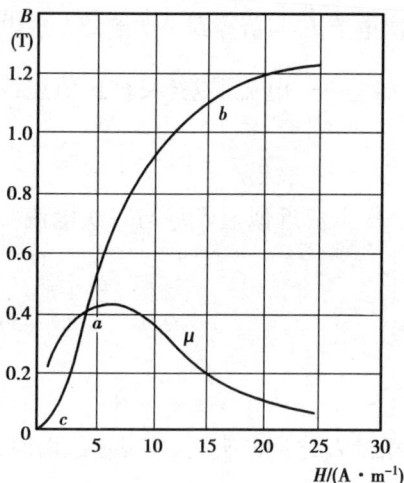

图 3-2　磁化曲线

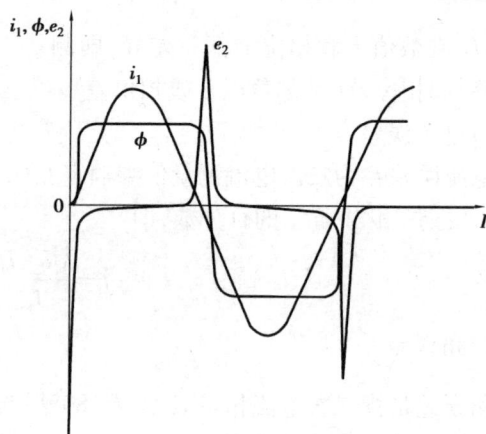

图 3-3　电流互感器二次绕组开路时 i_1，Φ 和 e_2 的变化曲线

（4）电流互感器的准确级和额定容量

1）电流互感器的准确级

电流互感器根据测量时误差的大小划分为不同的准确级。准确级是指在规定的二次负荷范围内，一次电流为额定值时的最大电流误差百分数。电流互感器准确级和误差限值见表 3-4。

表 3-4　电流互感器准确级和误差限值

准确级	一次电流为额定电流的百分数/%	误差限值		二次负荷变化范围
		电压误差/%	相位误差/（′）	
0.2	10	±0.5	±20	（0.25 ~ 1）S_{2N}
	20	±0.35	±15	
	100 ~ 120	±0.2	±10	
0.5	10	±1	±60	
	20	±0.75	±45	
	100 ~ 120	±0.5	±30	
1	10	±2	±120	
	20	±1.5	±90	
	100 ~ 120	±1	±60	
3	50 ~ 120	±3	不规定	（0.5 ~ 1）S_{2N}

2）电流互感器 10% 误差曲线

电流互感器的 10% 误差曲线是在保证电流互感器误差不超过 10% 的条件下，一次电流的倍数 n 与电流互感器允许最大二次负载阻 Z_{2L} 的关系曲线，如图 3-4 所示。

3）电流互感器的额定容量

电流互感器的额定容量是指电流互感器在额定二次电流和额定二次阻抗下运行时，次线

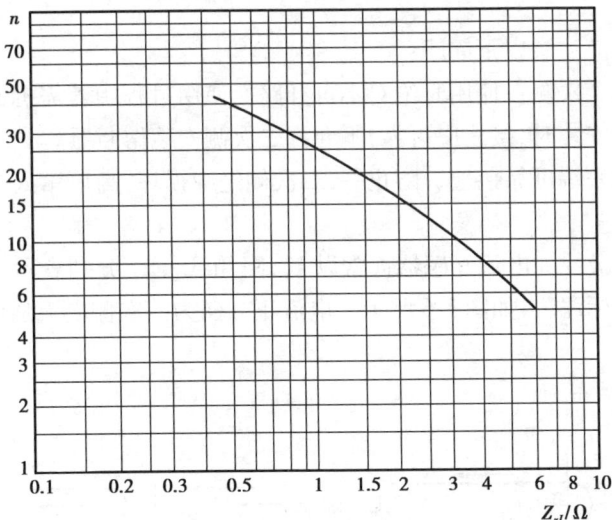

图 3-4 10%误差曲线

圈输出的容量。

$$S_{N_2} = I_{N_2}^2 Z_{N_2} \tag{3-6}$$

电流互感器的二次电流为标准值(5 A 或 1 A),其容量常用额定二次阻抗来表示。因电流互感器的误差和二次负荷有关,故同一台电流互感器使用在不同准确级时,会有不同的额定容量。

电流互感器对负载的要求就是负载阻抗之和不能超过互感器的额定二次阻抗值。

(5)电流互感器的接线形式

电流互感器的接线形式是指电流互感器与测量仪表或保护继电器之间的连接形式,如图 3-5 所示。

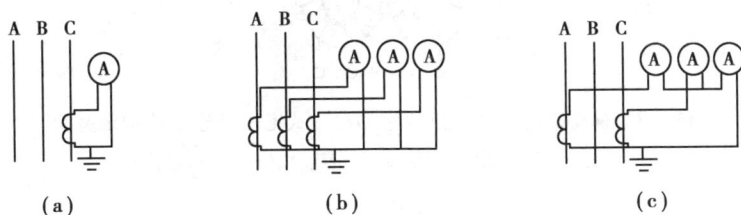

图 3-5 测量仪表接入电流互感器的常用接线形式

(a)单相接线;(b)完全星形接线;(c)不完全星形接线

1)单相接线

测一相电流,用于测量对称三相电路中的一相电流。

2)完全星形接线

测三相电流,用于测量三相负荷,监视每相负荷不对称情况。

3)不完全星形接线

广泛用于 35 kV 及以下小接地短路电流系统的三相测量,供三相两元件功率表或电能表用。

电流互感器接线应注意以下问题：

①电流互感器的二次侧在使用时绝对不可开路。使用过程中若需拆卸仪表或继电器,应事先将二次侧短路。安装时,接线应可靠,不允许二次侧安装熔断器。

②二次侧必须有一端可靠接地。防止一、二次侧绝缘损坏,高压窜入二次侧,危及人身和设备安全。

③接线时要注意极性。电流互感器通常以 L_1,K_1 和 L_2,K_2 分别表示一、二次绕组的同极性端子。采用减极性标注法,如图3-6所示。电流正方向为一次侧电流从同名端流入;二次侧电流从同名端流出。

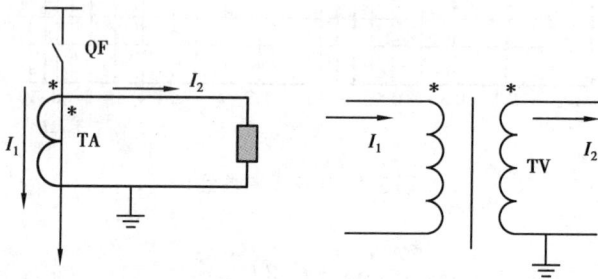

图3-6　互感器减极性标注法

④一次侧串接在线路中,二次侧与继电器或测量仪表串接。高压电流互感器多制成两个铁芯和两个副绕组的型式,如图3-7所示,分别接测量仪表和继电器,满足测量仪表和继电保护的不同要求。

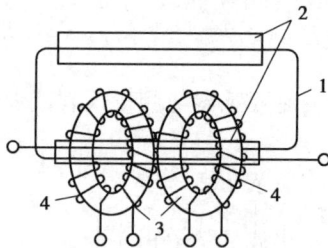

图3-7　两个铁芯和两个副绕组的电磁式电流互感器结构示意图

1——次绕组;2—绝缘;3—铁芯;4—二次绕组

学习情境2:电流互感器的运行维护

(1)运行前的检查

①套管有无裂纹及破损现象。

②充油电流互感器外观应清洁,油量应充足,无渗油、漏油现象。

③引线和线卡子及二次回路各连接部分应接触良好,不得松弛。

④外壳及二次回路一点接地良好,接地线应牢固可靠。

⑤按电力系统中电气试验规程,对电流互感器进行全面试验并应合格。

（2）运行中的巡视检查

①各接头应无过热及打火现象，螺栓无松动，无异常气味。

②瓷套管应清洁，无缺损、裂纹和放电现象，声音正常。

③对充油式电流互感器，要定期进行油化试验，检查油质情况，防止油绝缘强度降低。

④对环氧式电流互感器，要定期进行局部放电试验，以检查其绝缘水平，防止爆炸起火。

⑤电流表的三相指示值应在允许范围之内，电流互感器过负荷运行。

⑥二次线圈应无开路，接地线连接良好，无松动和断裂现象。

⑦应定期校验电流互感器的绝缘情况，定期化验油质应符合要求。若绝缘油受潮，其绝缘性能降低，会引起发热膨胀，造成电流互感器爆炸起火。

（3）运行中的监视

①当发现运行中的电流互感器冒烟、膨胀器急剧变形（如金属膨胀器明显鼓起）时，应迅速（如通过运行电动操作等）切断有关电源。

②电流互感器一次端部引线的接头部位要保证接触良好，并有足够的接触面积，以防止接触不良，产生过热现象。

③怀疑存在缺陷的电流互感器，应适当缩短试验周期，并进行跟踪和综合分析，查明原因。

④要加强对电流互感器的密封检查（如装有呼吸器的，呼吸系统是否正常，密封胶垫与隔膜是否老化，隔膜内有无积水），对老化的胶垫与隔膜应及时更换。对隔膜内有积水的电流互感器，应对电流互感器绝缘和绝缘油进行有关项目的试验，确认绝缘已受潮的电流互感器不得继续运行。

图3-8　电流互感器漏气查找

图3-9　电流互感器瓷套检查清扫

图 3-10　互感器预防性试验

（4）运行维修

①经常保持电流互感器的清洁,接地线应牢固可靠,接触良好,若是油浸电流互感器,检查应无渗漏油现象,熔断器的熔体应保持良好,各部分之间的距离符合要求,无放电现象,无异味异声。

②应定期进行预防性试验,测量绕组的绝缘电阻,绕组的绝缘电阻值与制造厂规定值或与上次的测量值进行比较,应无明显降低,若绝缘受潮,应进行干燥处理。

③电流互感器的最高温度为 35 ℃时,允许电流超过其额定电流 10%,在线路中运行。当最高温度高于 35 ℃,但不高于 50 ℃时,长期允许的工作电流最大值可按下式计算:

$$I_{t2} = I_{35} \sqrt{\frac{80 - t_2}{45}} \tag{3-7}$$

式中　I_{35}——最高气温为 35 ℃时,电流互感器允许的工作电流最大值,A;

　　　t_2——环境的实际温度,℃。

④电流互感器二次绕组不能开路,如果一旦开路必须立即退出运行,并检查二次绕组的绝缘情况,并对铁芯进行退磁处理。

⑤运行中,电流互感器的故障多由失慎使电流互感器遭受开路而损坏绝缘。另外,绝缘受潮或过电压而发生绝缘击穿,损坏后的电流互感器应按原样进行修复。

⑥对户外多匝贯穿式瓷绝缘电流互感器,其一次绕组是穿绕在两个平行的瓷件中,为了消除瓷件两侧与一次和二次绕组之间空气间隙的游离,在瓷件的内表面和被接地部件包围的外表面,均涂有半导体漆。内部漆膜与一次绕组作电气连接,外部漆膜接地,使空气层上不存在电位差。漆膜厚度为 0.1~0.14 mm,在空气中自然干燥 3 h 即可。

⑦电流互感器的过负荷运行。电流互感器可以在 1.1 倍额定电流下长期工作,但是长期过负荷运行,其磁通密度增大,铁芯饱和发热,加速了绝缘介质的老化,使其寿命缩短,甚至造成损坏。在运行中若发现电流互感器经常过负荷,应及时更换。

⑧在运行中的电流互感器二次回路上工作时的注意事项。在运行中的电流互感器二次回路上进行工作,必须按照《电业安全工作规程》的要求填写工作票,并注意下列事项:

a. 工作中严禁将电流互感器二次回路开路。

b. 根据需要在适当地点将电流互感器二次回路短路。短路应采用短路片或专用短路线，短路应连接可靠，禁止采用熔丝或一般导线缠绕。

c. 禁止在电流互感器与短路点之间的回路上进行任何工作。

d. 工作时必须有人监护，使用绝缘工具，并站在绝缘垫上与地隔离。

e. 值班人员在清扫二次线时，应使用干燥的清扫工具，穿长袖工作服，戴线手套，工作时应将手表等金属物摘下。工作中应认真、谨慎，避免损坏元件或造成二次回路断线，不得将回路的永久接地点断开。

⑨电流互感器及二次线的更换。运行中的电流互感器及其二次线需要更换时，除应执行有关安全工作规程的规定外，还应注意下列事项：

a. 更换损坏的电流互感器时，应选用同型号、同规格的电流互感器，要求极性正确、伏安特性相近，并经试验合格。

b. 若成组更换电流互感器，除注意上述内容外，还应重新审核继电器保护整定值及仪表计量的倍率。

c. 更换二次电缆时，电缆截面、芯数等必须满足最大负载电流的要求，并对新电缆进行绝缘电阻测定，更换后要核对接线正确。

d. 新换上的电流互感器或变更后的二次接线，在运行前必须测定整个二次回路的极性。

⑩对投入运行的电流互感器一般每 1～2 年进行一次预防性试验，并执行以上项目的巡视和检查。

⑪电流互感器次级回路不准开路，工作时应注意防止折断二次回路导线。二次回路导线不允许用铝线或小于 1.5mm 的铜导线。二次回路导线应无松动，电流表的三相指示值应在允许范围内。

➤ 【任务实施】

电流互感器的接线

1. 人员准备

（1）教师及学生应着实训工装，佩戴安全帽。

（2）每 3～4 名学生为一组，各组学生轮流开展实训。

（3）教师在学生实训期间必须始终在现场，不得擅自离开；如果确需离开，必须停止学生的实训操作。

2. 场地准备

（1）实训室应配备合格、充足的安全工器具，并正确使用。

（2）实训现场应具备明显的应急疏散标识。

3. 任务实施

（1）工作任务准备。根据电流互感器的接线的学习，布置工作任务。首先下发任务工作单，如表 3-5 所示。

表 3-5　电流互感器的接线工作任务单

任务名称	电流互感器的接线
相关任务描述	电流互感器的接线原则,电流互感器的接线方式,电流互感器在使用中的注意事项
相关学习准备	学习"电流互感器"的相关资料及网络资料
对学生的考核办法	过程考核
采用的主要教学方法	(1)多媒体、实验实训教学手段 (2)情境启发式、任务驱动式、自主探究式、协作学习式等教学方法
教学及实训设备、地点	多媒体教室、理实一体化实训室

(2)任务实施过程。根据工作任务的布置及学生学习情况,开展任务实施。实施过程如表 3-6 所示。

表 3-6　任务实施过程

任务名称	电流互感器的接线	授课班级	
		授课时间	
学习目标	掌握电流互感器的接线原则,电流互感器的接线方式,电流互感器在使用中的注意事项,规范标准化作业实施行动力		
学习资料	配套教材《发电厂变电所电气设备》;教学视频、多媒体课件;网络资源;相关知识的储备		
专业能力	认识电流互感器的常用接线方式及用途,独立完成每种接线方式		
方法能力	资料收集整理能力;制订、实施工作计划的能力;理论知识的综合运用能力		
社会能力	交接工作流程确认能力;沟通协调能力;语言表达能力;团队组织能力;班组管理能力;责任心与职业道德;安全与自我保护能力;环境保护能力		
技能考核项目与要求	(1)制作 PPT,介绍电流互感器的常用接线方式及用途 (2)能正确无误地完成每种接线方式的接线任务		
学习任务的说明	引导学生掌握电流互感器的常用接线方式及用途,通过现场学习,掌握电流互感器在使用中的注意事项		
学习任务	(1)小组成员先集中讨论和学习任务所需要的知识,分工合作,吸收消化学习要点、分析学习目标、制订工作计划 (2)学生能够完成电流互感器基本知识的学习 (3)学生能够按照计划在理实一体化教室组织完成对电流互感器的认知任务 (4)学生按小组制作汇报 PPT,小组成员全部上台汇报,其他小组给予评价。制作思维导图,将学习成果总结归纳。配合教师进行任务反馈		
	项目实施过程		
目的	学习的内容		

续表

任务名称	电流互感器的接线	授课班级	
		授课时间	
1.资讯	(1)布置工作任务、下发任务单 要求学生了解电流互感器的常用接线方式及用途 (2)提供相关的参考资料 ①学生在教师指导下观看相关视频 ②学生自主完成讨论、习题 (3)提出本次学习过程中的疑难问题		
2.计划	学生分组(3~4 人/组)讨论本任务所需的知识和技能,查阅相关学习资料		
3.决策	制订工作计划,明确工作任务,确定工作要求、工作注意事项及任务分工		
4.实施	学生根据分工完成各自任务,进行汇总,完成工作单,并根据制订的实施方案,在理实一体化教室完成各种电流互感器的接线任务		
5.检查	学生分组对所做工作过程及结果进行演示和汇报:各种电流互感器的接线方式及用途		
6.评价	(1)结果评价 ①学生对本项目的整个实施过程进行自评 ②以小组为单位,分别对其他组做的工作结果进行互评和建议 (2)资料整理和提升 ①学生总结本次实训心得,做成 PPT 形式 ②学生根据互评和教师评价的建议,填写评价表,优化方案		

4.任务评价

根据学生对本任务的实施情况,填写评价表。教师对学生的评价如表 3-7 所示。

表 3-7　教师对学生评价表

学习任务:电流互感器的接线							
教师签字:			学习团队名称:				
评价内容		评分 标准	被考核人				
目标认知 程度	工作目标明确、工作计划具体、结合实际、具有可操作性	10					
情感态度	工作态度端正、注意力集中、能使用网络资源收集相关资料	10					
团队协作	积极与他人合作共同完成工作任务	10					

续表

学习任务:电流互感器的接线							
专业能力 要求	熟悉电流互感器在使用中的注意 事项,掌握电流互感器的常用接线 方式及用途	70					
总分							

教师对小组评价		评分	评语:
资讯	15		
计划	15		
决策	20		
实施	20		
检查	10		
评估	20		
总分			

➤ 【思考问题】

1. 电磁式电流互感器的工作原理是什么?

2. 为什么正常运行的电流互感器二次侧不允许开路? 怎样防止其二次侧开路?

3. 电磁式电流互感器的常用接线有几种?

任务3 电压互感器

➤ 【内容提要】

电压互感器是一种专门用于变换电压的特种变压器,分为电磁式和电容式两大类。本任务通过学习电压互感器的工作原理、误差等基础知识,分析电压互感器的接线,并能掌握电压互感器运行维护的注意事项,这是变电站值班员应知应会的内容,也是变电设备检修工必须掌握的知识点。

➤ 【学习要求】

①掌握电压互感器的工作原理。

②了解电压互感器的误差。

③掌握电压互感器的接线方式。

④掌握电压互感器的使用注意事项。

➤ 【任务导入】

电压互感器是如何进行电压变换的？如何安全地使用电压互感器，并能尽可能准确地反映电力系统的运行情况？

➤ 【知识链接】

学习情境 1：认识电压互感器

目前，在电力系统中广泛采用的电压互感器，按其工作原理可分为电磁式和电容式两种。

(1)电磁式电压互感器

1）电磁式电压互感器工作原理

电磁式电压互感器的工作原理与变压器相同，其特点如下：

①一次绕组与被测电路并联，二次绕组与测量仪表和保护装置的电压线圈并联。

②容量很小，类似一台小容量变压器，但结构上要求有较高的安全系数。

③电压互感器二次绕组所接仪表和保护装置的电压线圈阻抗很大，正常情况下，电压互感器在近于开路(空载)状态运行。

电压互感器一、二次绕组额定电压 U_{N_1}，U_{N_2} 之比称为额定互感比，用 k_u 表示：

$$k_u = \frac{U_{N_1}}{U_{N_2}} \approx \frac{N_1}{N_2} \tag{3-8}$$

因为 U_{N_1}，U_{N_2} 已经标准化，U_{N_1} 等于电网的额定电压 U_{NS} 或 $U_{NS}/\sqrt{3}$，U_{N_2} 统一为 100 V 或 $100/\sqrt{3}$ V，所以 k_u 也已标准化。

2）电磁式电压互感器误差

电磁式电压互感器工作原理如图 3-11(a)所示，其等值电路与图 3-1(b)的电流互感器类似，相量图如图 3-11(b)所示。

①电压误差

电压误差为二次电压的测量值乘额定互感比所得一次电压的近似值($U_2 k_u$)与实际一次电压 U_1 之差，相对于 U_1 的百分数表示，由相量图可推导得

$$
\begin{aligned}
f_u &= \frac{k_u U_2 - U_1}{U_1} \times 100\% \\[2mm]
&= -\left[\frac{I_0 r_1 \sin\psi + I_0 x_1 \cos\psi}{U_1} + \frac{I_2'(r_1 + r_2')\cos\varphi_2 + I_2'(x_1 + x_2')\sin\varphi_2}{U_1} \right] \times 100\%
\end{aligned}
\tag{3-9}
$$

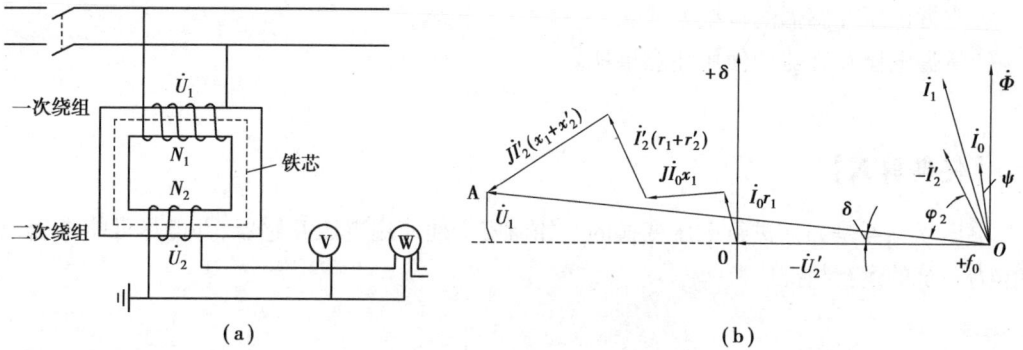

图 3-11　电压互感器

(a)工作原理图;(b)相量图

②角误差

角误差是指二次电压相量 $\dot{U}'_2$ 旋转 $180°$ 后与一次电压相量 $\dot{U}_1$ 之间的夹角,并规定超前时,角误差为正值;反之,为负值。

$$\delta_u \approx \sin \delta_u = \frac{|AB|}{U_1}$$

$$= \left[\frac{I_0 r_1 \cos \psi - I_0 x_1 \sin \psi}{U_1} + \frac{I'_2(r_1 + r'_2)\sin \varphi_2 - I'_2(x_1 + x'_2)\cos \varphi_2}{U_1} \right] \times 3\ 440(')$$

$$(3\text{-}10)$$

由 f_u 和 δ_u 的表达式可知,影响误差的运行工况是一次电压 U_1、二次负荷电流 I_2 和功率因数 $\cos \varphi_2$。当增加 I_2 时,$|f_u|$ 线性增大,$|\delta_u|$ 也相应变化(一般也线性增大)。

(2)电容式电压互感器

随着电力系统输电电压等级的增高,电磁式电压互感器的体积越来越大,成本随之增高,由此研制了电容式电压互感器。电容式电压互感器供 110 kV 及以上系统用,我国对 330 kV 及以上电压级只生产电容式电压互感器。

1)电容式电压互感器工作原理

电容式电压互感器实质上是一个电容分压器,如图 3-12 所示,在被测电网的相和地之间接有电容 C_1 和 C_2,按反比分压,C_2 上的电压为

$$U_{C_2} = \frac{U_1 C_1}{C_1 + C_2} = K U_1 \qquad (3\text{-}11)$$

由上式可知,当改变电容 C_1 和 C_2 的比值时,便可得到不同分压比 K。通过 U_{C_2} 可测出一次高压侧相对地的电压 U_1。

当电容器 C_2 的两端与负荷接通,C_1,C_2 有内阻抗压降,使 U_{C_2} 小于电容分压值,负荷电流越大,误差越大。为了减小误差,在与电容 C_2 并联的测量支路中串入补偿 L。当 $\omega L = \frac{1}{\omega(C_1 + C_2)}$ 时,输出电压 U_{C_2} 与负荷无关。但实际上电容器有损耗,电抗器也有电阻,不可能使内阻抗为零,还会有误差产生。减小分压器的输出电流可减小误差,将测量仪表经中间电

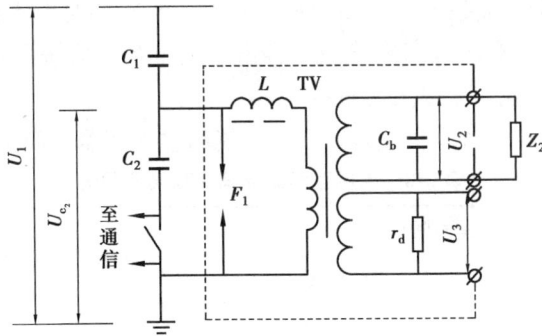

图 3-12 电容式电压互感器基本结构原理图

磁式电压互感器 TV 升压后与电容分压器相连。

当电容式电压互感器二次侧发生短路时,回路中电阻和剩余电抗(X_L-X_C)均很小,短路电流可达额定电流的几十倍,此电流在补偿电抗 L 和电容 C_2 上产生很高的谐波过电压,为了防止过电压引起绝缘击穿,在电容 C 两端并联放电间隙 F_1。

当二次负荷增加时,负荷电流在 L 上形成电压降,使 C_2 上的电压高于由分压比所决定的电压,负荷电流越大,该电压越高,为此,在二次侧并联电容 C_h,使互感器空载时 C_2 上的电压略低于额定电压,而带有负荷时略高于额定电压。此外,C_h 还具有补偿互感器励磁电流和负荷电流中电感分量的作用,从而减少误差。

当受到二次侧短路或断开等冲击时,由于非线性电抗(TV 的一次绕组)的饱和,可能激发产生次谐波(常见的是 1/3 次谐波)铁磁谐振过电压和大电流,对互感器、仪表和继电器将造成危害,并可能导致保护装置误动作(电压互感器开口三角形绕组会出现零序电压)。为了抑制次谐波的产生,常在互感器二次侧设阻尼电阻 r_d。在 500~750 kV 级的电容式互感器中,采用阻尼谐振阻尼器,它由一只电感和一只电容并联后与一只阻尼电阻串联构成。

2)电容式电压互感器误差

电容式电压互感器的误差由空载电流、负载电流以及阻尼器的电流流经互感器绕组产生压降而引起,其误差由空载误差 f_0,δ_0;负载误差 f_z,δ_z 和阻尼器负载电流产生的误差 f_d,δ_d 等组成,即

$$f_u = f_0 + f_z + f_d \qquad \delta_u = \delta_0 + \delta_z + \delta_d \tag{3-12}$$

电容式电压互感器的误差除受一次电压、二次负荷和功率因数的影响外,还与电源频率有关,即由于 $\omega L \neq \dfrac{1}{\omega(C_1+C_2)}$,会产生附加误差。实际频率与额定频率相差越大,误差越大。

电容式电压互感器结构简单、质量轻、体积小、占地少、成本低,且电压越高经济性越显著。分压电容可兼作工作频率为 30~500 kHz 的载波通信耦合电容,广泛应用于 110~500 kV 中性点直接接地系统。电容式电压互感器的缺点是输出容量小,误差较大,暂态特性不如电磁式电压互感器。

(3)电压互感器准确级和容量

电压互感器的准确级是指在规定的一次电压和二次负荷变化范围内,负荷功率因数为额定值时电压误差的最大值。电压互感器准确级和误差限值见表 3-8。

由于电压互感器误差与负荷有关,所以同一台电压互感器对应不同的准确级便有不同的容量。通常额定容量是指对应最高准确级的容量。电压互感器按照在最高工作电压下长期工作允许的发热条件,还规定了最大容量。

电压互感器的负载要求就是负载容量之和不能超过互感器的额定二次容量。

表 3-8　电压互感器准确级和误差限值

准确度等级	误差限值		一次电压变化范围	二次电压、功率因数、频率变化范围
	电压误差/(±%)	相位误差/(′)		
0.1	0.1	3	$0.8 \sim 1.2U_{N_1}$	在额定频率下,二次负载在额定值的 25% ~ 100% 范围内,功率因素为 0.8
0.2	0.2	10		
0.5	0.5	20		
1.0	1.0	40		
3.0	3.0	无规定		
3P	3.0	120	$0.05 \sim 1U_{N_1}$	
6P	6.0	240		

(4)电压互感器的接线形式

在发电厂和变电站中,电压互感器常见的接线方式如图 3-13 所示。

1)一台单相电压互感器接线

如图 3-13(a)所示为一台单相电压互感器接线,用在只需测量任意两相之间电压的电路。电压互感器额定电压为 380 V 时,一次绕组与被测电路之间经熔断器连接,熔断器既是一次绕组的保护元件,又是控制电压互感器接入电路的控制元件,一次侧熔断器为二次侧保护元件。

2)不完全星形接线

如图 3-13(b)所示为 3 ~ 35 kV 两台单相电压互感器接成的不完全星形(VV)接线,用于测量中性点非直接接地系统相间电压的电路。电压互感器额定电压为 3 ~ 35 kV 时其一次绕组经隔离开关与高压熔断器接入被测电路。当电压互感器需要接入或断开时由隔离开关的拉、合来控制,而高压熔断器为一次侧短路保护设备。

3)三相三柱式电压互感器接线

如图 3-13(c)所示为 3 ~ 10 kV 三相三柱式电压互感器接线,一次绕组接成星形,用于测量系统相间电压。这种电压互感器的一次绕组中性点绝对不允许接地。如果将三相三柱式电压互感器一次绕组中性点接地后,接入中性点非直接接地系统,当系统中发生一相金属性接地时,互感器的三相一次绕组中会有零序电压出现。这时零序电压所对应的零序磁通需要经过很长的空气隙而构成回路,如图 3-14 所示。零序磁通的磁阻很大,必然引起零序励磁电流的剧增(有时可达正常励磁电流的 60 倍以上),会造成电压互感器烧毁。为避免使用中造成这种错误接线,在制造三相三柱式电压互感器时,只将一次绕组接为星形,而中性点的接线不引出。

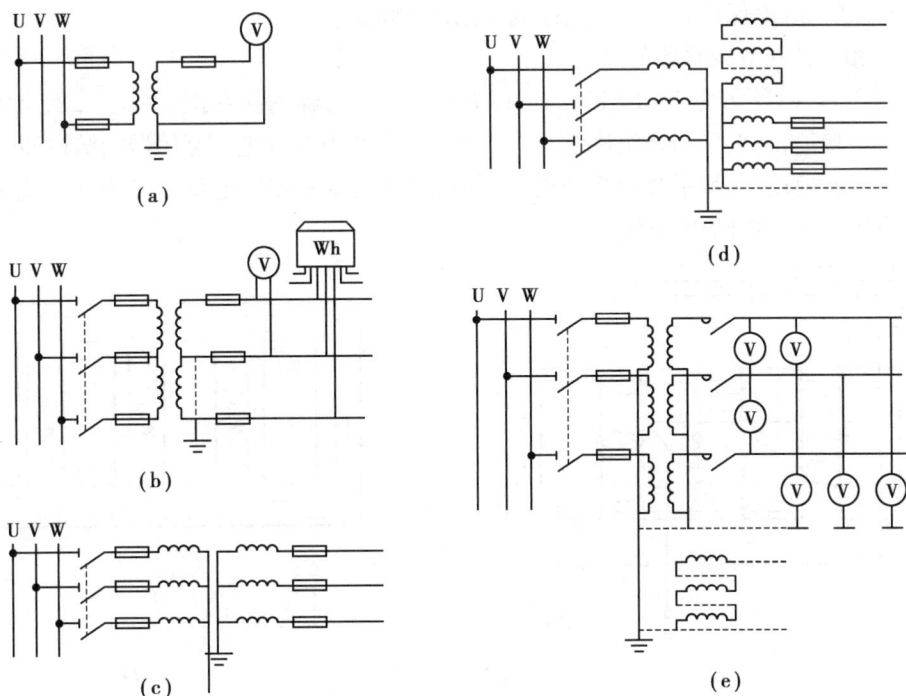

图 3-13　电压互感器的接线图

(a)低压一台单相电压互感器接线;(b)3~35 kV 两台单相电压互感器接线;

(c)3~10 kV 三相三柱式电压互感器接线;(d)110 kV 及以上采用三台单相电压互感器的星形接线;

(e)3~10 kV 三相五柱式电压互感器的接线

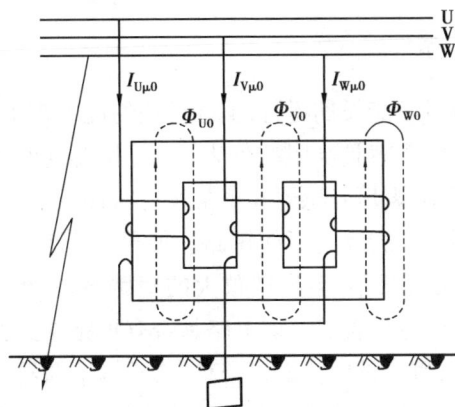

图 3-14　三相三柱式电压互感器零序磁通路径示意图

4)三台单相电压互感器的星形接线

如图 3-13(d)所示为 110 kV 及以上采用三台单相电压互感器的星形接线,一次绕组中性点接地。这种接线可以直接测量系统的相间电压和各相对地电压。图中虚线所示的绕组为电压互感器的二次侧辅助绕组,该绕组接成开口三角形,用于测量零序电压。当额定电压为 110 kV 及以上时,由于目前制造的高压熔断器断路容量较小,不能满足可靠开断短路电流的要求,所以隔离开关与互感器一次绕组之间不安装高压熔断器,一旦互感器高压侧发生短路故障,由母线的继电保护装置动作切断高压系统的电源。

　　5)三相五柱式电压感器的接线

　　如图3-13(e)所示为3~10 kV的三相五柱式电压感器的接线图,一次、二次绕组接成星形且中性点接地,二次辅助绕组接成开口三角形。三相五柱式电压互感器的结构如图3-15所示,这种接线可直接测量系统的相间电压、各相对地电压及零序电压。三相五柱式电压互感器广泛应用于3~10 kV的系统中。

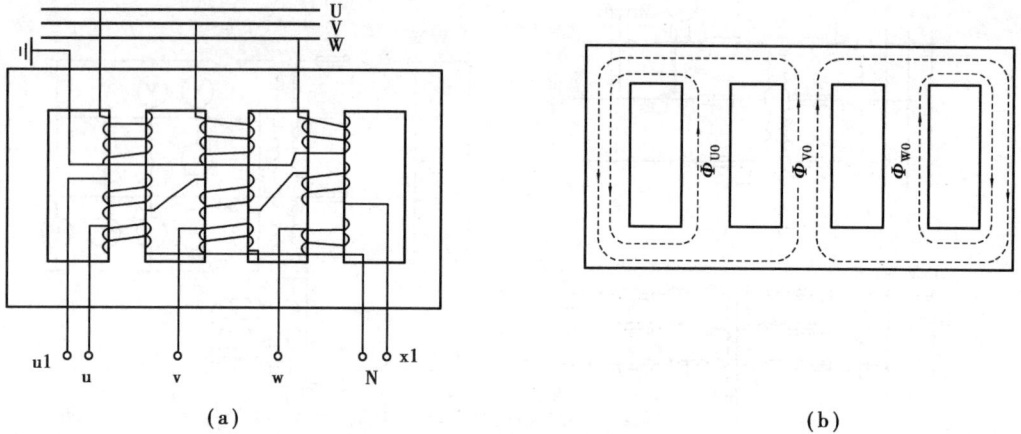

(a)　　　　　　　　　　　　　　　　　　　(b)

图3-15　三相五柱式电压互感器
(a)结构示意图;(b)零序磁通路径

学习情境2:电压互感器的运行维护

(1)电压互感器的运行条件

　　①电压互感器在额定容量下能长期运行,但在任何情况下都不允许超过最大容量运行。

　　②电压互感器二次绕组的负载是高阻抗仪表,二次电流很小,接近于磁化电流,一、二次绕组中的漏磁阻抗压降也很小,电压互感器在正常运行时接近于空载。

　　③电压互感器在运行中,二次绕组不能短路。如果电压互感器的二次绕组在运行中短路,那么二次侧电路的阻抗大大减小,会出现很大的短路电流,使二次绕组因严重发热而烧毁。在运行中值班人员必须注意检查二次侧电路是否有短路现象,并及时消除。

　　电压互感器在运行中,值班人员应认真检查高、低压侧熔断器是否完好,如发现有发热及熔断现象,应及时处理。二次绕组接地线应无松动及断裂现象,否则会危及仪表和人身安全。

　　④电压互感器带接地运行的时间一般不作规定,出厂时已作承受1.9倍额定电压8 h而无损伤试验,已考虑一相接地其他两相电压升高对电压互感器的影响。此外,在正常运行时,铁芯磁通密度取0.7~0.8 T,当电网一相接地时,未接地相电压升高至$\sqrt{3}$倍额定电压,铁芯磁通密度达不到铁芯饱和程度。

　　⑤110 kV电压互感器采用单相串级式,绝缘强度高,发生事故的可能性小。110 kV以上系统中性点一般采用直接接地,当一次侧出现接地故障时,瞬时即跳闸,不会过电压运行。同时,在这样的电压级电网中,熔断器的断流容量很难满足要求,一次侧一般不装熔断器。在电

压互感器的二次侧装设熔断器或自动空气开关,当电压互感器的二次侧及回路发生故障时,使之能快速熔断或切断,以保证电压互感器不遭受损坏以及不造成保护误动。熔断器的额定电流应大于负荷电流的 1.5 倍。运行中二次侧不得出现短路现象。

⑥电压互感器运行电压应不超过额定电压的 110%(宜不超过 105%)。

⑦在运行中若高压侧绝缘击穿,电压互感器二次绕组将出现高电压。为了保证安全,应将二次绕组的一个出线端或互感器的中性点直接接地,防止高压窜至二次侧对人身和设备形成危险。

根据安全要求,如在电压互感器的本体上,或在其底座上进行工作,要把互感器一次侧断开,还要在互感器的二次侧有明显的断开点,避免可能从其他电压互感器向停电的二次回路充电,使一次侧感应产生高电压,造成危险。

⑧油浸式电压互感器应装设油位计和吸湿器,以监视油位减少时免受空气中水分和杂质的影响。凡新装的 110 kV 及以上的油浸式电压互感器都应采用全密封式的,凡有渗漏油的,应及时处理或更换。

⑨电压互感器的并列运行。在双母线中,如每组母线有一电压互感器而需要并列运行时,必须在母线联络回路接通的情况下进行。

⑩启用电压互感器时,应检查绝缘是否良好,定相是否正确,外观、油位是否正常,接头是否清洁。

⑪停用电压互感器时,应先退出相关保护和自动装置,断开二次侧自动空气开关,或取下二次熔断器,再拉开一次侧隔离开关,防止反充电。记录有关回路停止电能计量时间。

(2)电压互感器的投退要求

①测量绝缘电阻电压互感器在投入运行前,应测量其绝缘电阻,低压侧绝缘电阻不得低于 1 MΩ,高压侧绝缘电阻值每千伏不低于 1 MΩ 方为合格。

②定相即确定相位的正确性。如果高压侧相位正确,低压侧接错则会破坏同期的准确性。此外,在倒母线时,会使两台电压互感器短路并列,产生很大的环流,造成低压熔断器熔断,引起保护装置电源中断,严重时会烧坏电压互感器二次绕组。

③外观检查

a.检查绝缘子应清洁、完整、无损坏及裂纹。

b.检查油位应正常,油色透明不发黑且无渗油、漏油现象。

c.检查低压电路的电缆及导线应完好,且无短路现象。

d.检查电压互感器外壳应清洁,无渗油、漏油现象,二次绕组接地应牢固良好。

(3)电压互感器的操作

①值班人员在准备工作结束后,可进行送电操作,先装上高、低压侧熔断器,合上出口隔离开关,使电压互感器投入运行,然后投入电压互感器所带的继电保护及自动装置。

②电压互感器的并列运行在双母线电路中,每组母线接一台电压互感器。若负载需要,两台电压互感器在低压侧并列运行,此时,应先检查母联断路器是否合上,如未合上,则合上后,再进行低压侧的并列。否则,高压侧电压不平衡,低压侧电路内产生较大的环流,容易引

起低压熔断器熔断,致使保护装置失去电源。

③电压互感器的停用。在双母线电路中(在其他接线方式中,电压互感器随同母线一起停用),如一台电压互感器出口隔离开关、电压互感器本体需要检修,则需停用电压互感器,其操作程序如下:

a.先停用电压互感器所带的保护及自动装置,如装有自动切换装置或手动切换装置,其所带的保护及自动装置可不停用。

b.取下低压熔断器,以防止反充电,使高压侧带电。

c.断开电压互感器出口隔离开关,取下高压侧熔断器。

d.验电。用电压等级合适且合格的验电器,在电压互感器各相分别验电。验明无电后,装设好接地线,悬挂标示牌,履行工作许可手续后,便可进行检修工作。

(4)电压互感器的运行维护

电压互感器在运行中值班人员应进行定期检查,其检查分为日常巡视检查和定期检查。

①日常巡视检查。日常检查一般是每天一次至每周一次的巡视检查。除了肉眼检查外,还可用耳听或手摸等即以人们直感为主的方法来检查是否有异常的声音、气味或发热等。日常检查能防止隐患发展为重大的事故。日常检查是一项十分重要的工作内容。

a.外观检查。通过外观检查有无污损、龟裂和变形;油及浸渍剂有无渗漏;连接处是否松动等。检查时应根据不同设备,检查不同部位。

b.声音异常。互感器中会产生游离放电、静电放电等引起的声音和铁芯磁滞伸缩引起的机械振动等声音。根据这些声音迅速查明发出异常声音的原因并及时进行处理。

c.异常气味。平时检查中,应注意辨别互感器发出的气味,分辨异常气味时应弄清是哪一类设备发出的,如干式互感器在绝缘物老化时发出烧焦的气味;油浸式设备发出的是其漏出的油的气味。应查明原因,并进行相应的处理。

②定期检查。定期检查一般应每年进行一次,对无人值班的变电所等无法实行平时检查的设备,更应进行定期检查。通过检查资料的长期积累,判断互感器的工作状态。

a.外观检查。与平时检查相同。

b.测量绝缘电阻。应分别测量设备本身和二次回路的绝缘电阻,设备本身绝缘电阻的判断标准,会因设备结构和一、二次回路的不同而有所差异,同时受到湿度、灰尘附着情况等外部环境的影响,只能以绝缘电阻的标准值作为参考,对瓷管、绝缘套管、出线端子等部位擦拭干净并符合要求后才可测定。在判断时应考虑测量时的温度和湿度与前次测量没有明显变化,测量值与同一场所、同一时间测量的相同型号的其他设备相比没有明显的差异。

(5)使用电压互感器的注意事项

①电压互感器的二次侧在工作时不能短路。在正常工作时,其二次侧的电流很小近似开路状态,当二次侧短路时,其电流很大(二次侧阻抗很小)将烧毁设备。

②电压互感器的二次侧必须有一端接地,防止一、二次侧击穿时,高压窜入二次侧,危及人身和设备安全。

③电压互感器接线时,应注意一、二次侧接线端子的极性,以保证测量的准确性。

④电压互感器的一、二次侧通常都应装设熔断器作为短路保护,同时一次侧应装设隔离开关作为安全检修用。

⑤一次侧并接在被测电路中。

➤ 【任务实施】

电压互感器的运行维护

1. 人员准备

(1)教师及学生应着实训工装,佩戴安全帽。

(2)每 3 ~ 4 名学生为一组,各组学生轮流开展实训。

(3)教师在学生实训期间必须始终在现场,不得擅自离开;如果确需离开,必须停止学生的实训操作。

2. 场地准备

(1)实训室应配备合格、充足的安全工器具,并正确使用。

(2)实训现场应具备明显的应急疏散标识。

3. 任务实施

(1)工作任务准备。根据电压互感器的运行维护的学习,布置工作任务。首先下发任务工作单,如表 3-9 所示。

表 3-9　电压互感器的运行维护工作任务单

任务名称	电压互感器的运行维护
相关任务描述	电压互感器的运行条件及日常检查,电压互感器在使用中的注意事项
相关学习准备	学习"电压互感器"的相关资料及网络资料
对学生的考核办法	过程考核
采用的主要教学方法	(1)多媒体、实验实训教学手段 (2)情境启发式、任务驱动式、自主探究式、协作学习式等教学方法
教学及实训设备、地点	多媒体教室、理实一体化实训室

(2)任务实施过程。根据工作任务的布置及学生学习情况,开展任务实施。实施过程如表 3-10 所示。

表 3-10　任务实施过程

任务名称	电压互感器的运行维护	授课班级	
		授课时间	
学习目标	掌握电压互感器的运行条件及日常检查,电压互感器在使用中的注意事项,规范标准化作业实施行动力		
学习资料	配套教材《发电厂变电所电气设备》;教学视频、多媒体课件;网络资源;相关知识的储备		

续表

任务名称	电压互感器的运行维护	授课班级	
		授课时间	
专业能力	认识电流互感器的常用接线方式及用途,独立完成每种接线方式		
方法能力	资料收集整理能力;制订、实施工作计划的能力;理论知识的综合运用能力		
社会能力	交接工作流程确认能力;沟通协调能力;语言表达能力;团队组织能力;班组管理能力;责任心与职业道德;安全与自我保护能力;环境保护能力		
技能考核项目与要求	(1)制作PPT,介绍电压互感器的运行维护知识 (2)能检查电压互感器		
学习任务的说明	引导学生掌握电压互感器的运行与维护,通过现场学习,掌握电压互感器在使用中的注意事项		
学习任务	(1)小组成员先集中讨论和学习任务所需的知识,分工合作,吸收消化学习要点、分析学习目标、制订工作计划 (2)学生能够完成电压互感器运行维护知识的学习 (3)学生能够按照计划在理实一体化教室组织完成对电压互感器运行维护知识学习的任务 (4)学生按小组制作汇报PPT,小组成员全部上台汇报,其他小组给予评价。制作思维导图,将学习成果总结归纳。配合教师进行任务反馈		

项目实施过程	
目的	学习的内容
1.资讯	(1)布置工作任务、下发任务单 要求学生掌握电压互感器的运行维护知识 (2)提供相关的参考资料 ①学生在教师指导下观看相关视频 ②学生自主完成讨论、习题 (3)提出本次学习过程中的疑难问题
2.计划	学生分组(3~4人/组)讨论本任务所需的知识和技能,查阅相关学习资料
3.决策	制订工作计划,明确工作任务,确定工作要求、工作注意事项及任务分工
4.实施	学生根据分工完成各自任务,进行汇总,完成工作单,并根据制订的实施方案,在理实一体化教室完成电压互感器的检查任务
5.检查	学生分组对所做工作过程及结果进行演示和汇报:电压互感器的运行维护
6.评价	(1)结果评价 ①学生对本项目的整个实施过程进行自评 ②以小组为单位,分别对其他组做的工作结果进行互评和建议 (2)资料整理和提升 ①学生总结本次实训心得,做成PPT形式 ②学生根据互评和教师评价的建议,填写评价表,优化方案

4.任务评价

根据学生对本任务的实施情况,填写评价表。教师对学生的评价如表 3-11 所示。

表 3-11　教师对学生评价表

学习任务:电压互感器的运行维护						
教师签字:			学习团队名称:			
评价内容		评分标准	被考核人			
目标认知程度	工作目标明确、工作计划具体、结合实际、具有可操作性	10				
情感态度	工作态度端正、注意力集中、能使用网络资源收集相关资料	10				
团队协作	积极与他人合作共同完成工作任务	10				
专业能力要求	熟悉电压互感器的运行维护,掌握电压互感器在使用中的注意事项	70				
总分						

教师对小组评价		评分	评语:
资讯	15		
计划	15		
决策	20		
实施	20		
检查	10		
评估	20		
总分			

➤ 【思考问题】

1.电磁式电压互感器的工作原理是什么?

2.影响电磁式电压互感器误差的因素有哪些?

3.电磁式电压互感器的常用接线有几种? 各有什么特点?

➤ 【知识拓展】

大国工匠——何小虎

2023 年 2 月 28 日晚,央视综合频道(CCTV—1)播出了由中华全国总工会、中央广播电视总台联合举办的 2022 年"大国工匠年度人物"发布仪式,一抹亮丽的"航天蓝"登上了央视舞台。

航天科技集团六院西安航天发动机有限公司 35 车间数控车工、高级技师何小虎荣膺此项荣誉。

他是 2022 年度陕西省唯一的获奖者,也是 2022 年度中国航天系统唯一的获奖者。

何小虎,六院西发公司数控车工,高级技师。他是全国五一劳动奖章、中国青年五四奖章、全国向上向善好青年、全国技术能手、全国青年岗位能手、航天贡献奖、三秦工匠、陕西省带徒名师获得者,也是全国青联常委、全国青联优秀委员和陕西省青联常委。

身为航天装备制造业领域的年轻高技能人才,何小虎以一丝不苟、精益求精的工匠精神,坚持把青春梦融入航天梦,在建设航天强国的伟大征程中恪尽职守,用实际行动助力航天强国梦的同时,一步步实现着自己航天报国的人生理想。

西发公司是我国唯一的大型液体火箭发动机专业研制生产企业。发动机被称为火箭的"心脏",涡轮泵是发动机的"心脏",发动机燃烧系统更是火箭"心脏"的核心部件,而何小虎就是这颗"心脏"的"精刻师"。

为此,他从基层一线操作工干起,锚定液体火箭发动机心脏"精刻师"目标,苦干实干加巧干,不断学习新技术、掌握新设备、挖掘新潜能。为迅速提高技能水平,他每年都参加不同级别的技能竞赛,刚入职 6 年就参赛 20 余次,达到以赛促学、以赛促练、以赛提质的效果,2016 年参加"全国数控技能大赛"就斩获陕西省第一。他深知执着、专注、毅力、恒心是"择一事,终一生"所必需的品质,就是凭着这股肯吃苦敢吃苦能吃苦的虎劲儿,经过十几年的不懈奋斗,何小虎从最初的技能选手成长为竞赛评委,2020 年他担任第一届中华人民共和国职业技能竞赛国赛和省赛裁判,2021 年他担任第九届全国数控技能大赛裁判,航天科技集团第十一届职业技能竞赛专家组副组长。

现在,他可以操作 10 多种不同型号、不同种类的机床,从最传统的手工操作机床到公司精度最高的数控机床,甚至微米级的产品加工对于他来说都游刃有余。他共解决了 75 项发动机难题、获奖 70 项、申请专利 18 项、获国际发明专利 1 项、发表论文 6 篇。面对一次次挑战,一次次攻关,就是这种不服输的虎劲,要干,就干出个模样的劲头,一直激励着他成长为技艺精湛的航天工匠。

有一种实干叫中国制造,有一种传承叫工匠精神。何小虎常说:在平凡的岗位上也能做出不凡的业绩。他将继续执着专注,追求卓越,以青春热血书写技能报国、航天报国的华彩人生!

项目4

限流电器的布置

任务 1　限流电抗器的布置

➤ 【内容提要】

本任务主要通过学习限流电抗器的相关知识,了解限流电抗器的作用和类型,掌握限流电抗器的结构与布置方法。限流电抗器是串联在电力系统中用以限制系统故障电流的电抗器,是限制系统内的合闸涌流、高次谐波、短路故障电流等用途的感性元件。电抗器由铜或铝质线圈制成,冷却方式有油浸和干式自冷方式,支持物的结构有水泥柱式和夹持式等。

➤ 【学习要求】

①了解电抗器的类型与用途。
②了解普通电抗器的参数及应用。
③掌握限流电抗器的结构与布置。
④掌握分裂电抗器的应用。

➤ 【任务导入】

电力系统中通过什么方法达到限制短路电流的目的? 常用的限流电抗器有哪些? 怎样进行限流电抗器的布置和应用?

➤ 【知识链接】

学习情境1:认识限流电抗器

电抗器的类型与用途有很多。电网中所采用的电抗器是指具有一定电抗值的电感线圈,有串联电抗器、并联电抗器、限流电抗器和消弧线圈4种。串联电抗器用于限制电力系统的高次谐波对电力电容器的影响,串联在电力电容器前,也称阻波器。并联电抗器用于超高压长距离输电线路和10 kV电缆系统等处,以吸收系统电容功率,限制电压升高。限流电抗器用于限制系统短路电流,防止故障扩大。本项目只介绍限流电抗器。

在发电厂与变电站主接线中,限流电抗器用于限制电力设备的短路电流,除能维持母线电压外,还能将短路容量加以限制,以选择轻型断路器和小截面的电缆。

限流电抗器有混凝土柱式电抗器(NKS 或 NKSL)、分裂电抗器(FK)和油浸电抗器(XKSL)3 种。

限流电抗器的型号是这样表示的,如 NKSL-10-600-5,表示铝电缆混凝土柱式电抗器、电压10 kV、电流600 A、阻抗电压百分数为5%。此外,混凝土柱式电抗器还标注首尾两出线端沿圆周的角度。

学习情境2:限流电抗器的结构与布置

(1)混凝土柱式电抗器

电抗器的应用

20 kV 及以下、150~3 000 A的限流电抗器,常做成空心的混凝土结构,绕组绕好后用混凝土浇筑而成牢固的整体。这种结构制造简单,成本低,运行可靠,维护方便,属于户内装置,如图4-1所示。

图4-1   混凝土柱式空心限流电抗器

混凝土柱式电抗器都做成单相。组成三相组时有4种排列方式,即垂直排列、水平排列、两重一并排列、品字形排列,如图4-2所示。

三相垂直排列和两重一并排列时,B相绕组绕向要与A,C相相反,这样可以减少相间支撑绝缘子的拉伸力,因为支撑绝缘子的抗压能力比抗拉伸能力大得多。

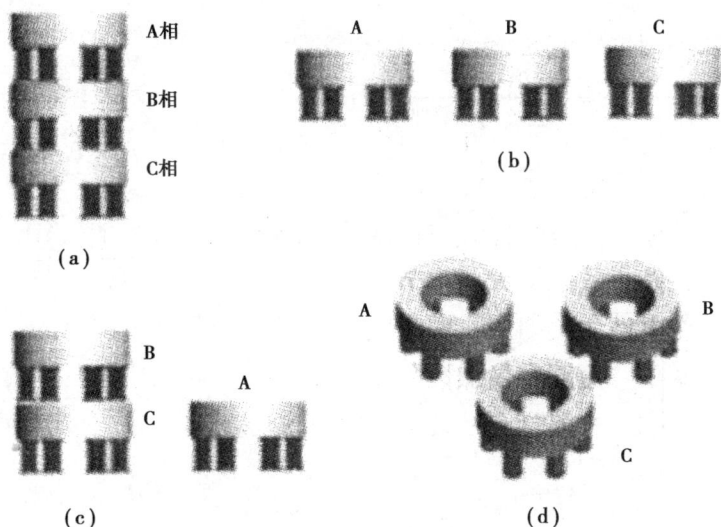

图 4-2　电抗器的排列方式

(a)垂直排列;(b)水平排列;(c)两重一并排列;(d)品字形排列

(2)分裂电抗器

带中间抽头的混凝土柱式电抗器称为分裂电抗器。

(3)油浸式限流电抗器

35 kV 的限流电抗器,一般做成夹装、油浸式、户外装置,在油箱内壁加磁分路或电磁屏障,以减少箱壁的损耗和发热。

限流电抗器安装时对周围环境有要求。空心电抗器附近如果有磁导体,会使电抗值升高。在正常情况下,电抗器的磁通在空气中形成回路,但安装场所的屋顶、墙壁、地面如有钢铁等磁性材料存在,会引起发热。混凝土柱式电抗器安装时,对屋顶、四壁和地面应保持适当距离。

学习情境 3:普通电抗器的参数及应用

电抗器主要参数有额定电压 U_{eL}、额定电流 I_{eL} 和百分数电抗 $X_L\%$。电抗器的电抗值按下式计算:

$$X_L = \frac{X_L\% \, U_{eL}}{100\sqrt{3} \, I_{eL}}(\Omega) \tag{4-1}$$

在一定的额定电压和额定电流下,$X_L\%$ 越大,则 X_L 越大,限制短路电流的作用越大,但当正常负荷电流通过时,电压损失也大。

在正常工作时,电抗器的电压损失等于电抗器前后的相电压算术差,即

$$\Delta U_X = U_{1X} - U_{2X}$$

图 4-3(b)为负荷电流 I_{fh} 通过电抗器时的向量图。作图时,假定电抗器电阻等于零,电压损失应为线段 bd,考虑线段 cd 很短,近似取线段 bc 为电压损失,则

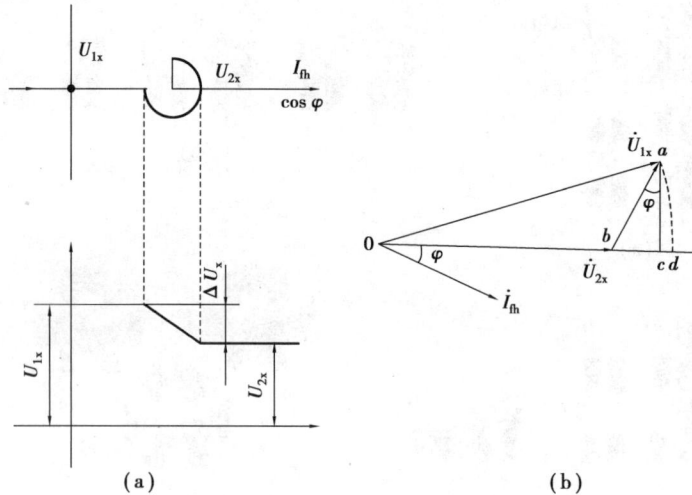

图 4-3 装有电抗器的电路正常工作情况

（a）电压损失；（b）向量图

$$\Delta U_X = bc = ab\sin \alpha = I_{fh}X_1\sin \alpha \tag{4-2}$$

将式（4-1）代入（4-2），整理后得

$$\Delta U\% = X_L\% \frac{I_{fh}}{I_{eL}}\sin \alpha \tag{4-3}$$

$\Delta U\%$ 为电抗器通过负荷电流 I_{fh} 时的电压损失对额定电压的百分数，一般要求小于 5%。

正常工作时，电抗器中的功率损耗通常不大，为通过电抗器功率的 0.15% ~ 0.4%。

在安装电抗器后，当电路中发生短路时，电抗器可以限制短路电流，同时电抗器有较大的电压降，可以维持母线有较高的剩余电压，这使其他未发生故障用户受到的影响较小。

当在电抗器后发生三相短路时，母线剩余电压的百分数为

$$U_{sy}\% = \frac{\sqrt{3}\,I''X_L}{U_{eL}}\times 100\% = X_L\% \frac{I''}{I_{eL}} \tag{4-4}$$

一般要求线路电抗器能维持母线剩余电压的 60% ~ 70%。

如图 4-4 所示的几种接线中采用了电抗器限制短路电流，都采用的是轻型断路器。

图 4-4（a）所示采用的分段电抗器，可以限制在其一侧母线故障时的短路电流，但在正常工作时，各段母线的负荷不平衡，在分段电抗器中有电流通过，分段电抗器中的电压损失将造成各段母线间的电压差别。分段电抗器的百分电抗的合理范围一般为 8% ~ 10%，最小不超过 12%。分段电抗器在电气主接线中的数目较少（仅一组或二组），使发电厂增加投资不多，在发电机数目不多的中等容量发电厂中，当需要限制短路电流并能满足要求时，可采用分段电抗器。

图 4-4（b）所示采用出线电抗器，其百分电抗一般取 3% ~ 6%。虽然出线电抗器的百分电抗不大，但因额定电流不大，故有较大的限制短路电流的作用，且能维持母线电压水平。当出线较多时，电抗器一次性投资大，正常功率损耗及电压损失较大，从而使年运行费用增加，一般只在其他限制短路电流的方法不能达到要求时才采用出线电抗器。

图 4-4（c）所示采用变压器负荷侧串联电抗器，可以限制负荷侧的短路电流，以便选择轻

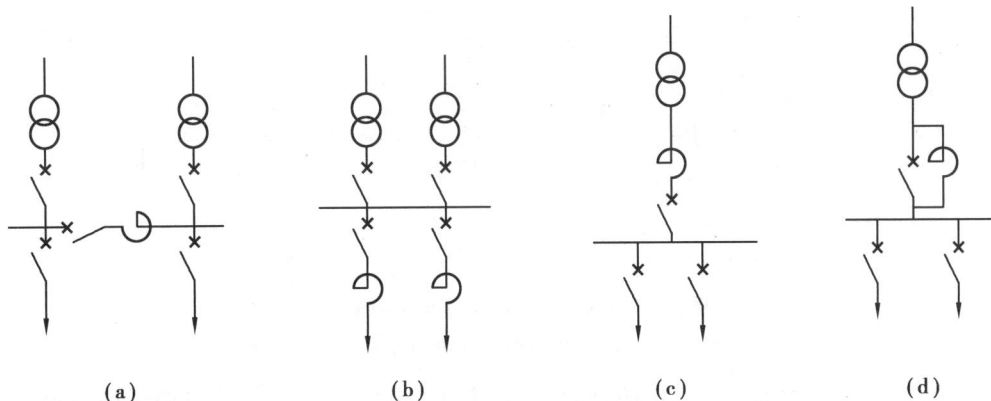

图 4-4　电抗器接线图

（a）母线分段电抗器；（b）线路出线电抗器；（c）变压器负荷侧串联电抗器；（d）变压器负荷侧并联电抗器

型的出线断路器，并能维持电源侧母线的电压在一定水平。

　　图 4-4（d）与图 4-4（c）比较，由于正常时电抗器不投入，所以电压损失、功率损耗小，可以采用较大的电抗值，但继电保护较为复杂。当线路故障时，应先断开与电抗器并联的断路器，以使短路电流小于出线断路器的开断电流，然后断开故障线路。

学习情境 4：分裂电抗器的参数及应用

　　由前面的内容可知，为了限制短路电流和维持较高的母线剩余电压，要求电抗器百分电抗应尽可能大些，但这样会在正常工作时引起较大的电压损失，采用分裂电抗器（图 4-5）代替普通电抗器可以缓解这一矛盾。

电抗器的原理

图 4-5　分裂电抗器

　　分裂电抗器在结构上与普通电抗器相类似，不同点是分裂电抗器的绕组有中间抽头，其符号如图 4-6（a）所示，一相电路如图 4-6（b）所示。图中 1 为中间抽头端，2 和 3 为分裂电抗器两臂的端头。两臂的额定电流相同，产品目录给出的额定百分电抗为每臂的自感电抗百分值 $X_L\%$。

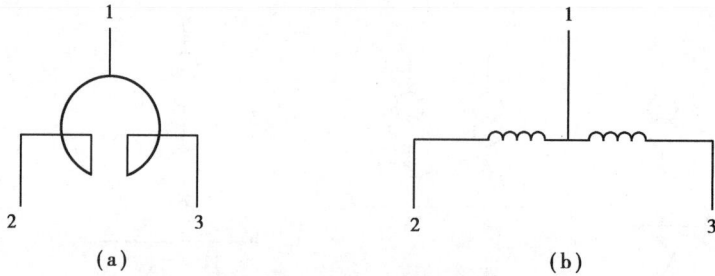

图 4-6　分裂电抗器的图形符号和单相电路

（a）图形符号；（b）单相电路

正常工作时，一般端头 1 接电源，端头 2 和 3 接负荷。当分裂电抗器两臂中通过大小相等方向相反的负荷电流时，每臂的电流在另一臂中产生负的互感电势，使电压降减小，正常工作时，第一臂的总电抗为

$$X = X_L - X_M = X_L - m X_L = (1-m) X_L \tag{4-5}$$

$$m = \frac{X_M}{X_L}$$

式中　X——每臂的总电抗；

X_L——每臂的自感电抗；

X_M——两臂间的互感电抗；

m——互感系数。

互感系数 m 与分裂电抗器的结构有关，一般取 $m=0.5$。正常工作时，每臂总电抗为

$$X = (1-0.5) X_L = 0.5 X_L$$

可见，正常工作时分裂电抗器的电抗减少了一半，则电压损失也减少了一半。

当 2 端短路时，短路电流自 1 端流向 2 端。此时，分裂电抗器只有一臂通过短路电流，另一臂仅有负荷电流，相对短路电流而言很小，可以忽略反向电流的作用，则分裂电抗器的总电抗为短路侧一臂的电抗 $X = X_L$，较正常工作时电抗增大一倍。另一种情况，如 1 端开路，2 端短路，短路电流自 3 端供向 2 端，分裂电抗器两臂中通过电路的方向相同，大小相等，此时每臂的电抗为自感电抗 X_L 与互感电抗 X_M 之和，则两臂总电抗为

$$X = 2(X_L + X_M) = 2 X_L (1+m) = 3 X_L$$

从而有效地限制了短路电流。

由以上分析可知，分裂电抗器在正常工作时，电抗小，电压损失也小。在短路情况下，电抗增大，起到限制短路电流的作用。分裂电抗器限制短路电流时的总电抗，应根据短路的不同情况决定。

应用分裂电抗器的主要困难是在正常负荷变动时，两臂的负荷电流大小不等，以致两臂电压波动较大。一般要求在选择分裂电抗器时，保证一臂为总负荷的 70%，另一臂为 30% 时，两臂电压波动值不超过 5%。

目前我国一些发电厂和变电站采用了分裂电抗器，运行情况良好，今后会得到更多的应用。分裂电抗器在发电厂和变电站主接线中装设的位置如图 4-7 所示。分裂电抗器装设在电缆引出线上，如图 4-7（a）所示，可使电抗器数目减少，且正常运行时电压损失小，如分裂电抗

器每臂连接几条出线时,其经济效益更大。在发电厂和变电站中,分裂电抗器还可以装在发电机或主变压器回路中,如图 4-7(b)、(c)、(d)所示,短路时分裂电抗器起到母线分段电抗器的作用,限制短路电流的效果比普通电抗器好。

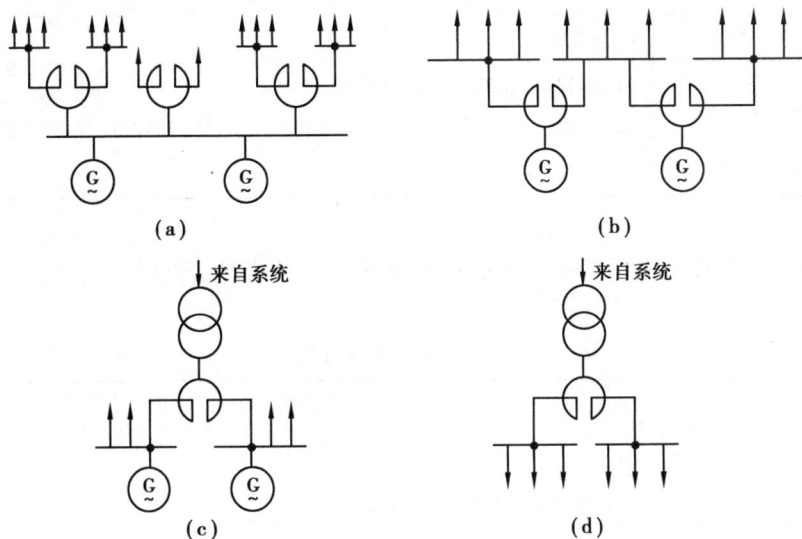

图 4-7 分裂电抗器在发电厂和变电站主接线中装设的位置
(a)发电机端电压出线装分裂电抗器;(b)发电机回路装分裂电抗器;
(c)发电厂主变压器低压侧装分裂电抗器;(d)变电站变压器低压侧装分裂电抗器

➤ 【任务实施】

限流电抗器的布置

1. 人员准备

(1)教师及学生应着实训工装,佩戴安全帽。

(2)每 3~4 名学生为一组,各组学生轮流开展实训。

(3)教师在学生实训期间必须始终在现场,不得擅自离开;如果确需离开,必须停止学生的实训操作。

2. 场地准备

(1)实训室应配备合格、充足的安全工器具,并正确使用。

(2)实训现场应具备明显的应急疏散标识。

3. 任务实施

(1)工作任务准备。根据限流电抗器的布置的学习,布置工作任务。首先下发任务工作单,如表 4-1 所示。

表 4-1 限流电抗器的布置工作任务单

任务名称	限流电抗器的布置
相关任务描述	掌握限流电抗器的结构与布置方法

续表

任务名称	限流电抗器的布置
相关学习准备	学习"限流电抗器"的相关资料及网络资料
对学生的考核办法	过程考核
采用的主要教学方法	(1)多媒体、实验实训教学手段 (2)情境启发式、任务驱动式、自主探究式、协作学习式等教学方法
教学及实训设备、地点	多媒体教室、理实一体化实训室

(2)任务实施过程。根据工作任务的布置及学生学习情况,开展任务实施。实施过程如表 4-2 所示。

表 4-2　任务实施过程

任务名称	限流电抗器的布置	授课班级	
		授课时间	
学习目标	掌握限流电抗器的结构与布置方法		
学习资料	配套教材《发电厂变电所电气设备》;教学视频、多媒体课件;网络资源;相关知识的储备		
专业能力	能够布置限流电抗器		
方法能力	资料收集整理能力;制订、实施工作计划的能力;理论知识的综合运用能力		
社会能力	交接工作流程确认能力;沟通协调能力;语言表达能力;团队组织能力;班组管理能力;责任心与职业道德;安全与自我保护能力;环境保护能力		
技能考核项目与要求	(1)制作 PPT,介绍限流电抗器的结构与布置方法 (2)能正确无误地讲述限流电抗器的结构与布置 (3)能正确无误地讲述分裂电抗器的应用		
学习任务的说明	引导学生讲述并掌握限流电抗器的结构与布置		
学习任务	(1)小组成员先集中讨论和学习任务所需的知识,分工合作,吸收消化学习要点、分析学习目标、制订工作计划 (2)学生能够完成能够布置限流电抗器的学习 (3)学生能够按照计划在理实一体化教室组织完成对限流电抗器的结构与布置的认知任务 (4)学生按小组制作汇报 PPT,小组成员全部上台汇报,其他小组给予评价。制作思维导图,将学习成果总结归纳。配合教师进行任务反馈		
项目实施过程			
目的	学习的内容		

续表

任务名称	限流电抗器的布置	授课班级	
		授课时间	
1. 资讯	(1)布置工作任务、下发任务单 要求学生了解电抗器的类型与用途、普通电抗器的参数及应用 (2)提供相关的参考资料 ①学生在教师指导下观看相关视频 ②学生自主完成讨论、习题 (3)提出本次学习过程中的疑难问题		
2. 计划	学生分组(3～4人/组)讨论本任务所需的知识和技能,查阅相关学习资料		
3. 决策	制订工作计划,明确工作任务,确定工作要求、工作注意事项及任务分工		
4. 实施	学生根据分工完成各自任务,进行汇总,完成工作单,并根据制订的实施方案,在理实一体化教室完成限流电抗器的布置任务		
5. 检查	学生分组对所做工作过程及结果进行演示和汇报:限流电抗器的结构与布置方法		
6. 评价	(1)结果评价 ①学生对本项目的整个实施过程进行自评 ②以小组为单位,分别对其他组做的工作结果进行互评和建议 (2)资料整理和提升 ①学生总结本次实训心得,做成PPT形式 ②学生根据互评和教师评价的建议,填写评价表,优化方案		

4. 任务评价

根据学生对本任务的实施情况,填写评价表。教师对学生的评价如表4-3所示。

表4-3　教师对学生评价表

学习任务:限流电抗器的布置							
教师签字:			学习团队名称:				
评价内容		评分标准	被考核人				
目标认知程度	工作目标明确、工作计划具体、结合实际、具有可操作性	10					
情感态度	工作态度端正、注意力集中、能使用网络资源收集相关资料	10					
团队协作	积极与他人合作共同完成工作任务	10					
专业能力要求	能够正确布置限流电抗器	70					

续表

学习任务:限流电抗器的布置							
总分							
教师对小组评价		评分	评语:				
资讯	15						
计划	15						
决策	20						
实施	20						
检查	10						
评估	20						
总分							

> **【思考问题】**

1.限流电抗器的作用是什么？常用的限流电抗器有哪些？
2.电网中采用的电抗器有哪几种？各自的作用是什么？
3.画出分裂电抗器的图形符号。
4.限流电抗器的布置方式有哪几种？
5.限流电抗器有哪几种接线方式？各有何特点？

任务2 分裂变压器的布置

> **【内容提要】**

本任务主要通过学习分裂变压器的相关知识,了解分裂变压器的结构,掌握分裂变压器的布置方法。分裂变压器全称为分裂式绕组变压器,是指每相由一个高压绕组与两个或多个电压和容量均相同的低压绕组构成的多绕组电力变压器。分裂变压器正常的电能传输仅在高、低压绕组之间进行,而在发生故障时则具有限制短路电流的作用。这是变电站值班员应知应会的内容,也是变电设备检修工必须掌握的知识点。

> **【学习要求】**

①了解分裂变压器的结构。
②掌握分裂变压器的布置方法。

➤ 【任务导入】

为了能有效地切除故障,必须在副绕组侧安装开断能力很大的断路器。用分裂变压器,能在正常工作和低压侧断路时,使变压器呈现不同的电抗值,从而起到限制短路电流的作用。那么该如何布置分裂变压器呢?

➤ 【知识链接】

学习情境1:认识分裂变压器

随着变压器容量的不断增大,当变压器副绕组侧发生短路时,短路容量很大。为了能有效地切除故障,必须在副绕组侧安装开断能力很大的断路器。用分裂变压器,能在正常工作和低压侧断路时,使变压器呈现不同的电抗值,从而起到限制短路电流的作用(图4-8)。

图4-8　分裂变压器

学习情境2:分裂变压器的布置

分裂变压器是一种多绕组变压器,它是将普通的双绕组变压器的低压绕组分裂成额定容量相等的两个完全对称的绕组。分裂绕组的布置形式决定了这两个低压分裂绕组间仅有磁的联系,没有电的联系,其等值电路如图4-9所示。通常两个低压分裂绕组容量相同,一般为变压器额定容量的50%,阻抗相等,$X_1 = X_2$。

当低压分裂绕组并联时,高压和低压绕组间的电抗为穿越电抗,用 X_{th} 表示为

$$X_{th} = X_3 + 0.5X_1$$

当一个分裂绕组断开时,如绕组2断开,高压和低压绕组间的电抗为 X_B,则

$$X_B = X_3 + X_1$$

当高压绕组断开时,两个低压分裂绕组间的电抗为分裂电抗 X_{di},则

$$X_{di} = 2X_1$$

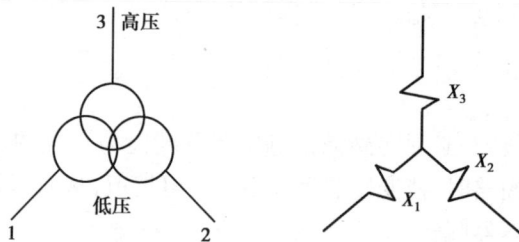

图 4-9　分裂变压器等值电路图

$$X_{di} = X_{th} \cdot K_{di} \qquad\qquad (4\text{-}6)$$

式中，K_{di} 称为分裂系数，分裂变压器可以按不同的 K_{di} 制造。最有利的条件是 $K_{di}=4$，即 $X_{di}=4X_{th}$。在此情况下，根据以上各式推导可得：

$$X_3 = 0 \qquad X_1 = X_2 = 2X_{th}$$

如 110 kV 普通双绕组变压器的电抗为 10.5%，分裂变压器的电抗 X_{th} 也为 10.5% 时，则分裂变压器低压绕组的电抗为 2×10.5% = 21%，两分裂绕组之间的电抗为 4×10.5% = 42%。可见，采用分裂变压器，与普通双绕组变压器相比，在同容量同百分电抗时，低压侧短路电流减少一半。

目前，我国分裂变压器大多用作单机容量在 200 MW 及以上大容量机组的厂用变压器。这样，当某一段厂用母线短路时，既可以限制系统所供短路电流，又可以限制接在另一段厂用母线上的大容量电动机向短路点供给的反馈电流。此外，对电动机自启动条件有所改善。

➤ 【任务实施】

分裂变压器的布置

1. 人员准备

（1）教师及学生应着实训工装，佩戴安全帽。

（2）每 3~4 名学生为一组，各组学生轮流开展实训。

（3）教师在学生实训期间必须始终在现场，不得擅自离开；如果确需离开，必须停止学生的实训操作。

2. 场地准备

（1）实训室应配备合格、充足的安全工器具，并正确使用。

（2）实训现场应具备明显的应急疏散标识。

3. 任务实施

（1）工作任务准备。根据分裂变压器的布置的学习，布置工作任务。首先下发任务工作单，如表 4-4 所示。

表 4-4　分裂变压器的布置工作任务单

任务名称	分裂变压器的布置
相关任务描述	了解分裂变压器的结构
相关学习准备	学习"分裂变压器"的相关资料及网络资料

续表

任务名称	分裂变压器的布置
对学生的考核办法	过程考核
采用的主要教学方法	(1)多媒体、实验实训教学手段 (2)情境启发式、任务驱动式、自主探究式、协作学习式等教学方法
教学及实训设备、地点	多媒体教室、理实一体化实训室

（2）任务实施过程。根据工作任务的布置及学生学习情况，开展任务实施。实施过程如表 4-5 所示。

表 4-5　任务实施过程

任务名称	分裂变压器的布置	授课班级	
		授课时间	
学习目标	掌握分裂变压器的布置方法		
学习资料	配套教材《发电厂变电所电气设备》；教学视频、多媒体课件；网络资源；相关知识的储备		
专业能力	能够了解分裂变压器的结构和掌握分裂变压器的布置方法		
方法能力	资料收集整理能力；制订、实施工作计划的能力；理论知识的综合运用能力		
社会能力	交接工作流程确认能力；沟通协调能力；语言表达能力；团队组织能力；班组管理能力；责任心与职业道德；安全与自我保护能力；环境保护能力		
技能考核 项目与要求	(1)制作 PPT，介绍分裂变压器的结构 (2)能正确无误地讲述分裂变压器的布置方法		
学习任务的说明	引导学生讲述并识别分裂变压器的布置		
学习任务	(1)小组成员先集中讨论和学习任务所需要的知识，分工合作，吸收消化学习要点、分析学习目标、制订工作计划 (2)学生能够完成分裂变压器的布置方法的学习 (3)学生能够按照计划在理实一体化教室组织完成对分裂变压器的布置的认知任务 (4)学生按小组制作汇报 PPT，小组成员全部上台汇报，其他小组给予评价。制作思维导图，将学习成果总结归纳。配合教师进行任务反馈		
项目实施过程			
目的	学习的内容		

续表

任务名称	分裂变压器的布置	授课班级	
		授课时间	
1. 资讯	(1)布置工作任务、下发任务单 要求学生了解分裂变压器的结构及分裂变压器的布置 (2)提供相关的参考资料 ①学生在教师指导下观看相关视频 ②学生自主完成讨论、习题 (3)提出本次学习过程中的疑难问题		
2. 计划	学生分组(3~4人/组)讨论本任务所需的知识和技能,查阅相关学习资料		
3. 决策	制订工作计划,明确工作任务,确定工作要求、工作注意事项及任务分工		
4. 实施	学生根据分工完成各自任务,进行汇总,完成工作单,并根据制订的实施方案,在理实一体化教室完成分裂变压器的认识任务		
5. 检查	学生分组对所做工作过程及结果进行演示和汇报:分裂变压器的布置。		
6. 评价	(1)结果评价 ①学生对本项目的整个实施过程进行自评 ②以小组为单位,分别对其他组做的工作结果进行互评和建议 (2)资料整理和提升 ①学生总结本次实训心得,做成PPT形式 ②学生根据互评和教师评价的建议,填写评价表,优化方案		

4. 任务评价

根据学生对本任务的实施情况,填写评价表。教师对学生的评价如表4-6所示。

表4-6　教师对学生评价表

学习任务:分裂变压器的布置							
教师签字:			学习团队名称:				
评价内容		评分标准	被考核人				
目标认知程度	工作目标明确、工作计划具体、结合实际、具有可操作性	10					
情感态度	工作态度端正、注意力集中、能使用网络资源收集相关资料	10					
团队协作	积极与他人合作共同完成工作任务	10					

续表

学习任务:分裂变压器的布置							
专业能力 要求	熟悉分裂变压器的结构和布置	70					
总分							
教师对小组评价		评分	评语:				
资讯		15					
计划		15					
决策		20					
实施		20					
检查		10					
评估		20					
总分							

➤ 【思考问题】

什么是分裂变压器？画出分裂变压器的等值电路图。

➤ 【知识拓展】

工匠精神——徐纪忠

他坚持在改革中创新突破,勇于践行"敢于领先、敢于突破、敢于胜利"的三敢精神,积极先后推进东台、如东海上风电项目各项工作,无论前期核准,还是工程建设,均走在同批项目的前列。2016 年 12 月,东台 200MW 海上风电项目顺利并网发电,成为国内当时离岸距离最远,单位容量最大,升压站电压等级最高,海况环境最复杂的海上风电场。2020 年 7 月,如东H14#海上风电项目投入运行,成为目前国内首个智慧化海上风电场,在中国绿发新能源产业中树立起新标杆。在我们身边,总有一些辛勤的劳动者,包括你我,在自己的岗位上默默地奉献着,让我们用最简约真挚的方式,去赞美那些默默耕耘的劳动者。

开创海上风电建设新速度

他反复研究海上施工技术方案,迅速成为海上风电专家,在他的带领下,东台项目创下海上升压站"滑移装船、整体吊装"、海缆"登滩排架敷设"、风机"塔筒预先拼装,风机分体吊装"等多项国内海上施工纪录,项目于 2017 年 9 月全部机组并网发电。在如东项目建设中,他提炼形成的"点线面体"项目管理法,创造性地以"容缺"方式推进项目开工建设,克服新冠疫情、施工船机不足等困难,于 2020 年 7 月底实现首批机组并网,成为江苏同批核准的 24 个项目中首个并网发电的项目。

创建海上风电示范项目

他瞄准国内海上风电示范项目的定位,形成了海上风电项目 10 项示范标准体系、10 项技术领先成果。以"徐纪忠创新工作室"为平台,取得创新发明、QC 成果奖及软件著作等 80 多项科技成果,东台项目先后荣获 2019 年度中国电力优质工程奖、国家优质工程奖,如东项目成为目前国内首个智慧化海上风电场,形成多个科技成果正在筹备申报工作,助力集团公司智慧新能源产业高效、绿色发展。同时,他采用边学习边建设的方式紧抓人才培养,通过东台项目及如东项目建设,他的团队全面掌握了海上风电工程建设管理要素,实现了员工海上作业实践能力和业务素养的双提升。

项目5

载流导体及绝缘子的运行维护

任务 1　母线的运行维护

➤ 【内容提要】

本任务主要通过学习母线的相关知识,了解母线的定义、种类,掌握母线在实际中的应用。

➤ 【学习要求】

①了解母线的定义和材料。
②了解母线的形状。
③掌握母线着色的作用。
④掌握封闭母线的用途。
⑤掌握母线的运行维护。

➤ 【任务导入】

发电厂和变电所连接各级装置都需要导线来进行连接,在实际工作中对这些导线有什么要求,怎样选择和利用导线呢?

➤ 【知识链接】

母线

学习情境 1:认识母线

发电厂和变电所中各级电压配电装置主母线,发电机、变压器与相应配电装置之间的连接导体,统称为母线。

(1)母线的材料

常用的母线材料有铜、铝和钢。

铜的电阻率低,机械强度大,抗腐蚀性强。但它的储量不多,价值较贵。铜母线只用在空气中含腐蚀性气(如靠近海岸或化工厂)的屋外配电装置中。

铝的电阻率为铜的 1.7~2 倍,质量只有铜的 30%,而且储量多,价格也低,屋内外配电装置中广泛采用铝母线。

钢电阻率为铜的 6~8 倍,导电性差得多,且用于交流电路时,有很强的集肤效应。但其价格低、机械强度高。钢一般仅适用于高压小容量回路(如电压互感器)工作电流不超过 200 A 的低压电路、直流电路以及接地装置回路中。

(2)母线的形状

母线截面形状应保证集肤效应系数尽可能低、散热良好、机械强度高、安装简便和连接方便。常用硬母线的截面形状有矩形、槽形、管形。母线与地之间的绝缘靠绝缘子维持,相间绝缘靠空气维持。敞露矩形和槽形母线结构如图 5-1 所示。

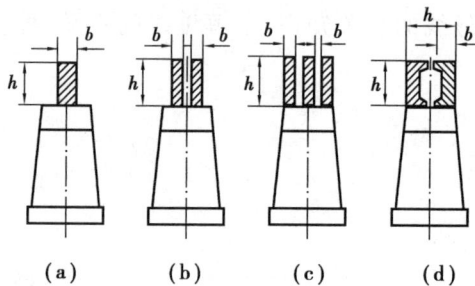

图 5-1　矩形母线和槽形母线结构示意图

(a)每相 1 条矩形母线;(b)每相两条矩形母线;(c)每相 3 条矩形母线;(d)槽形母线

1)矩形母线

为了增加散热面积,减少集肤效应的影响,兼顾机械强度,母线的短边与长边之比通常为 1/12~1/5,单条截面积最大不应超过 1 250 mm²

如果工作电流超过单条母线最大截面的允许电流时,每相可采用两条或 3 条矩形母线固定在支持绝缘子上。每条之间的距离规定等于一条母线的厚度 b,以保证较好地散热。但每相条数增加时,散热条件变坏,增加了邻近效应和集肤效应的影响,其允许电流不能成正比地增加。

当每相有 3 条及以上时,电流并不在条间均匀分配。例如,每相有 3 条时,中间条的电流约占总电流的 20%,两边的各占 40%。每相不宜采用 4 条以上的母线。

当矩形铝母线的长度大于 20 m,矩形铜母线或钢母线长度大于 30~35 m 时,在线上装伸缩补偿器。

2）槽形母线

槽形母线是将铜材或铝材轧制成槽形截面,使用时,每相一般由两根槽形母线相对地固定在同一绝缘子上。其集肤效应系数小,机械强度高,散热条件较好,与利用几条矩形截面比较,在相同截面下允许载流量大得多。

3）管形母线

管形母线一般采用铝材。管形母线的集肤效应系数小,机械强度高;管内可通风或通水改善散热条件,其载流能力随通入冷却介质的速度而变。其表面圆滑,电晕放电电压高;与采用软母线相比,具有占地少、节省钢材和基础工程量、布置清晰、运行维护方便等优点。

4）绞线圆形软母线

常用的绞线圆形软母线有钢芯铝绞线和组合导线。

钢芯铝绞线由多股铝线绕在单股或多股钢线的外层构成;组合导线由多根铝绞线固定在套环上组合而成。

(3)母线着色

对室内母线着色可以增强热辐射能力,有利于母线散热。母线着色后允许负荷电流提高12% ~15% 。着色后,既可防止氧化,又可便于工作人员识别直流的极性和交流的相别。

有关规程规定母线着色标准如下:

①直流装置:正极涂红色,负极涂蓝色。

②交流装置:U 相涂黄色,V 相涂绿色,W 相涂红色。

③不接地中性线涂白色,接地的中性线涂紫色。

为了容易发现接头缺陷和使其接触良好,所有接头部位(包括焊接和螺栓连接)均不得着色。

(4)封闭母线

用金属外壳将导体连同绝缘保护起来的母线称为封闭母线。

1）封闭母线的优点

①母线封闭于外壳中,不受自然环境和外物影响,能防止相间短路,同时外壳多点接地,保证人员接触外壳的安全。

②外壳环流和涡流的屏蔽作用,使壳内磁场大为减弱,从而使短路时母线间的电动力大大减少,可增大支持绝缘子的跨距。

③壳外磁场大大减弱,减少了母线附近钢构的发热。

④外壳可兼作强迫冷却管道,提高母线载流量。

⑤母线封闭后通常采用微正压充气方式运行,可以防止绝缘子结露,提高了运行的可靠性。

⑥安装、维护工作量小。

2）封闭母线的分类

①按封闭母线外壳结构分

按封闭母线外壳结构分为共箱封闭母线和离相封闭母线(又称分相封闭母线),如图 5-2所示。

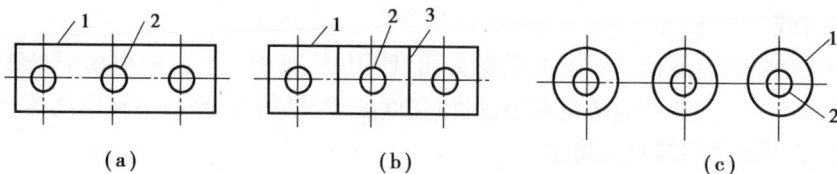

图 5-2 共箱封闭母线和离相封闭母线示意图

(a)共箱封闭母线;(b)有金属隔的共箱封闭母线;(c)离相封闭母线

1—外壳;2—母线;3—金属隔板

a.共箱封闭母线,是指三相母线导体共用一个金属外壳,有相间不设金属隔板和相间设金属隔板两种形式。共箱封闭母线主要用于单机容量为 200~300 MW 发电厂的厂用电回路。

b.离相封闭母线,是指三相母线每相都有各自的金属外壳。离相封闭母线可分为不全连离相封闭母线、分段全连离相封闭母线和全连离相封闭母线。其中,全连离相封闭母线如图5-3 所示。由图可知,除每相外壳各段在电气上以套管相互焊接起来外,还在三相外壳两端通过短路板相互焊接起来并接地。全连离相封闭母线广泛地应用在 200 MW 及以上的发电机组引出线回路中。

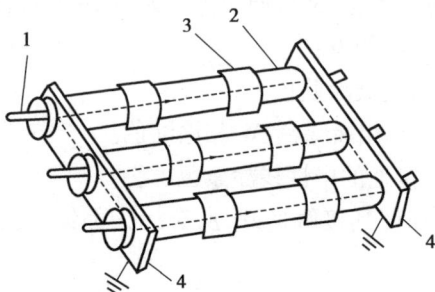

图 5-3 全连离相封闭母线

1—母线;2—外壳;3—套筒;4—短路板

②按所用材料分

按封闭母线外壳所用材料分为塑料外壳和金属外壳。塑料外壳对电磁场不起屏蔽作用,从电磁性能来说相当于普通的敞露母线,只能防止人身触及带电母线及防止金属物落到母线上产生相间短路,塑料外壳不适于大容量机组。大容量机组的封闭母线均采用金属铝外壳。

③按冷却方式分

按封闭母线冷却方式分为自然冷却和人工冷却两种方式。人工冷却又分为通风冷却和通水冷却。

学习情境 2:母线的运行维护

母线运行维护的基本要求如下:

①母线安装完毕之后,应把现场清理干净,特别是开关柜主母线内部等隐蔽的地方一定要进行彻底的清理,再检测绝缘电阻和进行耐压试验。

②母线在正常运行时,支柱绝缘子和悬式绝缘子应完好无损、无放电现象。软母线弧垂

应符合要求,相间距离应符合规程规定,无断股、散股现象。硬母线应平直,不应弯曲,各种电气距离应满足规程要求,母排上的示温蜡片应无熔化;连接处应无发热,伸缩应正常。

③母线的检修工作内容包括清扫母线,检查接头伸缩节及固定情况;检查、清扫绝缘子,测量悬式绝缘子串的零值绝缘子;检查软母线弧垂及电气距离;绝缘子交流耐压试验等。

④软母线经过一段时间的运行后,本身质量因素、长期通过负荷电流造成发热、气候条件的影响以及其他外部情况等原因的作用,母线会有一定的损伤。有些损伤经过处理后能满足规定,可以继续使用;有些损伤无法恢复,必须重新加工。导线损伤有下列情况之一者,必须锯断重接:

a. 钢芯铝线的钢芯断股。

b. 钢芯铝线在同一处损伤面积超过铝股总面积的25%,单金属线在同一处损伤面积超过总面积的70%。

c. 钢芯铝线断股已形成无法修复的永久变形。

d. 连续损伤面积在允许范围内,但其损伤长度已超出一个补修管所能补修的长度。

导线损伤可进行修补,处理方法一般有补修管压接法、缠绕法、加分流线法、铜绞线绑接法、铜绞线叉接法以及液压法等。

➤ 【任务实施】

母线的运行维护

1. 人员准备

(1)教师及学生应着实训工装,佩戴安全帽。

(2)每3~4名学生为一组,各组学生轮流开展实训。

(3)教师在学生实训期间必须始终在现场,不得擅自离开;如果确需离开,必须停止学生的实训操作。

2. 场地准备

(1)实训室应配备合格、充足的安全工器具,并正确使用。

(2)实训现场应具备明显的应急疏散标识。

3. 任务实施

(1)工作任务准备。根据母线的运行维护的学习,布置工作任务。首先下发任务工作单,如表5-1所示。

表 5-1　母线的运行维护工作任务单

任务名称	母线的运行维护
相关任务描述	母线的定义、种类,母线着色的作用及封闭母线的用途,母线的运行维护
相关学习准备	学习"母线"的相关资料及网络资料
对学生的考核办法	过程考核
采用的主要教学方法	(1)多媒体、实验实训教学手段 (2)情境启发式、任务驱动式、自主探究式、协作学习式等教学方法

续表

任务名称	母线的运行维护
教学及实训设备、地点	多媒体教室、理实一体化实训室

（2）任务实施过程。根据工作任务的布置及学生学习情况，开展任务实施。实施过程如表 5-2 所示。

表 5-2　任务实施过程

任务名称	母线的运行维护	授课班级	
		授课时间	
学习目标	了解母线的定义、种类，掌握母线着色的作用及封闭母线的用途，掌握母线的运行维护		
学习资料	配套教材《发电厂变电所电气设备》；教学视频、多媒体课件；网络资源；相关知识的储备		
专业能力	认识各种母线类型，掌握母线的运行维护		
方法能力	资料收集整理能力；制订、实施工作计划的能力；理论知识的综合运用能力		
社会能力	交接工作流程确认能力；沟通协调能力；语言表达能力；团队组织能力；班组管理能力；责任心与职业道德；安全与自我保护能力；环境保护能力		
技能考核项目与要求	（1）制作 PPT，介绍母线类型、母线着色的作用、封闭母线的用途、母线的运行维护要求 （2）能准确无误地识别母线的类型		
学习任务的说明	引导学生了解母线的定义、种类，掌握母线着色的作用及封闭母线的用途，掌握母线的运行维护		
学习任务	（1）小组成员先集中讨论和学习任务所需要的知识，分工合作，吸收消化学习要点、分析学习目标、制订工作计划 （2）学生能够完成电缆运行维护知识的学习 （3）学生能够按照计划在理实一体化教室组织完成对母线运行维护知识学习的任务 （4）学生按小组制作汇报 PPT，小组成员全部上台汇报，其他小组给予评价。制作思维导图，将学习成果总结归纳。配合教师进行任务反馈		
项目实施过程			
目的	学习的内容		

续表

任务名称	母线的运行维护	授课班级	
		授课时间	
1.资讯	(1)布置工作任务、下发任务单 要求学生了解母线的定义、种类,掌握母线着色的作用及封闭母线的用途 (2)提供相关的参考资料 ①学生在教师指导下观看相关视频 ②学生自主完成讨论、习题 (3)提出本次学习过程中的疑难问题		
2.计划	学生分组(3~4人/组)讨论本任务所需的知识和技能,查阅相关学习资料		
3.决策	制订工作计划,明确工作任务,确定工作要求、工作注意事项及任务分工		
4.实施	学生根据分工完成各自任务,进行汇总,完成工作单,并根据制订的实施方案,在理实一体化教室完成母线运行维护的认知任务		
5.检查	学生分组对所做工作过程及结果进行演示和汇报:母线的运行维护		
6.评价	(1)结果评价 ①学生对本项目的整个实施过程进行自评 ②以小组为单位,分别对其他组做的工作结果进行互评和建议 (2)资料整理和提升 ①学生总结本次实训心得,做成PPT形式 ②学生根据互评和教师评价的建议,填写评价表,优化方案		

4.任务评价

根据学生对本任务的实施情况,填写评价表。教师对学生的评价如表5-3所示。

表5-3　教师对学生评价表

学习任务:母线的运行维护							
教师签字:			学习团队名称:				
评价内容		评分标准	被考核人				
目标认知程度	工作目标明确、工作计划具体、结合实际、具有可操作性	10					
情感态度	工作态度端正、注意力集中、能使用网络资源收集相关资料	10					

续表

学习任务：母线的运行维护							
团队协作	积极与他人合作共同完成工作任务	10					
专业能力要求	熟悉母线的类型，掌握母线着色的作用及封闭母线的用途，掌握母线的运行维护	70					
总分							

教师对小组评价		评分	评语：
资讯	15		
计划	15		
决策	20		
实施	20		
检查	10		
评估	20		
总分			

➤ 【思考问题】

1. 母线的定义和作用是什么？
2. 在实际电力系统中，母线在运行维护中应当注意哪些要点？

任务2　电缆的运行维护

➤ 【内容提要】

本任务主要通过学习电缆的相关知识，了解电缆的定义、分类，掌握母线在实际中的应用。

➤ 【学习要求】

①了解电缆的定义和分类。
②了解电缆的结构。
③掌握控制电缆的特性及应用。

④掌握电缆的运行维护。

➤ 【任务导入】

在电力系统中传输和分配电能都需要用到电缆,在实际工作中对电缆有什么要求,怎样对电缆进行选择和维护呢?

➤ 【知识链接】

学习情境 1:认识电缆

电力电缆线路是传输和分配电能的一种特殊电力线路,它可以直埋地下及敷设在电缆沟、电缆隧道中,也可以敷设在水中或海底。它与架空线路相比,虽然具有投资多、敷设麻烦、维修困难、难于发现和排除故障等缺点,但具有防潮、防腐、防损伤、运行可靠、不占地面、不妨碍观瞻等优点。在有腐蚀性气体和易燃易爆的场所及不宜架设架空线路的场所(如城市中),只能敷设电缆线路。

(1)电力电缆的分类

①按电压等级可分为低压、中压、高压、超高压和特高压电缆。

②按芯数可分为单芯、双芯、三芯和四芯等。

③按传输电能的形式可分为交流电缆和直流电缆。

④按绝缘和保护层的不同可分为:

a. 油浸纸绝缘电缆,适用于 35 kV 及以下的输配电线路。

b. 聚氯乙烯绝缘电缆(简称"塑力电缆"),适用于 6 kV 及以下的输配电线路。

c. 交联聚乙烯绝缘电缆(简称"交联电缆"),适用于 1 ~ 500 kV 的输配电线路。

d. 橡皮绝缘电缆,适用于 6 kV 及以下的输配电线路,多用于厂矿车间的动力干线和移动式装置。

e. 高压充油电缆,主要用于 110 ~ 330 kV 变、配电装置至高压架空线及城市输电系统之间的连接线。

f. SF_6 气体绝缘电缆。

(2)电缆的结构

电力电缆主要由电缆线芯、绝缘层和保护层 3 个部分组成。电缆线芯由铜或铝绞线组成,截面形状有圆形、弓形和扇形等。绝缘层作为相间及对地的绝缘,材料有油浸纸、塑料、橡皮等。保护层的作用是避免电缆受到机械损伤,防止绝缘受潮和绝缘油流出。

电缆头制作

(3)控制电缆

控制电缆主要用于交流 500 V 及以下,直流 1 000 V 及以下的配电装置的二次回路中,其线芯标称截面有 0.75,1,1.5,2.5,4,6,10 mm² 等。控制电缆的线芯材料用铜和铝制成。控制电缆属于低压电缆,其绝缘形式有橡皮绝缘、塑料绝缘及油浸纸绝缘等。控制电缆的绝缘水平不高,一般只用摇表检查绝缘情况,不必作耐压试验。

学习情境 2:电缆的运行维护

(1)电力电缆的维护

①为防止在电缆线路上面挖掘时损伤电缆,挖掘时必须有电缆专业人员在现场监护,交代施工人员有关注意事项。特别是在揭开电缆保护板之后,应使用较为迟钝的工具将表面土层轻轻挖去,用铲车挖土时更应随时注意不铲伤电缆。

②清扫户内外电缆、瓷套管和终端头,检查终端头内有无水分,引出线接触是否良好,接触不良者应予以处理。清扫油漆电缆支架和电缆夹,修理电缆保护管,测量接地电阻和电缆的绝缘电阻等。

③清除隧道及电缆沟的积水、污泥及其他杂物,保证沟内清洁,不积水。

④当电缆线路上的局部土壤含有损害电缆铅包的化学物质时,应将该段电缆装于管子中,并用中性土壤作电缆的衬垫及覆盖,在电缆上涂沥青等,以防止电缆被腐蚀。

⑤电缆线路发生故障后,必须立即进行修理,以免拖延时间太长使水分大量浸入.扩大损坏的范围。

(2)电缆的故障测试

电缆线路的故障测试一般包括故障测距和精确定点,电缆故障测试方法是指故障点的初测,即故障测距。根据测试仪器和设备的原理,电缆线路的故障测试大致分为电桥法和脉冲法两大类,其测试特点如下:

①电桥法:是利用电桥平衡时,对应桥臂电阻的乘积相等,而电缆的长度和电阻成正比的原理进行测试的。

②脉冲法:是应用脉冲信号进行电缆故障测距的测试方法。它分为低压脉冲法、脉冲电压法和脉冲电流法 3 种。

a.低压脉冲法是向故障电缆的导体输入一个脉冲信号,通过观察故障点发射脉冲与反射脉冲的时间差进行测距。

b.脉冲电压法是对故障电缆加上直流高压或冲击高电压,使电缆故障点在高压下发生击穿放电,然后通过仪器观察放电电压脉冲在测试端到放电点之间往返一次的时间进行测距。

c.脉冲电流法与脉冲电压法相似,区别在于前者通过一线性电流耦合器测量电缆击穿时的电流脉冲信号,使测试接线更简单,电流耦合器输出的脉冲电流波形更容易分辨。

➤ 【任务实施】

电缆的运行维护

1. 人员准备

(1) 教师及学生应着实训工装,佩戴安全帽。

(2) 每 3~4 名学生为一组,各组学生轮流开展实训。

(3) 教师在学生实训期间必须始终在现场,不得擅自离开;如果确需离开,必须停止学生的实训操作。

2. 场地准备

(1) 实训室应配备合格、充足的安全工器具,并正确使用。

(2) 实训现场应具备明显的应急疏散标识。

3. 任务实施

(1) 工作任务准备。根据电缆的运行维护的学习,布置工作任务。首先下发任务工作单,如表 5-4 所示。

表 5-4　电缆的运行维护工作任务单

任务名称	电缆的运行维护
相关任务描述	电缆的定义、分类和结构,电缆的运行维护
相关学习准备	学习"电缆"的相关资料及网络资料
对学生的考核办法	过程考核
采用的主要教学方法	(1) 多媒体、实验实训教学手段 (2) 情境启发式、任务驱动式、自主探究式、协作学习式等教学方法
教学及实训设备、地点	多媒体教室、理实一体化实训室

(2) 任务实施过程。根据工作任务的布置及学生学习情况,开展任务实施。实施过程如表 5-5 所示。

表 5-5　任务实施过程

任务名称	电缆的运行维护	授课班级	
		授课时间	
学习目标	了解电缆的定义、分类和结构,掌握电缆的运行维护		
学习资料	配套教材《发电厂变电所电气设备》;教学视频、多媒体课件;网络资源;相关知识的储备		
专业能力	认识电缆的结构,掌握电缆的运行维护		
方法能力	资料收集整理能力;制订、实施工作计划的能力;理论知识的综合运用能力		

续表

任务名称	电缆的运行维护	授课班级	
		授课时间	
社会能力	交接工作流程确认能力;沟通协调能力;语言表达能力;团队组织能力;班组管理能力;责任心与职业道德;安全与自我保护能力;环境保护能力		
技能考核项目与要求	(1)制作 PPT,介绍电缆的定义、分类、结构、运行维护要求 (2)能准确无误地识别电缆的结构		
学习任务的说明	引导学生了解了解电缆的定义、分类和结构,掌握电缆的运行维护		
学习任务	(1)小组成员先集中讨论和学习任务所需要的知识,分工合作,吸收消化学习要点、分析学习目标、制订工作计划 (2)学生能够完成电缆运行维护知识的学习 (3)学生能够按照计划在理实一体化教室组织完成对电缆运行维护知识学习的任务 (4)学生按小组制作汇报 PPT,小组成员全部上台汇报,其他小组给予评价。制作思维导图,将学习成果总结归纳。配合教师进行任务反馈		
项目实施过程			
目的	学习的内容		
1. 资讯	(1)布置工作任务、下发任务单 要求学生了解电缆的定义、分类和结构,掌握电缆的运行维护 (2)提供相关的参考资料 ①学生在教师指导下观看相关视频 ②学生自主完成讨论、习题 (3)提出本次学习过程中的疑难问题		
2. 计划	学生分组(3~4 人/组)讨论本任务所需的知识和技能,查阅相关学习资料		
3. 决策	制订工作计划,明确工作任务,确定工作要求、工作注意事项及任务分工		
4. 实施	学生根据分工完成各自任务,进行汇总,完成工作单,并根据制订的实施方案,在理实一体化教室完成电缆运行维护的认知任务		
5. 检查	学生分组对所做工作过程及结果进行演示和汇报:电缆的运行维护		
6. 评价	(1)结果评价 ①学生对本项目的整个实施过程进行自评 ②以小组为单位,分别对其他组做的工作结果进行互评和建议 (2)资料整理和提升 ①学生总结本次实训心得,做成 PPT 形式 ②学生根据互评和教师评价的建议,填写评价表,优化方案		

4. 任务评价

根据学生对本任务的实施情况,填写评价表。教师对学生的评价如表 5-6 所示。

表 5-6　教师对学生评价表

学习任务:电缆的运行维护							
教师签字:			学习团队名称:				
评价内容		评分标准	被考核人				
目标认知程度	工作目标明确、工作计划具体、结合实际、具有可操作性	10					
情感态度	工作态度端正、注意力集中、能使用网络资源收集相关资料	10					
团队协作	积极与他人合作共同完成工作任务	10					
专业能力要求	熟悉电缆的定义、分类熟悉电缆的定义、分类和结构,掌握电缆的运行维护	70					
总分							

教师对小组评价		评分	评语:
资讯	15		
计划	15		
决策	20		
实施	20		
检查	10		
评估	20		
总分			

➤ 【思考问题】

1. 电缆的定义和作用是什么?
2. 在实际电力系统中,电缆在运行维护中应当注意哪些要点?

任务 3　绝缘子的运行维护

➤ 【内容提要】

本任务主要通过学习绝缘子的相关知识,了解绝缘子的定义、分类,掌握绝缘子在实际中的应用。

➤ 【学习要求】

①了解绝缘子的定义。
②了解绝缘子的分类。
③掌握绝缘子的结构。
④掌握绝缘子在实际中的应用。
⑤掌握绝缘子的运行维护。

➤ 【任务导入】

发电厂和变电站的各级配电装置、变压器及输电线路中都需要做好相应的绝缘保护,在实际工作中对这些绝缘设备有什么要求,怎样选择和利用绝缘设备呢?

➤ 【知识链接】

学习情境 1:认识绝缘子

绝缘子俗称绝缘瓷瓶,它广泛地应用在发电厂和变电站的配电装置、变压器、各种电器及输电线路中。绝缘子用来支持和固定裸载流导体,并使裸导体与地绝缘,或者用于使电气装置和电器中处在不同地位的载流导体之间相绝缘。很多绝缘子是在户外工作的。大气经常发生变化,某些情况对绝缘很不利,如雨、露、冰、雪、雾、长期暴晒突然降雨、温度剧变等。厂矿周围的大气常常被污染,有时会含有酸碱等有腐蚀性的导电尘埃。盐碱地带、海岸附近的绝缘子会附有一些盐分。由于户外露天工作的绝缘子必须在这些不利条件下长期工作,因此绝缘子应具有足够的绝缘强度、机械强度、耐热性和防潮性等。

高压绝缘子通常是用电工瓷制成的绝缘体,电工瓷具有结构紧密均匀、不易吸收水、绝缘性能稳定和机械强度高等优点。超高压绝缘子采用高密度瓷和新型硅橡胶材料制成,它们具有质量轻、防污性强、机电强度高、分散性小、减振性和抗疲劳性好、便于安装等优点。一般高压绝缘子应能可靠地在超过其额定电压 15% 的电压下安全运行。

污闪事故

(1)绝缘子分类

①按额定电压可分为高压绝缘子(用于500 V以上的装置中)和低压绝缘子(用于500 V及以下的装置中)。

②按安装地点可分为户内式和户外式。

③按用途可分为电站绝缘子、电器绝缘子和线路绝缘子。

④按绝缘材料可分为瓷质、玻璃和复合材料。

⑤按绝缘结构形式可分为支柱式、套管式和盘形悬式。

常用绝缘子的结构示意图如图5-4所示。

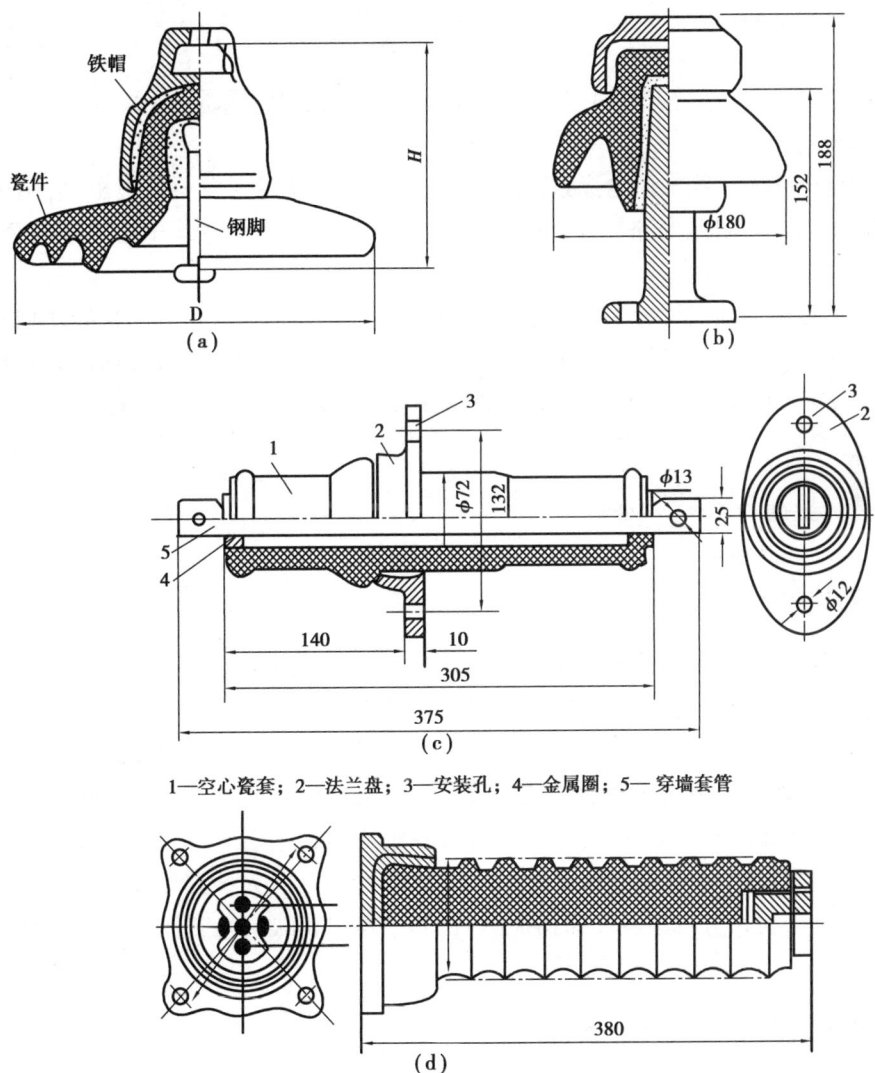

1—空心瓷套；2—法兰盘；3—安装孔；4—金属圈；5—穿墙套管

图5-4　常用绝缘子的结构示意图

(a)X-4.5型盘型悬式绝缘子；(b)P-10型针式线路绝缘子；

(c)CA-6/400型户内式穿墙套管；(d)ZLB-35F型户内联合胶装式支柱绝缘子

（2）绝缘子的结构

各类绝缘子均由绝缘体和金属附件两大部分构成。为了将绝缘子固定在支架上，以及把载流导体固定在绝缘子上，需要在绝缘体上牢固地胶结金属附件。在金属附件和瓷件胶合处表面涂以防潮剂，金属附件皆镀锌处理，以防其氧化生锈。

（3）绝缘子的应用

1）支柱绝缘子

户内支柱绝缘子主要应用在 3～35 kV 屋内配电装置；户外支柱绝缘子主要应用在 6 kV 及以上屋外配电装置。

2）悬式绝缘子

悬式绝缘子主要应用在 35 kV 及以上屋外配电装置和架空线路上。

3）套管绝缘子

套管绝缘子用于母线在屋内穿过墙壁或天花板，以及从屋内向屋外引出，或用于使有封闭外壳的电器（如变压器、断路器等）的载流部分引出壳外。套管绝缘子也称穿墙套管，简称套管。

穿墙套管按安装地点可分为户内式和户外式两种，按结构形式可分为带导体型和母线型两种。带导体型套管的载流导体与绝缘部分制成一个整体，导体材料有铜的和铝的，导体截面有矩形和圆形的；母线型套管本身不带载流导体，安装使用时，将载流母线装于套管的窗口内。

学习情境 2：绝缘子的运行维护

（1）绝缘子的保护

运行中的绝缘子应保持清洁无脏污，瓷质部分应无破损和裂纹象。对绝缘子应定期清扫，并应检查瓷质部分有无闪络痕迹，金具有无生锈、损害、缺少开口销的现象；瓷件与铁件胶合应完好，无松动。在多灰尘和有害气体的地区，应对绝缘子加强清扫和制订防污措施。绝缘子防污的根本措施是消灭和减少污源。现在一般采用的防污措施有采用防污性能好的绝缘子、增加绝缘子串或柱的元件数，以增大设备瓷绝缘的爬电距离；在绝缘子表面涂机硅脂、硅油、地蜡等防污涂料；合理布置绝缘子，并在选择变电所所址及线路路径时，尽量避开污源，减轻污秽的影响；定期进行超声波探伤检测，检测中发现有缺陷的支柱瓷绝缘子时必须立即进行更换。

（2）线路、绝缘子及金具检修

线路、绝缘子及金具检修严格按照 GB50233-2014《110～750 kV 架空输电线路施工及验收规范》。线路、绝缘子及金具检修项目为：综合性登杆检查，走线检查（图 5-5），绝缘子检查（图 5-6）、清扫，金具检查。

图 5-5　走线检查

图 5-6　绝缘子检查清扫

①登塔以两塔为一组同时进行,登塔前先仔细检查杆塔基础、拉线、杆根和护坡、挡土墙、防撞墩、标识牌等相关辅助设施有无异常或隐患。检查杆塔本体结构是否存在歪斜、严重破损等严重缺陷。攀登途中检查塔身金具有无缺失、变形、损伤、锈蚀、松动、开焊、裂纹等缺陷,检查各金具的销子是否齐全、完好,螺栓有无锈蚀、是否紧固牢靠,必要时更换螺栓、塔材。对缺失的本体构件及时补装。确保杆子稳固牢靠再登顶作业。

②检查塔端导线、地线、绝缘子有无闪络、裂纹、灼伤、破损等痕迹,拍照记录受损部位,根据情况决定修复或更换。检查并紧固地线线夹、耐张线夹、并线线夹等部位连接螺栓,更换锈蚀严重的螺栓。检查绝缘子的球头和弹簧销是否合槽到位。对防振锤滑动量进行调整复位,如根据检查情况更换锈蚀严重的防坠锤及线夹。

③检查调整接地线夹,控制地线垂直拉力,防止拉力过大地线脱落或拉力过小地线晃动过大,造成接地。

④两塔同端检查完毕无误后,将瓷质(玻璃)绝缘子擦拭干净,开始进行走线检查。检查所有耐张引流板、导线间隔棒、预绞丝、补修管、压接管、线夹等运行情况,拍照记录有缺陷的导线、间隔棒,并做好分类,根据情况进行现场修复或更换。

⑤检查线路通道内是否有危及线路安全运行的树障、房屋、鸟窝等;对有异常或新增的交叉跨越物净空距离进行校核,将鸟窝、异物清除干净。

➤ 【任务实施】

绝缘子的运行维护

1. 人员准备

(1)教师及学生应着实训工装,佩戴安全帽。

(2)每 3~4 名学生为一组,各组学生轮流开展实训。

(3)教师在学生实训期间必须始终在现场,不得擅自离开;如果确需离开,必须停止学生的实训操作。

2．场地准备

（1）实训室应配备合格、充足的安全工器具，并正确使用。

（2）实训现场应具备明显的应急疏散标识。

3．任务实施

（1）工作任务准备。根据绝缘子的运行维护的学习，布置工作任务。首先下发任务工作单，如表5-7所示。

表5-7　绝缘子的运行维护工作任务单

任务名称	绝缘子的运行维护
相关任务描述	绝缘子的定义、分类、结构和应用，绝缘子的运行维护
相关学习准备	学习"绝缘子"的相关资料及网络资料
对学生的考核办法	过程考核
采用的主要教学方法	（1）多媒体、实验实训教学手段 （2）情境启发式、任务驱动式、自主探究式、协作学习式等教学方法
教学及实训设备、地点	多媒体教室、理实一体化实训室

（2）任务实施过程。根据工作任务的布置及学生学习情况，开展任务实施。实施过程如表5-8所示。

表5-8　任务实施过程

任务名称	绝缘子的运行维护	授课班级	
		授课时间	
学习目标	了解绝缘子的定义、分类、结构和应用，掌握绝缘子的运行维护		
学习资料	配套教材《发电厂变电所电气设备》；教学视频、多媒体课件；网络资源；相关知识的储备		
专业能力	认识绝缘子的类型，掌握绝缘子的应用及运行维护		
方法能力	资料收集整理能力；制订、实施工作计划的能力；理论知识的综合运用能力		
社会能力	交接工作流程确认能力；沟通协调能力；语言表达能力；团队组织能力；班组管理能力；责任心与职业道德；安全与自我保护能力；环境保护能力		
技能考核 项目与要求	（1）制作PPT，介绍绝缘子的定义、分类、结构、应用、运行维护要求 （2）能准确无误地识别绝缘子的类型		
学习任务的说明	引导学生了解了解绝缘子的定义、分类、结构和应用，掌握绝缘子的运行维护		

续表

任务名称	绝缘子的运行维护	授课班级	
		授课时间	
学习任务	(1)小组成员先集中讨论和学习任务所需要的知识,分工合作,吸收消化学习要点、分析学习目标、制订工作计划 (2)学生能够完成绝缘子运行维护知识的学习 (3)学生能够按照计划在理实一体化教室组织完成对绝缘子运行维护知识学习的任务 (4)学生按小组制作汇报PPT,小组成员全部上台汇报,其他小组给予评价。制作思维导图,将学习成果总结归纳。配合教师进行任务反馈		

项目实施过程

目的	学习的内容
1.资讯	(1)布置工作任务、下发任务单 要求学生绝缘子的定义、分类、结构和应用,掌握绝缘子的运行维护 (2)提供相关的参考资料 ①学生在教师指导下观看相关视频 ②学生自主完成讨论、习题 (3)提出本次学习过程中的疑难问题
2.计划	学生分组(3~4人/组)讨论本任务所需的知识和技能,查阅相关学习资料
3.决策	制订工作计划,明确工作任务,确定工作要求、工作注意事项及任务分工
4.实施	学生根据分工完成各自任务,进行汇总,完成工作单,并根据制订的实施方案,在理实一体化教室完成绝缘子运行维护的认知任务
5.检查	学生分组对所做工作过程及结果进行演示和汇报:绝缘子的运行维护
6.评价	(1)结果评价 ①学生对本项目的整个实施过程进行自评 ②以小组为单位,分别对其他组做的工作结果进行互评和建议 (2)资料整理和提升 ①学生总结本次实训心得,做成PPT形式 ②学生根据互评和教师评价的建议,填写评价表,优化方案

4.任务评价

根据学生对本任务的实施情况,填写评价表。教师对学生的评价如表5-9所示。

表5-9 教师对学生评价表

学习任务:绝缘子的运行维护						
教师签字:			学习团队名称:			
评价内容	评分标准	被考核人				

续表

学习任务:绝缘子的运行维护								
目标认知程度	工作目标明确、工作计划具体、结合实际、具有可操作性	10						
情感态度	工作态度端正、注意力集中、能使用网络资源收集相关资料	10						
团队协作	积极与他人合作共同完成工作任务	10						
专业能力要求	熟悉绝缘子的定义、分类、结构和应用,掌握绝缘子的运行维护	70						
总分								

教师对小组评价		评分	评语:
资讯	15		
计划	15		
决策	20		
实施	20		
检查	10		
评估	20		
总分			

➤ 【思考问题】

1. 绝缘子的定义和作用是什么?

2. 在实际电力系统中,绝缘子在运行维护中应当注意哪些要点?

➤ 【知识拓展】

大国工匠——冯新岩

冯新岩,国网山东省电力公司检修公司电气试验班班长。

参加工作23年来,冯新岩一直和500 kV及以上变电设备打交道,累计发现设备重大缺陷100余次,避免设备故障造成的经济损失数亿元,被誉为"电网医生"。为了克服特高压变电站设备带电监测难题,冯新岩曾走遍山东、江苏、安徽、甘肃、河南五省的数十座特高压、超高压变电站,对上万条原始数据进行分析,成功总结出一整套特超高压变电站局部放电带电检测的定位技术,将带电检测的准确率,从最初的不足 50% 提高到近 100%。

在中央广播电视总台"大国工匠年度人物"发布仪式上,冯新岩向主持人和现场观众展示了如何从 5 种不同的变压器运行声音中辨别异常,他向大家介绍:"第二种声音里,有一种设备发出的吱吱声,明显是设备里面的放电声音,和另外三种不一样。"面对 5 种极为相似的声音,台下绝大部分观众很难区分。主持人王言感慨地说:"这等于和学音乐一样,脑子里记住了一个音准,一旦有偏离就会判断出具体哪一个音发生了偏音。"这是冯新岩扎根一线 23 年练就的绝活。

冯新岩带领团队依托"冯新岩创新工作室",在全国率先开展智能检测技术研究,自主开发了国内先进的六氟化硫封闭式组合电器(GIS)故障仿真平台,研制了世界首台"变压器局部放电典型信号发生装置",牵头开展了"特高压变电站局部放电带电检测抗干扰及定位关键技术"等 8 项前沿课题的研究并取得丰硕成果。冯新岩还独创了一系列行业内领先的带电检测及设备缺陷查找方法。目前,这些工作方法在全国电力系统推广应用,为保障电网安全运行提供了技术支撑。

冯新岩拥有发明专利授权 112 项,主持、参与编写标准 26 项,出版专著 16 部,独创 16 项特高压带电检测新技术,攻克 30 项特高压带电检测技术难题,创新项目获得全国总工会创新补助金支持,成果累计创效达 3.6 亿元。冯新岩带领的 QC 小组多次获得全国优秀质量管理小组和全国质量信得过班组等荣誉称号。2021 年,他被评选为国家电网公司特高压变压器(换流变)领域唯一的首席专家。2022 年,冯新岩光荣当选党的二十大代表。

冯新岩说:"我会认真履行党的二十大代表职责,发扬'努力超越、追求卓越'的企业精神,团结带动更多人,为建设具有中国特色国际领先的能源互联网企业作贡献。"

项目6

电气主接线及电气设备倒闸操作

任务1 认识电气主接线

➤ 【内容提要】

本任务主要通过学习电气主接线的基本要求和设计步骤来了解什么是电气主接线。

➤ 【学习要求】

①了解什么是电气主接线。
②掌握电气主接线设计的原则及基本要求。

➤ 【任务导入】

电气主接线又称为电气一次接线,它是指将电气设备以规定的图形和文字符号,按电能生产、传输、分配顺序及相关要求绘制的单相接线图。主接线代表了发电厂或变电站高电压、大电流的电气部分主体结构,是电力系统网络结构的重要组成部分。它直接影响电力生产运行的可靠性、灵活性,同时对电气设备选择、配电装置布置、继电保护、自动装置和控制方式等方面都有决定性的关系。主接线设计必须经过技术与经济的充分论证比较,综合考虑各个方面的影响因素,最终得到实际工程确认的最佳方案。

➤ 【知识链接】

学习情境1:了解电气主接线设计的基本要求

电气主接线设计的基本要求,概括地说应包括可靠性、灵活性和经济性 3 个方面

（1）可靠性

安全可靠是电力生产的首要任务，保证供电可靠是电气主接线最基本的要求。停电不仅使发电厂造成损失，而且对国民经济各部门带来的损失将更加严重，在经济发达地区，故障停电的经济损失是实时电价的数十倍，乃至上百倍，导致人身伤亡、设备损坏、产品报废、城市生活混乱等经济损失和社会影响更是难以估量。主接线的接线形式必须保证供电可靠。

电气主接线的可靠性不是绝对的。同样形式的主接线对某些发电厂和变电站来说是可靠的，而对另外一些发电厂和变电站则不一定能满足可靠性要求。所以，在分析电气主接线的可靠性时，要考虑发电厂和变电站在电力系统中的地位和作用、用户的负荷性质和类别、设备制造水平及长期运行的实践经验等诸多因素。

①发电厂或变电站在电力系统中的地位和作用。各发电厂和变电站的电气主接线可靠性，应与该发电厂和变电站接入的电力系统相适应。

大型发电厂或超高压变电站在电力系统中的地位很重要，其供电容量大、范围广，发生事故可能使系统稳定运行破坏，甚至瓦解，造成巨大损失。为此，其电气主接线应该采取供电可靠性高的接线形式。从发电厂接入电力系统的方式的选择上来看，大型发电厂一般距负荷中心较远，电能须用较高电压输送，其容量也较大，此时宜采用双回路或环网等强联系形式接入系统，并确保相应电压等级接线方式的可靠性。在设计时，需对主接线可靠性进行定性分析和定量计算。

中小型发电厂的主接线没有必要为追求过高的可靠性而采用复杂的接线形式，在与电力系统的接入方式上可采用单回线弱联系的接入方式。中小型发电厂和变电站一般靠近负荷中心，对常有的 6～10 kV 电压级的近区负荷，宜采用供电可靠性较高的母线接线形式，以便适应近区各类负荷对供电可靠性的要求。

②用户的负荷性质和类别。负荷按其重要性有Ⅰ类、Ⅱ类和Ⅲ类之分。担任基荷的发电厂，设备利用率较高，年利用小时数在 5 000 h 以上，主要供应Ⅰ类、Ⅱ类负荷用电，必须采用供电较为可靠的接线形式，且保证有两路电源供电。承担腰荷的发电厂年利用小时数在 3 000 h 以下，其接线的可靠性要求需要综合分析。例如，钢铁企业虽然属于Ⅰ类用户，但不是该企业中的所有负荷都绝对不允许停电；农业用电虽然属于Ⅲ类用户，但在抗旱排涝时期就必须保证其供电。

③设备的制造水平。主接线的可靠性在很大程度上取决于设备的可靠程度，采用可靠性高的电气设备可以简化接线。大容量机组及新型设备、自动装置和先进技术的使用，都有利于提高主接线的可靠性，但不等于设备使用得越多越新、接线越复杂就越可靠。

④长期运行的实践经验。主接线可靠性与运行管理水平和运行值班人员的素质等因素有密切关系，衡量可靠性的客观标准是运行实践。国内外长期运行经验的积累，经过总结均反映在相关的技术规程、规范之中，在设计时应予以遵循。

主接线可靠性的基本要求通常包括以下几个方面：断路器检修时，不宜影响对系统供电；线路、断路器或母线故障时，以及母线或母线隔离开关检修时，尽量减少停运出线回路数量和停电时间，并能保证对全部Ⅰ类及全部或大部分Ⅱ类用户的供电；尽量避免发电厂或变电站全部停电的可能性；大型机组突然停运时，不应危及电力系统稳定运行。

在可靠性分析中,最主要的基础统计数据是断路器的可靠性,其主要指标为故障率、可用系数和平均修理小时数。评估供电可靠性的主要指标有停电频率、每次停电的持续时间及用户在停电时的生产损失或电网公司在电力市场环境下通过辅助服务市场获得备用容量所付出的代价。

(2)灵活性

电气主接线应能适应各种运行状态,并能灵活地进行运行方式的转换。灵活性包括以下3个方面:

①操作的方便性。电气主接线应该在服从可靠性的基本要求条件下,接线简单,操作方便,尽可能地使操作步骤少,便于运行人员掌握,不致在操作过程中出差错。

②调度的方便性。电气主接线在正常运行时,要能根据调度要求,方便地改变运行方式。在发生事故时,要能尽快地切除故障,使停电时间最短,影响范围最小,不致过多地影响对用户的供电和破坏系统的稳定运行。

③扩建的方便性。对将来要扩建的发电厂或变电站,其主接线必须具有扩建的方便性。尤其是火电厂和变电站,在设计主接线时应留有发展扩建的余地。设计时不仅要考虑最终接线的实现,还要考虑从初期接线过渡到最终接线的可能和分阶段施工的可行方案,使其尽可能地不影响连续供电或在停电时间最短的情况下,将来可顺利完成过渡方案的实施,减少改造工作量。

(3)经济性

在设计主接线时,主要矛盾往往发生在可靠性与经济性之间。通常设计应在满足可靠性和灵活性的前提下做到经济合理。经济性主要从以下3个方面考虑:

①节省一次投资。主接线应简单清晰,并要适当采用限制短路电流的措施,以节省开关电器数量、选用价廉的电器或轻型电器,以便降低投资。

②占地面积少。主接线设计要为配电装置布置创造节约土地的条件,尽可能使占地面积少,同时注意节约搬迁费用、安装费用和外汇费用。对大容量发电厂或变电站,在可能和允许条件下采取一次设计,分期投资、投建,尽快发挥经济效益。

③电能损耗少。在发电厂或变电站中,电能损耗主要来自变压器,应经济合理地选择变压器的型式、容量和台数,尽量避免两次变压而增加电能损耗。

学习情境2:掌握电气主接线的设计程序

电气主接线的设计伴随着发电厂或变电站的整体设计进行。按国家规定,发电厂或变电站基本建设的程序一般分为初步可行性研究、可行性研究、初步设计、施工图设计4个阶段。各阶段的主要工作如下:

①初步可行性研究。电气专业配合系统规划设计提出建厂(站)的必要性、负荷及出线条件等,并与相关部门一起进行建厂条件的调查分析,提供拟建厂(站)的地址、规模、分批投资控制和筹资措施,编制项目建议书。

②可行性研究。落实建厂(站)的条件,明确主要设计原则,提供投资估算与经济效益评

价。电气专业需与系统设计配合提出电气主接线方案,并提供需要与相关专业部门协调的设备选型与布置、土建与交通等资料,编制设计任务书。

③初步设计。根据上级批复的设计任务书,提出主要技术原则和建设标准,以及主要设备的投资概算。组织主要设备订货,为施工图设计提供依据。

初步设计必须掌握国家及行业的规程规范,建设标准合理、技术先进可靠的重大设计原则和方案。通过充分的比选,提出推荐优化方案供上级审查。要积极、慎重采用新技术和新设备,提供准确的设计概算,满足控制投资、计划安排拨款的要求。

④施工图设计。根据初步设计审查文件和主要设备落实情况,提出符合质量和深度要求的施工图和说明书,满足施工、安装和订货要求。

电气主接线设计在各阶段中随着要求、任务的不同,其深度、广度有所差异,但总的设计原则、方法和步骤基本相同。其设计步骤和内容如下:

(1)分析原始资料

①工程情况,包括发电厂类型(凝汽式火电厂,热电厂,堤坝式、引水式、混合式水电厂等),设计规划容量(近期、远景),单机容量及台数,最大负荷利用小时数及可能的运行方式等。

发电厂容量的确定与国家经济发展计划、电力负荷增长速度、系统规模和电网结构以及备用容量等因素有关。发电厂装机容量标志着发电厂的规模和在电力系统中的地位和作用。设计时,可优先选用大型机组。但是,最大单机容量不宜大于系统总容量的10%,以保证该机在检修或事故情况下系统的供电可靠性。当前,我国单机300 MW,600 MW 容量的机组已形成电网的主力机组,1 000 MW 级的核电、火电机组相继投入运行。

发电厂运行方式及年利用小时数直接影响着主接线设计。一般地,承担基荷为主的发电厂年利用小时数在5 000 h 以上;承担腰荷的发电厂年利用小时数为3 000 ~ 5 000 h;承担峰荷的发电厂年利用小时数在3 000 h 以下。不同的发电厂其工作特性有所不同,核电厂或单机容量300 MW 及以上的火电厂以及径流式水电厂等应优先担任基荷,相应主接线应以供电可靠为主选择接线形式。水电厂是电力系统中最灵活的机动能源,启、停方便,多承担系统调峰、调相任务,根据水能利用及库容的状态可酌情担负基荷、腰荷和峰荷,其主接线应以供电调度灵活为主选择接线形式。

②电力系统情况,包括电力系统近期及远景发展规划(5 ~ 10 年),发电厂或变电站在电力系统中的地位(地理位置和容量大小)和作用,本期工程的近期和远景与电力系统连接方式,以及各级电压中性点接地方式等。

发电厂的总容量与电力系统容量之比大于15% 时,则可认为该厂在系统中处于比较重要的地位,应选择可靠性较高的主接线形式。因为它的装机容量超过了电力系统的事故备用和检修备用容量,一旦全厂停电,会影响系统供电的可靠性。

为简化网络结构及电厂主接线,减少电压等级,电厂接入系统电压不应超过两级,容量为100 ~ 300 MW 机组宜接入220 kV 系统,容量为600 MW 及以上的机组宜接入500 kV 及以上系统,且出线数目应尽量减少,以利于简化配电装置的规模及其维护。

主变压器和发电机中性点接地方式是一个综合性问题。它与电压等级、单相接地短路电流、过电压水平、保护配置等有关,直接影响电网的绝缘水平、系统供电的可靠性和连续性、主变压器和发电机的运行安全以及对通信线路的干扰等。我国一般对 35 kV 及以下电压电力系统采用中性点非直接接地系统(中性点不接地或经消弧线圈接地),又称小电流接地系统;对 110 kV 及以上高压电力系统皆采用中性点直接接地系统,又称大电流接地系统。发电机中性点都采用非直接接地方式,目前广泛采用的是中性点经消弧线圈接地或经单相配电变压器(二次侧接电阻)接地。

③负荷情况,包括负荷的性质及其地理位置、输电电压等级、出线回路数及输送容量等。电力负荷的原始资料是设计主接线的基础数据,电力负荷预测是电力规划工作的重要组成部分,是电力规划的基础。对电力负荷的预测不仅应有短期负荷预测,还应有中长期负荷预测,对电力负荷预测的准确性,直接关系发电厂或变电站电气主接线设计成果的质量。一个优良的设计,应能经受当前及较长远时间(5~10 年)的检验。

发电厂承担的负荷应尽可能地使全部机组安全满发,并按系统提出的运行方式,在机组间经济合理分布负荷,减少母线上电流流动,使电机运转稳定和保持电能质量要求。

④环境条件,包括当地的气温、湿度、覆冰、污秽、风向、水文、地质、海拔高度及地震等因素,对主接线中电气设备的选择和配电装置的实施均有影响。对 330 kV 及以上电压的电气设备和配电装置,要遵循《电磁辐射防护规定》,严格控制噪声、静电感应的场强水平及电晕无线电干扰,同时对高电压大容量重型设备的运输条件应充分考虑。

⑤设备供货情况。这往往是设计能否成立的重要前提,为使所设计的主接线具有可行性,必须对各主要电气设备的性能、制造能力和供货情况、价格等资料汇集并分析比较。

(2)主接线方案的拟定与选择

根据设计任务书的要求,在原始资料分析的基础上,根据对电源和出线回路数、电压等级、变压器台数、容量以及母线结构等的不同考虑,可拟定出若干个主接线方案(本期和远期)。依据对主接线的基本要求,从技术上论证并淘汰一些明显不合理的方案,最终保留 2~3 个技术上相当、能满足任务书要求的方案,再进行经济比较。对在系统中占有重要地位的大容量发电厂或变电站主接线,还应进行可靠性定量分析计算比较,最终确定出在技术上合理、经济上可行的最终方案。

(3)短路电流计算和主要电气设备选择

按不同电压等级各类电气设备选择与校验的要求,确定电气主接线的各短路计算点,进行短路电流计算,并合理选择电气设备。

(4)绘制电气主接线图

将最终确定的电气主接线按工程要求绘制施工图。

(5)编制工程概算

对工程设计,无论哪个设计阶段(初步可行性研究、可行性研究、初步设计、施工图设计),概算都是必不可少的组成部分。它不仅反映工程设计的经济性与可靠性的关系,而且为合理地确定和有效地控制工程造价创造条件,为工程付诸实施,为投资包干、招标承包、正确处理有关各方的经济利益关系提供基础。

　　概算的编制是以设计图纸为基础,以国家颁布的《火电、送变电工程建设预算费用的构成及计算标准》《全国统一安装工程预算定额》《电力工程概算指标》,以及其他有关文件和具体规定为依据,并按国家定价与市场调整或浮动价格相结合的原则进行。概算的构成主要有以下内容:

　　①主要设备器材费,包括设备原价、主要材料(钢材、木材、水泥等)费、设备运杂费(含成套服务费)备品备件购置费、生产器具购置费等。

　　②安装工程费,包括直接费、间接费及税金等。直接费是指在安装设备过程中直接消耗在该设备上的有关费用,如人工费、材料费和施工机械使用费等;间接费是指安装设备生产过程中为全工程项目服务,而不直接耗用在特定设备上的有关费用,如施工管理费、临时设施费、劳动保险基金和施工队伍调遣费用等;税金是指国家对施工企业承包安装工程的营业收入所征收的营业税、教育附加和城市维护建设税。

　　③其他费用,是指以上未包括的安装建设费用,如建设场地占用及清理费、研究试验费、联合试运转费、工程设计费及预备费等。预备费是指在各设计阶段用以解决设计变更(含施工过程中工程量增减、设备改型、材料代用等)而增加的费用、一般自然灾害造成的损失和预防措施的费用,以及预计设备费用上涨价差补偿费用等。

➢ 【任务实施】

电气主接线的技术经济比较

一、知识准备

　　现有两个技术上相当的电气主接线方案,需要进行经济比较。其中一个方案的投资 O_1 较高而年运行费 U_1 较低,第二个方案的投资 O_2 较低而年运行费 U_2 比较高时,可用下式计算其抵偿年限 T。

$$T = \frac{O_1 - O_2}{U_2 - U_1} \tag{6-1}$$

　　然后,再将 T 与按照国家现阶段的技术经济政策确定的标准抵偿年限 T_n(T_n 一般为 5~8 年)进行比较。若 $T < T_n$,应选取投资较高的第一方案;若 $T > T_n$,则应选取投资较低的第二方案。

　　某电气主接线设计中,有两个技术性能相当的初步方案,其中方案 1 的综合投资为 900 万元,年电能损耗为 5×106 kWh,折旧费及检修维护费合计为 30 万元;方案 2 的综合投资为 800 万元,年电能损耗为 7×106 kWh,折旧费及检修维护费合计为 20 万元。设平均电价为 0.20 元/kWh,标准抵偿年限为 5 年,试用抵偿年限法选出最佳主接线方案。

二、实施内容

1. 人员准备

(1)教师及学生应着实训工装,佩戴安全帽。

(2)每 3~4 名学生为一组,各组学生轮流开展实训。

(3)教师在学生实训期间必须始终在现场,不得擅自离开;如果确需离开,必须停止学生的实训操作。

2. 场地准备

(1)实训室应配备合格、充足的安全工器具,并正确使用。

(2)实训现场应具备明显的应急疏散标识。

3. 任务实施

(1)工作任务准备。根据认识电气主接线的学习,布置工作任务。首先下发任务工作单,如表 6-1 所示。

表 6-1   认识电气主接线工作任务单

任务名称	认识电气主接线-电气主接线的技术经济比较
相关任务描述	掌握电气主接线方案的技术经济比较方法
相关学习准备	学习"认识电气主接线"的相关资料及网络资料
对学生的考核办法	过程考核
采用的主要教学方法	(1)多媒体、实验实训教学手段 (2)情境启发式、任务驱动式、自主探究式、协作学习式等教学方法
教学及实训设备、地点	多媒体教室、理实一体化实训室

(2)任务实施过程。根据工作任务的布置及学生学习情况,开展任务实施。实施过程如表 6-2 所示。

表 6-2   任务实施过程

任务名称	认识电气主接线-电气主接线的技术经济比较	授课班级	
		授课时间	
学习目标	掌握电气主接线方案的技术经济比较方法		
学习资料	配套教材《发电厂变电所电气设备》;教学视频、多媒体课件;网络资源;相关知识的储备		
专业能力	能够使用抵偿年限法比较电气主接线方案的技术经济		
方法能力	资料收集整理能力;制订、实施工作计划的能力;理论知识的综合运用能力		
社会能力	交接工作流程确认能力;沟通协调能力;语言表达能力;团队组织能力;班组管理能力;责任心与职业道德;安全与自我保护能力;环境保护能力		

任务名称	认识电气主接线-电气主接线的技术经济比较	授课班级	
		授课时间	
技能考核项目与要求	(1)制作 PPT,介绍抵偿年限法 (2)能正确无误地讲述抵偿年限法 (3)能正确无误地使用抵偿年限法 (4)能比较电气主接线方案的技术经济性		
学习任务的说明	引导学生掌握抵偿年限法,并利用该方法分析不同主接线方案的技术经济性		
学习任务	(1)小组成员先集中讨论和学习任务所需要的知识,分工合作,吸收消化学习要点、分析学习目标、制订工作计划 (2)学生能够完成抵偿年限法的学习 (3)学生能够按照计划在理实一体化教室,完成利用抵偿年限法比较电气主接线方案的技术经济任务 (4)学生按小组制作汇报 PPT,小组成员全部上台汇报,其他小组给予评价。制作思维导图,将学习成果总结归纳。配合教师进行任务反馈		

项目实施过程	
目的	学习的内容
1.资讯	(1)布置工作任务、下发任务单 要求学生了解电气主接线的可靠性、灵活性和经济性 (2)提供相关的参考资料 ①学生在教师指导下观看相关视频 ②学生自主完成讨论、习题 (3)提出本次学习过程中的疑难问题
2.计划	学生分组(3~4 人/组)讨论本任务所需的知识和技能,查阅相关学习资料
3.决策	制订工作计划,明确工作任务,确定工作要求、工作注意事项及任务分工
4.实施	学生根据分工完成各自任务,进行汇总,完成工作单,并根据制订的实施方案,在理实一体化教室完成电气主接线的认识任务
5.检查	学生分组对所做工作过程及结果进行演示和汇报:电气主接线方案的技术经济比较
6.评价	(1)结果评价 ①学生对本项目的整个实施过程进行自评 ②以小组为单位,分别对其他组做的工作结果进行互评和建议 (2)资料整理和提升 ①学生总结本次实训心得,做成 PPT 形式 ②学生根据互评和教师评价的建议,填写评价表,优化方案

4. 任务评价

根据学生对本任务的实施情况,填写评价表。教师对学生的评价如表6-3所示。

表6-3 教师对学生评价表

学习任务:认识电气主接线-电气主接线的技术经济比较							
教师签字:			学习团队名称:				
评价内容		评分标准	被考核人				
目标认知程度	工作目标明确、工作计划具体、结合实际、具有可操作性	10					
情感态度	工作态度端正、注意力集中、能使用网络资源收集相关资料	10					
团队协作	积极与他人合作共同完成工作任务	10					
专业能力要求	掌握抵偿年限法,并利用该方法对比不同主接线方案的技术经济性						
总分							

教师对小组评价	评分	评语:
资讯	15	
计划	15	
决策	20	
实施	20	
检查	10	
评估	20	
总分		

➤ 【思考问题】

1. 什么是电气一次主系统?

2. 在确定电气一次主系统方案时应满足哪些基本要求?

3. 衡量电气一次主系统可靠性的标志是什么?

任务2 发电厂变电站电气主接线图识读

➤ 【内容提要】

通过本任务的学习,学生可以掌握各类电气主接线的结构、运行特点,能识读发电厂、变电站电气主接线图,能合理选用接线形式。

➤ 【学习要求】

①了解确定是电气主接线的主要原则。
②掌握各类电气主接线的运行特点。
③能对各类电气主接线的适用场合进行分析。

➤ 【任务导入】

主接线的基本接线形式就是主要电气设备常用的几种连接方式,以电源和出线为主体。各个发电厂或变电站的出线回路数和电源数不同,且每路馈线所传输的功率不一样,为便于电能的汇集和分配,在进出线数较多时,采用母线作为中间环节,可使接线简单清晰,运行方便,有利于安装和扩建。而与有母线的接线相比,无汇流母线的接线使用开关电器较少,配电装置占地面积较小,通常用于进出线回路少,不再扩建和发展的发电厂或变电站。

有汇流母线的接线形式可分为单母线接线和双母线接线两大类;无汇流母线的接线形式主要有桥形接线、角形接线和单元接线。

➤ 【知识链接】

学习情境1:识读单母线接线图

(1)不分段的单母线接线

在电气一次主系统接线中,基本环节是电源(发电机或变压器)和进出线,而母线作为中间环节,起着汇总电能和分配电能的作用。利用母线把电源和进出线进行连接,不仅有利于电能交换,而且可使电气主接线简单清晰,运行方便,有利于安装和扩建。

不分段的单母线接线是有母线的接线中最简单的接线形式,如图6-1所示。

这种接线的特点是整个配电装置中只有一组母线,所有的电源和引出线都经过相应的断路器和隔离开关连接到母线 W 上,例如,出线 WL_1 通过断路器 QF_1 和隔离开关 QS_{11},QS_{12} 连接到母线 W 上。设在母线一侧的隔离开关 QS_{11} 称为母线隔离开关;设在线路一侧的隔离开

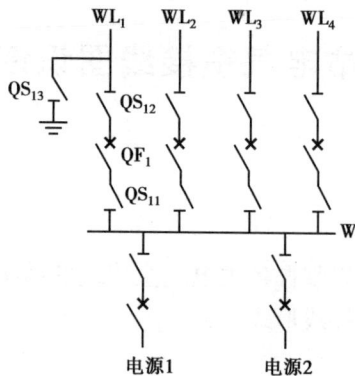

图 6-1   不分段的单母线接线

关 QS$_{12}$ 称为线路隔离开关。

在断路器两侧装设隔离开关,是为了在检修断路器时将两侧的电压隔离。例如,在检修线路断路器 QF$_1$ 时,首先将断路器 QF$_1$ 断开,再断开线路侧隔离开关 QS$_{12}$,最后断开母线侧隔离开关 QS$_{11}$。此时断路器 QF$_1$ 两侧的电压被隔离开关 QS$_{11}$,QS$_{12}$ 隔离,且形成了明显的断开点。在对 QF$_1$ 经过验电确认无电并在两侧挂上地线后,即可对 QF$_1$ 进行检修。检修完毕后恢复送电的过程是先拆除地线,再合上母线侧隔离开关 QS$_{11}$,后合上线路侧隔离开关 QS$_{12}$,最后合 QF$_1$。有些类型的隔离开关配有专门的接地开关(图 6-1 中的 QS$_{13}$),用来在检修线路或断路器时闭合,以取代安全接地线的作用。

不分段的单母线接线的主要优点是接线简单清晰,采用设备少,操作方便,便于扩建和采用成套配电装置。其缺点是接线不够灵活可靠。当母线与母线隔离开关发生故障或检修时,将造成整个配电装置停电。当某回进(出)线断路器检修时,将在整个检修期间中断该进出线的工作。

不分段的单母线接线一般只适用于电压为 6~220 kV、出线回路数较少、用户重要性等级较低的配电装置中,尤其对采用开关柜的配电装置更为合适。

(2)单母线分段接线

当进出线回路数较多时,采用不分段的单母线接线已无法满足供电可靠性的要求。为了提高单母线接线的供电可靠性,把故障和检修造成的影响局限在一定的范围内,可采用隔离开关或断路器将单母线进行分段。

在图 6-2 所示为采用分段断路器 QF$_d$ 或分段隔离开关 QS$_d$ 单母线分段接线。

采用分段隔离开关 QS$_d$ 将母线 W 分段时,若任一段母线及其母线隔离开关停电检修,可以通过事先断开分段隔离开关 QS$_d$,使另一段母线的工作不受影响。但当分段隔离开关 QS$_d$ 投入,两段母线同时运行期间,若任一段母线发生故障,仍将造成整个配电装置的短时停电。只有在用分段隔离开关 QS$_d$ 将故障段母线隔开后,才能恢复非故障段母线的运行。

图 6-2 中采用分段断路器 QF$_d$ 将母线 W 分段时,当分段断路器 QF$_d$ 闭合后,任一段母线(如左段母线)发生故障时,在继电保护装置的作用下,母线分段断路器 QF$_d$ 和连接在故障段母线(左段)上的电源回路的断路器相继断开,从而保证了非故障段母线(右段)的不间断供

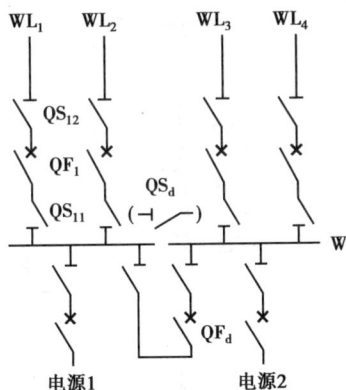

图 6-2 单母线分段接线

QF_d—分段断路器；QS_d—分段隔离开关

电。用断路器 QF_d 将母线分段后,对重要的用户可以从不同段上引出两回线路,形成由两个独立电源供电的方式。如在图 6-2 中,若某电力用户采用双回线路供电,每回线路分别连接到母线的左分段和右分段上,并且每回线路的传输容量按该电力用户的满负荷设计。在这种条件下,当左段母线发生故障停运时,可由右段母线向该电力用户供电;而当右段母线发生故障停运时,则可由左段母线向电力用户供电,从而保证向这个重要电力用户的连续供电。

在正常情况下检修母线时,可通过分段断路器 QF_d 将要检修的母线段与另一段母线断开,而不中断另一段母线的运行。采用断路器分段的单母线接线比不分段的单母线接线和采用隔离开关分段的单母线接线具有更高的供电可靠性。

单母线分段接线的主要缺点是当一段母线或母线隔离开关发生故障或检修时,该段母线上的所有回路都要在检修期间内停电。当采用接于不同段母线的双回线路供电时,常使架空线路出现交叉跨越。此外,扩建时需要向两个方向均衡扩建。

单母线分段的数目取决于电源的数目、电网的接线及电气一次主系统的运行方式,一般以 2~3 段为宜。其连接的回路数一般比不分段的单母线接线增加一倍,但不宜过多。

单母线分段接线主要应用于中小容量发电厂的电气一次主系统、各类发电厂的厂用电系统以及进出线数量相对较多的 6~220 kV 变电所中。

➤ 【任务实施】

一台线路断路器的检修操作

某发电厂的局部接线如图 6-3 所示,正常运行时,旁路母线不带电,旁路断路器 QF_2 及旁路隔离开关 QS_9,QS_{10} 均断开,QF_2 两侧的隔离开关 QS_3,QS_4 处于合闸位置。现在需要对线路断路器 QF_3 进行检修,该如何操作？检修完成后,需要恢复线路 L_1 的供电,该如何操作？

①当线路断路器 QF_3 检修时,首先投入 QF_2 向旁路母线充电,检查旁路母线是否完好;若旁路母线充电良好,再投入该回路的旁路隔离开关 QS_9,实现旁路与正常工作回路并联运行;跳开 QF_3 及两侧隔离开关 QS_3,QS_6,即可对 QF_3 进行检修。从以上操作过程中可知,可由旁路断路器 QF_2 代替出线断路器 QF_3 向线路供电,线路的供电未受影响,而 QF_3 便可停电检修。

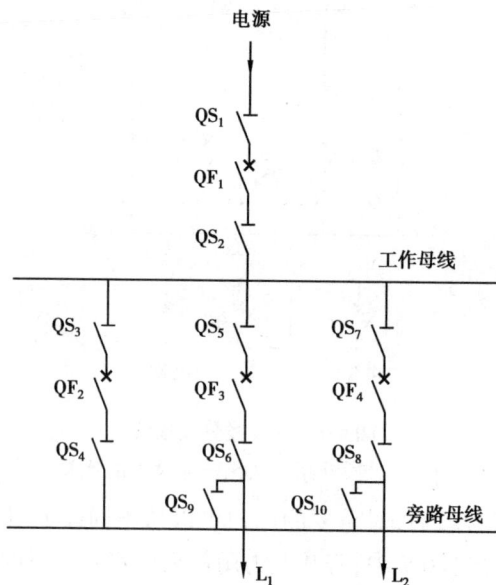

图6-3　某发电厂局部接线图

②线路断路器 QF_3 检修后,恢复线路 L_1 送电的操作过程与上述相反。首先合线路两侧隔离开关及断路器 QF_3,使工作回路与旁路回路并联;断开旁路断路器 QF_2 及两侧隔离开关,出线恢复由工作回路供电;断开 QS_9,使旁路及旁路母线退出运行。

学习情境2:识读双母线接线图

单母线接线无论是否分段,当母线和母线隔离开关故障或检修时,连接在该段母线上的进出线在检修期间将长时间停电。只有在母线或母线隔离开关检修完毕,才能恢复停电进出线的送电。为了克服这个缺点,可以采用双母线的接线形式。按照每个回路使用断路器的多少,可将双母线接线划分为单断路器的双母线接线、双断路器的双母线接线、一台半断路器的双母线接线和变压器-母线组接线等。

(1)单断路器的双母线接线

单断路器的双母线接线,如图6-4所示。在这种接线方式中,设有母线 W_1 和母线 W_2 两组母线,每个回路都通过一台断路器和两组隔离开关连接到两组母线上。为了减少母线故障造成的停电范围,正常时双母线的两组母线同时工作,并通过母线联络断路器 QF_C 并联运行。电源和负荷被适当地分配在两组母线上。

单断路器的双母线接线的主要特点如下:

①可以轮流检修母线而不影响供电。只需将要检修的那组母线上所连接的电源和线路,通过两组母线隔离开关的倒换操作,全部切换到另一组母线上,要检修的那组母线就可以停电检修。此时,线路和电源均无须停电。

②检修任一回路的母线隔离开关时,只停该回路。当某一回路的一组母线隔离开关发生故障时,只要将该隔离开关所在的回路和所连接的母线停电,就可以对该隔离开关进行检修,

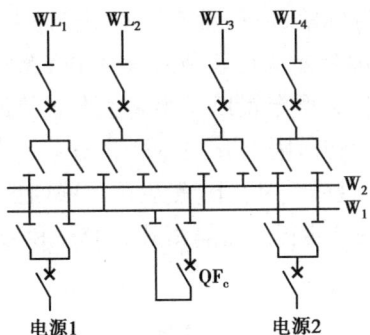

图 6-4　单断路器的双母线接线

不影响其他回路供电。

③一组母线故障后,能迅速恢复该母线所连回路的供电。当双母线之中的一组母线发生故障时,可将被切除的回路倒换到另一组母线上,即可迅速恢复被切除回路的供电。

④运行高度灵活。电源和线路可以任意分配在某一组母线上,能够灵活地适应系统中各种运行方式和潮流变化的需要。

⑤扩建方便。双母线接线可沿着预留的扩建端向左右顺延扩建,不影响两组母线的电源和负荷均匀分配,不会引起原有回路的停电。当有双回架空线路供电的负荷时,可以顺序布置,以至连接不同的母线时,不会出现类似单母线分段接线那样的交叉跨越现象。

⑥便于试验。在个别回路需要单独进行试验时,可将该回路单独接至一组母线上。

综上所述,单断路器的双母线接线具有较高的供电可靠性和运行灵活性。

虽然单断路器的双母线接线在供电的可靠性和运行的灵活性等方面,比单母线分段接线有了很大提高,但仍存在以下缺点:

①任一台断路器拒动,将造成与该断路器相连母线上其他回路的停电。

②一组母线检修时,全部电源及线路都集中在另一组母线上,若该组母线再故障将造成全停事故。

③任一组母线短路,而母联断路器拒动,将造成双母线全停事故。

④当母线故障或检修时,隔离开关作为切换操作电器,容易发生误操作。

⑤在检修任一进出线回路的断路器时,将使该回路停电。

此外,这种接线所用设备多(尤其是隔离开关),配电装置结构复杂,占地面积和设备投资均较大。

为了适应特别重要的发电厂和变电所对电气主接线可靠性的要求,克服单断路器的双母线接线的某些缺点,可采取以下措施:

①为了避免隔离开关误操作,可在隔离开关与断路器之间装设闭锁装置。

②为了避免在检修进出线断路器时造成停电,可在单断路器双母线的基础上增设旁路母线。

如图 6-5(a)所示为设有专用旁路断路器 QF_p 的双母线带旁路母线接线。设有专用旁路断路器 QF_p 后,一旦进出线断路器检修时,可由专用旁路断路器代替,通过旁路母线供电,从而对出线的运行没有影响。但设置了专用旁路断路器 QF_p 后,将使设备投资和配电装置的占地面积有所增加。

为了节省断路器和配电装置间隔,应尽量不设专用旁路断路器,而采用母联断路器兼作旁路断路器的方案。如图 6-5(b)所示为母联断路器兼作旁路断路器的常用接线方式,可应用于普通中型布置、分相中型布置、高型布置以及半高型布置等配电装置中。正常运行情况下 QF_C 起母联作用,隔离开关 QS_3 断开,隔离开关 QS_1 和 QS_2 闭合。当进出线断路器需要检修时,将所有回路切换到规定的一组母线 W_2 上,然后用母联断路器作为旁路断路器,去替代要检修的断路器。此时隔离开关 QS_1 断开,而隔离开关 QS_2 和 QS_3 闭合,通过旁路母线向线路供电。

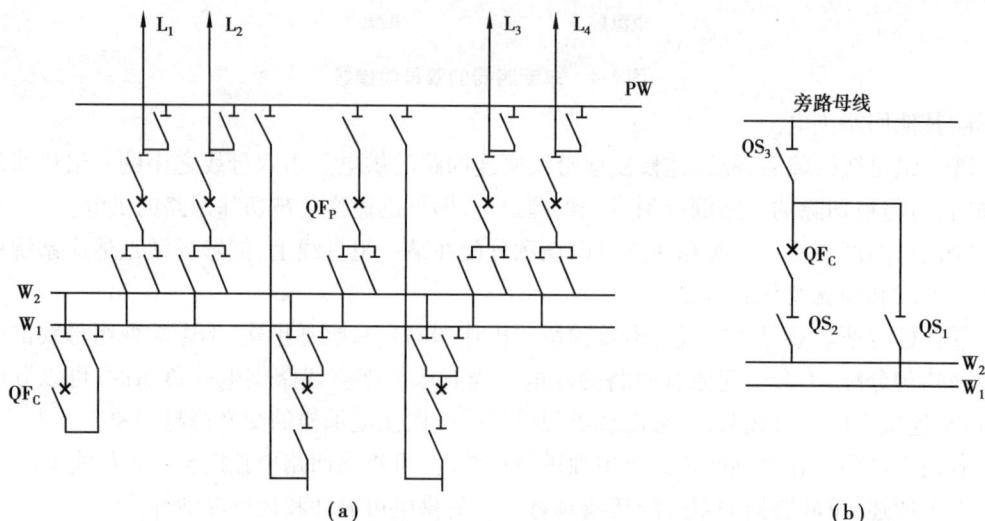

图 6-5　带旁路母线的单断路器的双母线接线

(a)设有专用旁路断路器;(b)母联断路器兼作旁路断路器

采用图 6-5(b)接线方式时,每当检修进出线断路器就要将母联断路器用作旁路断路器。这样做的结果,一是每次倒闸操作时需要更改母线保护的定值,使工作量增加;二是使双母线变成单母线运行,降低了供电可靠性,并且增加了进出线回路母线隔离开关的倒闸操作。

双母线带旁路母线的接线曾经广泛应用于 110~220 kV 的配电装置中。随着可靠性高、检修周期长的 SF_6 断路器和真空断路器的广泛使用,目前发电厂和变电所的电气一次主系统很少采用带旁路母线的接线。

③为了减少母线故障的停电范围,可将双母线接线中的一组母线或两组母线用断路器分段,成为双母线三分段接线或双母线四分段接线。

如图 6-6 所示为双母线三分段接线。

分段断路器 QF_3 把下工作母线分成 W_2,W_3 两段,每段再分别用母联断路器 QF_1 和 QF_2 与母线 W_1 相连。这种接线兼有单母线分段接线和双母线接线的特点,且母线故障造成的停电范围不超过整个母线的 1/3,被广泛应用于中小型发电厂的 6~10 kV 发电机电压配电装置和最终进出线回路数为 6~7 回的 330~500 kV 超高压配电装置中。

对超高压配电装置,为了满足其运行可靠性及灵活性的要求,当回路数为 8 回及以上时,宜采用双母线四分段带旁路母线接线,除装设两台母联兼旁路断路器外,还在每组母线上设有分段断路器 QFD_1 和 QFD_2,如图 6-7 所示。

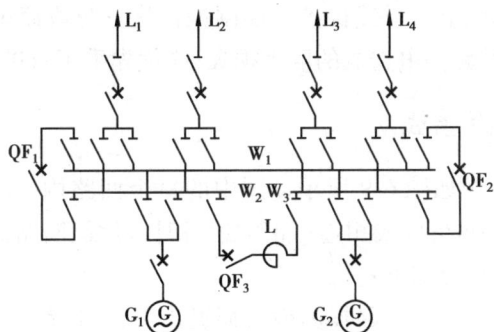

图 6-6　双母线三分段接线图

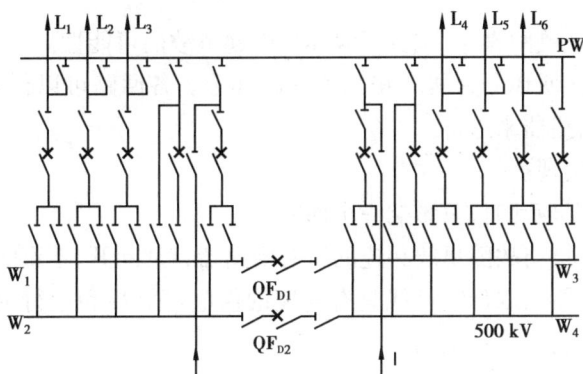

图 6-7　双母线四分段带旁路母线接线图

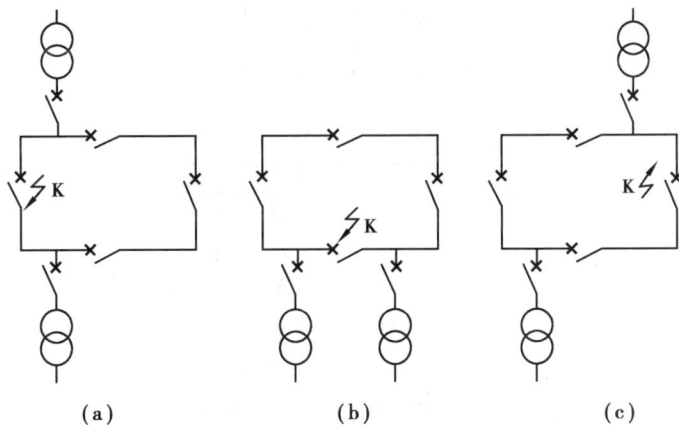

图 6-8　双母线四分段接线中同名回路的配置

(a)应该避免的情况 1;(b)应该避免的情况 2;(c)正确配置

　　在采用双母线四分段接线时,为了避免同名回路(两个变压器回路或向同一用户供电的双回线)同时停电的可能性,在设计主接线及制订主接线运行方式时要注意,最好不要将同名回路配置在同一侧的两段母线上[图 6-8(a)],在运行中两台变压器回路或双回线不要组合在相邻的两段母线上[图 6-8(b)],而应分别配置在不相邻的两段母线上[图 6-8(c)]。双母线四分段接线虽然比双母线三分段接线多用了一组断路器,但母线故障的停电范围减小了,避免了全厂停电的可能性,具有较高的供电可靠性。此外,采用双母线四分段接线时,进出线可无均衡地分配在四段母线上。母线保护及倒闸操作比三分段简单。对大功率超高压配电装置,为避免大机组和多回路停电造成的巨大损失,应优先采用双母线四分段接线。

(2)双断路器的双母线接线

双断路器的双母线接线如图 6-9 所示。图中的每个回路内,无论是进线,还是出线(负荷),都通过两台断路器与两组母线相连。正常运行时,母线、断路器及隔离开关全部投入运行。这种接线方式的主要优点如下:

①任何一组母线或任何一台断路器因检修而退出工作时,都不会影响系统的供电,并且操作程序简单。可以同时检修任一组母线上的所有母线隔离开关,而不会影响任一回路的工作。

②隔离开关不用来倒闸操作,减少了误操作引起事故的可能性。

③整个接线可以方便地分为两个相互独立的部分。各回路可以任意地分配在任一组母线上,所有切换均用断路器来进行。

④继电保护容易实现。

⑤任何一台断路器拒动时,只影响一个回路。

⑥母线发生故障时,与故障母线相连的所有断路器自动断开,不影响任何回路运行。

由此可知,双断路器的双母线接线具有高度的供电可靠性和运行灵活性,但这种接线的设备投资太大,限制了它的使用范围。

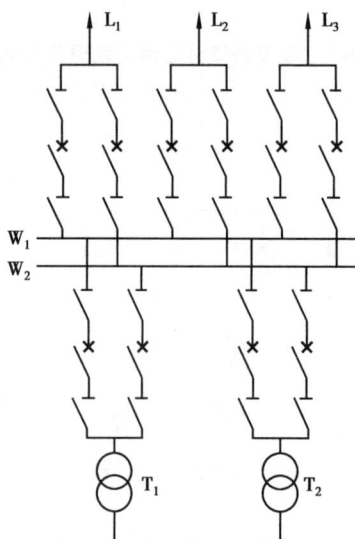

图 6-9   双断路器的双母线接线

学习情境 3:识读一台半断路器的双母线接线图

一台半断路器的双母线接线(简称 3/2 接线),是国内外大机组、超高压电气主接线中广泛采用的一种典型接线形式。这种接线是在双断路器的双母线接线基础上改进而来,不仅比双断路器的双母线接线减少了所用断路器的数量,而且具有高度的供电可靠性和运行的灵活性。其接线形式如图 6-10 所示。

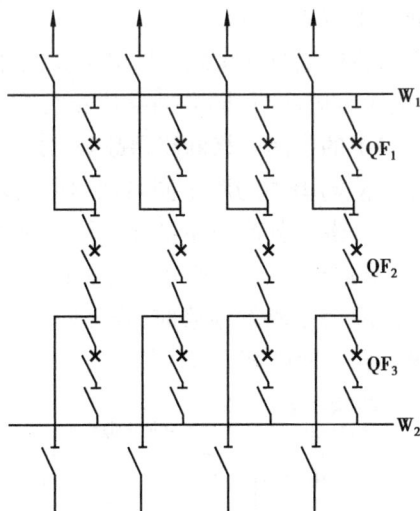

图 6-10　一台半断路器的双母线接线

这种接线由许多"串"并联在双母线上形成。每串中有两个回路共用 3 台断路器,每个回路相当于占有一台半断路器。紧靠母线侧的断路器称为母线断路器,如图 6-10 中的 QF_1 和 QF_3;两个回路之间的断路器称为联络断路器,如图 6-10 中的 QF_2。

这种接线的突出优点如下:

①具有高度的供电可靠性。每一回路通过两台断路器供电,形成了具有双重连接特性的多环形。当母线发生短路故障时,只有与故障母线相连的母线断路器跳闸,不影响任何回路供电。在事故与检修相重合的情况下,停电回路数不会超过两回(表 6-4)。

表 6-4　一台半断路器接线(8 回进出线)的故障停电范围

运行情况	故障类型	停电回路数
无设备检修	母线侧断路器故障	1
	母线故障	0
	中间断路器故障	2
有一台断路器检修	母线侧断路器故障	1～2
	母线故障	0～2
	中间断路器故障	2
一组母线检修	母线侧断路器故障	2
	母线故障	0～2
	中间断路器故障	2

②运行调度灵活。正常情况下,两组母线和全部断路器均投入运行,形成了多环形的供电网络。任何一回路停送电时不会对其他回路造成影响,使运行调度十分灵活。

③操作检修方便。接线中隔离开关仅作为隔离电器,不用来倒闸操作,从而避免可能发

生的误操作。当任一组母线需要停电清扫或检修时,回路不需要切换。任何一台断路器检修,各回路仍按原接线方式运行,不需要切换。

　　为了进一步提高一台半断路器的双母线接线的供电可靠性,防止发生同名回路同时停电的事故,在设计一台半断路器接线时应注意,同名回路应布置在不同串上(图 6-11 中的同名双回线 L_1 和 $L_{1'}$),以避免当一串中的中间联络断路器故障,或一串中母线侧断路器停运的同时,同串中另一侧回路发生故障,使同串中的两个同名回路同时断开。当一串配置两条回路时(一般情况都如此),应将电源回路和负荷回路搭配在同一串中。对特别重要的同名回路(如超高压变电所的两台主变压器回路),可考虑分别交替接入两侧母线,形成"交替布置"。这种布置可避免当一串中的中间联络断路器检修时,合并同名回路串的母线侧断路器拒动,可能将配置在同侧母线的同名回路同时断开。

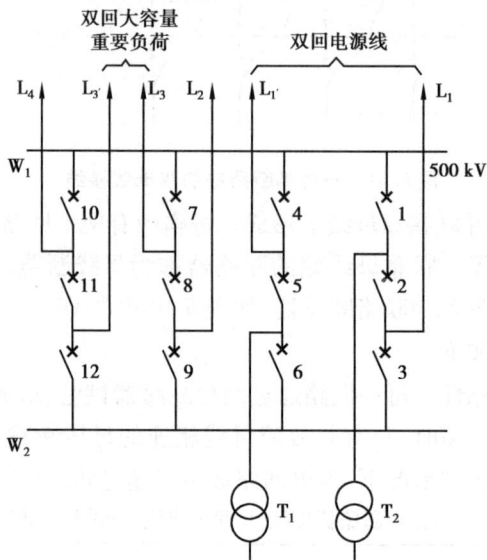

图 6-11　一台半断路器的双母线接线同名回路交替布置实例

　　如图 6-11 所示,将同名回路 L_1 和 $L_{1'}$,L_3 和 $L_{3'}$,T_1 和 T_2 分别交替接入两侧母线。当联络断路器 2 处于检修状态时,若变压器 T_1 短路,母线断路器 6 发生拒动,这时虽然母线断路器 3,9,12 以及联络断路器 5 要跳闸,导致 L_1 和 T_1 停电,但线路 $L_{1'}$ 和主变压器 T_2 仍保持运行。如果把 T_2 接于断路器 2 和 3 之间。线路 L_1 接于断路器 1 和 2 之间,即不采用交替布置,一旦出现类似情况,就会造成 T_1 和 T_2 这两个同名回路同时停电的事故。

　　采用交替布置虽然使一台半断路器接线的可靠性大大提高,但使配电装置所占间隔增加,构架和引线变得复杂,扩大了占地面积。考虑接线同名回路交替布置实例这种同名回路同时停电的概率甚小,当条件允许的情况下,可不采用交替布置的方案,或采用局部交替布置的方案。

　　一台半断路器接线在接线性能方面具有较突出的优点。但是其接线所固有的特点,即每个回路连接着两台断路器,而一台中间联络断路器连接着两个回路,给继电保护和二次接线带来了复杂性,如重合闸使用问题、失灵保护设计问题、继电保护检修问题、安装单位划分问题、互感器的配置问题等。随着对一台半断路器接线的不断应用和研究,这些问题已经获得妥善解决。

学习情境4:识读变压器-母线组接线图

在超高压配电装置中,为了保证超高压、长距离输电线路的输电可靠性,超高压变电所或升压站的电气一次主系统宜采用双断路器的双母线接线。但双断路器的双母线接线投资十分昂贵,应根据具体情况,有选择地采用变压器母线组接线。这种接线的特点是线路部分采用双断路器(图6-12),以保证高度的可靠性。而当线路较多时,则采用一台半断路器接线(图6-13)。由于主变压器运行可靠,且平时切换操作的次数较少,不会造成经常停母线切换变压器的情况,因此不用断路器,而直接通过隔离开关接到母线上。当有4台主变压器时,可利用断路器将双母线分成4段,在每段母线上连接一台主变压器。

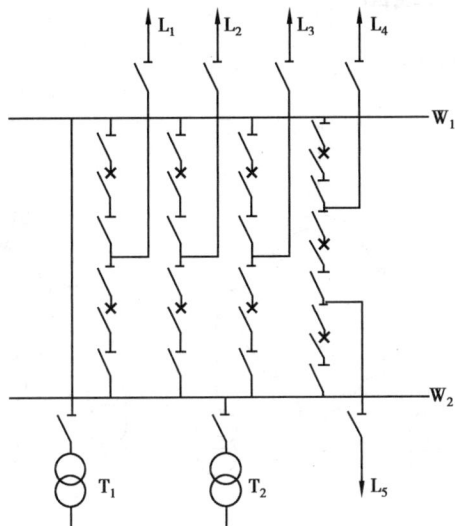

图6-12　线路部分采用双断路器的变压器-母线组接线

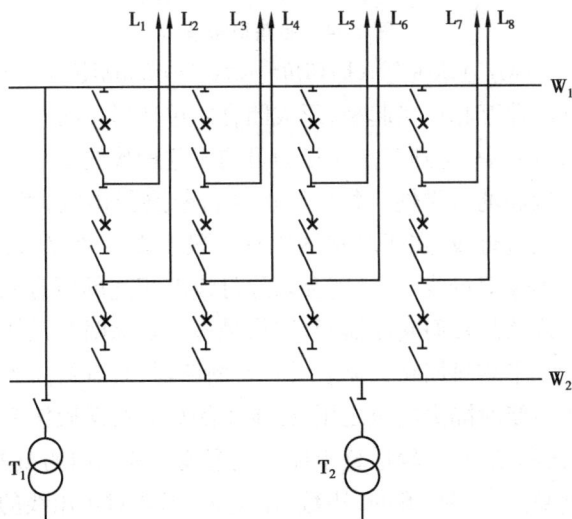

图6-13　线路部分采用一台半断路器的变压器-母线组接线

变压器-母线组接线具有以下优点：

①可靠性高。任一台断路器故障或拒动时，仅影响一组变压器和一回线路的供电；母线故障只影响一组变压器供电；变压器故障时，与该变压器相连母线上的断路器全部跳开，但不影响其他回路的供电。当变压器用隔离开关断开后，母线即可恢复供电。

②经济性好。所有变压器回路都不用断路器，断路器的总数减少，节省了总投资。

综上所述，采用变压器-母线组接线的前提条件是选用质量可靠，故障率很低的主变压器。这种接线在国外超高压系统中已广为采用，我国有一些变电所采用这种接线方式。

随着国产大型变压器质量的进一步提高，预计我国在超高压变电所中较多地采用变压器-母线组接线。

学习情境5：识读多角形接线图

多角形接线如图6-14所示。

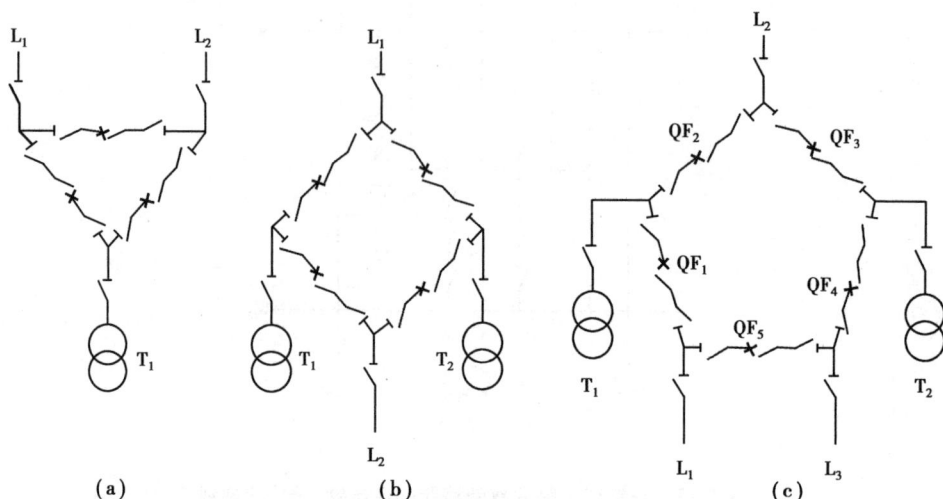

图6-14　多角形接线
(a)三角形接线；(b)四角形接线；(c)五角形接线

这种接线把各个断路器互相连接起来，形成闭合的单环形接线。每个回路(电源或线路)都经过两台断路器接入电路中，达到双重连接的目的。这种接线具有以下优点：

①闭环运行时具有较高的可靠性。每回路由两台断路器供电，当任一台断路器检修时，并不中断供电。不存在汇流母线，在闭环接线中任一段上发生故障，只跳开该段连线两边的断路器，切除一个回路，不像双母线接线，需要切除母线上相连的所有元件。即使发生闭环上任一台断路器故障或者线路故障而断路器拒动时，最多只切除两个元件，极少造成全停。

②断路器配置合理。平均每回路只需装设一台断路器，具有很高的经济性。

③隔离开关只作为检修时隔离电压之用，减少了隔离开关误操作造成的停电事故。

④没有母线，占地面积较小，比较适合于地形狭窄地区和洞内的布置。

多角形接线的主要缺点是多角形的"边数"不能多，即要对进出线的回路数进行限制。当多角形中任一台断路器停电检修时，都将使多角形接线成为开环运行状态。此时，如果发生中间部分的任一回路故障,都将使多角形接线解列成两个系统,造成故障的停电范围扩大。

例如,在图 6-14(c)所示的五角形接线中,若断路器 QF_1 检修使五角形接线成为开环状态。当线路 L_2 故障时,必须跳开断路器 QF_2 和 QF_3,致使变压器 T_1 和线路 L_2 都停电,导致故障范围扩大。此外,每一进出线回路都连接着两台断路器,每一台断路器又连接着两个回路,使多角形接线在闭环和开环两种情况下,流过各开关电器的工作电流差别较大,不仅给选择电器带来困难,而且使继电保护的整定和控制回路复杂化。

综上所述,多角形接线只有在闭环运行及角数较少时才能充分发挥其优点。为了减少因断路器检修而开环运行的时间和减少开环运行的形式,保证多角形接线的运行可靠性,以采用三至五角形接线为宜。当总回路数增加时,最多不宜超过六角形接线,并且变压器与出线回路宜采用对角对称布置,如图 6-14(b)所示。

采用多角形接线时,配电装置不易扩建。这种接线适用于最终进出线为 3 ~ 5 回的 110 kV 及以上配电装置,不适宜有再扩建可能的发电厂和变电所中。

学习情境 6:识读桥形接线图

当发电厂和变电所中只有两台变压器和两回线路时,可采用桥形接线。桥形接线有内桥和外桥两种接线方式,如图 6-15 所示。

在桥形接线中,4 个回路只用 3 台断路器,是所有接线中采用断路器最少的一种接线形式。桥形接线是长期开环运行的四角形接线,其可靠性和灵活性较差。

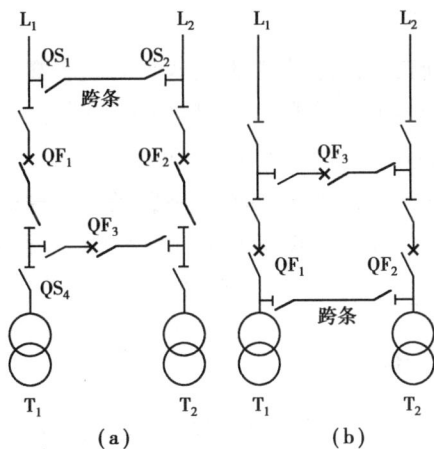

图 6-15 桥形接线

(a)内桥接线;(b)外桥接线

内桥接线的特点是连接桥断路器 QF_3 设在靠近变压器一侧,另外两台断路器 QF_1 和 QF_2 连在线路上。这样,线路的投入和切除比较方便,当线路发生短路故障时,只有与故障线路相连的断路器断开,并不影响其他回路运行。而当主变压器需要切除和投入时,需要动作两台断路器,造成一回线路的暂时停运。

例如,变压器 T_1 要停电,需要按以下步骤操作:

①断开 QF_1,QF_3 及变压器 T_1 的低压侧断路器。

②断开 QS₄。

③合上 QF₁,QF₃。

②、③两项操作步骤是在变压器 T₁ 停电后,为恢复线路 L₁ 的送电而进行的。恢复主变压器送电的操作顺序与停电操作顺序相反。可见,T₁ 的投入和切除过程,均会造成线路 L₁ 的暂时停运。

当主变压器发生故障时,必须断开与故障变压器相连的高、低压侧的断路器,使一回未发生故障线路的工作受到影响。例如,变压器 T₁ 故障时,将使 QF₁,QF₃ 和变压器 T₁ 的低压侧断路器跳闸,造成主变压器 T₁ 和线路 L₁ 都停电。只有在断开隔离开关 QS₄,并把断路器 QF₁,QF₃ 合闸后,才能重新恢复线路 L₁ 的送电。

由于内桥接线中线路的投入和切除,以及线路故障都不会对主变压器运行造成影响,而主变压器的切换及主变压器故障都会造成一回线路的暂时停运,因此内桥接线通常应用在输电线路较长、故障机会较多,而变压器不需要经常切换的中小容量的发电厂和变电所中。

外桥接线的特点恰好与内桥接线相反。连接桥断路器 QF₃ 设在靠近线路一侧,另外两台断路器 QF₁ 和 QF₂ 接在主变压器回路中。当变压器发生故障时,不会影响其他回路的运行。变压器正常的投入和切除很方便,不会影响线路工作。但当线路发生短路故障或进行正常的投入和切除时,需动作与之相连的两台断路器,并造成一台变压器的暂时停运。外桥接线适用于线路短,检修、操作及故障机会均较少,而变压器按照经济运行的要求需要经常进行切换的场合。此外,当电网中有穿越功率通过变电所时,为了减少断路器停运造成的对穿越功率的影响,采用外桥接线较为合适。

在内桥接线中,当出线断路器检修时,线路将较长时间中断运行。而在外桥接线中,当变压器侧断路器检修时,同样会造成变压器在较长时间内中断运行。为了克服桥形接线的这种缺点,可在内桥和外桥接线中分别附设一个正常时断开的带隔离开关的跨条,如图 6-15 所示。这样,当出线断路器或变压器侧断路器检修时,先将跨条上的隔离开关合闸,再断开要检修的断路器及两侧的隔离开关,以保证线路或变压器的连续运行。在跨条上设置两组隔离开关进行串联,以便轮流停电检修跨条上的任何一组隔离开关。

学习情境 7:识读单元接线图

单元接线是把发电机、变压器或线路直接串联连接,其间除厂用分支外,不再设汇流母线作为横向连线。按照串联元件的不同,单元接线有 3 种形式。

(1)发电机-变压器单元接线

发电机-变压器单元接线形式如图 6-16(a)(b)所示。将发电机和变压器直接连成一个单元组,再经断路器接至高压母线,发电机发出的电能经变压器升压后直接送入高压电网。变压器的容量与发电机的容量相匹配。在发电机和变压器之间接出厂用分支线。在图 6-16(a)中,发电机出口和厂用分支高压回路不设断路器,只在主变压器高压侧装设断路器,作为整个单元的控制和保护设备。在图 6-16(b)中,发电机出口和厂用高压分支回路都设有断路器,以便在发电机或厂用分支停运时,不影响三绕组变压器高、中压侧的运行。

发电机-变压器单元接线具有接线简单清晰、设备投资少等优点。凡没有地区负荷的发电厂或地区负荷由原有机组承担而电厂进行扩建时,大都采用单元接线。对200 MW及以上大机组一般都采用与双绕组变压器组成单元接线,而不采用与三绕组变压器组成单元接线。当发电厂有两种升高电压时,采用联络变压器连接两种升高电压母线,而联络变压器的低压绕组则作为厂用启动或备用电源。

(2)扩大单元接线

扩大单元接线形式如图6-16(c)(d)所示。通过把两台发电机与一台主变压器相连接,可以简化接线,减少主变压器和高压断路器的数量,并可以减少高压配电装置的间隔,节省占地面积。扩大单元接线在水力发电厂和火力发电厂中均有应用,尤其对200~300 MW的大型机组。当采用扩大单元接线时,发电机出口均应装设断路器和隔离开关。这种接线的缺点是运行灵活性较差。主变压器故障或检修时,将迫使两台发电机停运;而检修一台发电机时,则出现变压器严重欠载的运行方式。这种接线方式必须在电力系统允许和技术经济合理时才能采用。

(3)发电机-变压器-线路单元接线

发电机-变压器-线路单元接线形式,如图6-16(e)所示。在大型发电厂中采用这种接线,不需要在发电厂中设置高压配电装置,而把发电机发出的电能通过线路直接输送到附近的枢纽变电所,从而简化了发电厂中的电气主接线,压缩了占地面积,并解决了屋外配电装置遭受电厂烟囱飞灰和水塔冒出的水汽的污染问题。此外,在发电厂中只设机-炉-电单元控制室,不设网络控制室,有利于发电厂的布置和运行管理。但这种接线方式无论是线路还是变压器发生故障时,都将使发电机发出的电能无法送出。

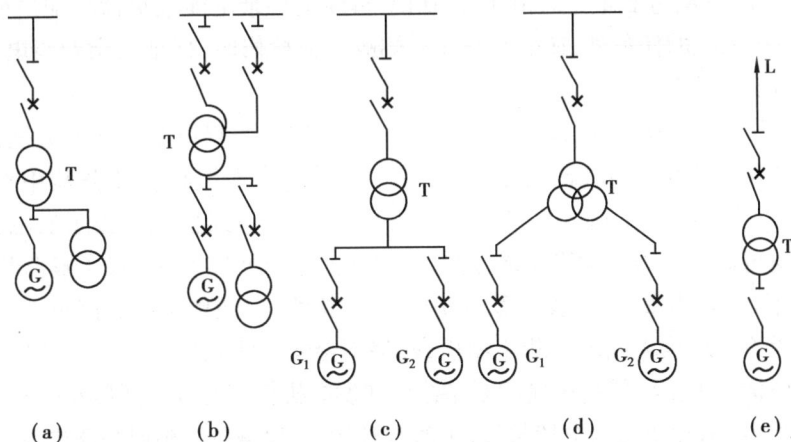

图6-16　单元接线

➢ **【任务实施】**

火电厂和水电厂电气主接线的分析

一、知识准备

主接线的基本形式从原则上讲分别适用于各种发电厂和变电站。发电厂的类型、容量、地理位置以及在电力系统中的地位、作用、馈线数目、输电距离以及自动化程度等因素,对不同发电厂或变电站的要求各不相同,所采用的主接线形式各异。

(1)地方性火电厂

地方性火电厂通常建设在城市附近或工业负荷中心,随着我国近年来为提高能源利用率和环境保护的要求,对小火电实行关停的决策,当前在建或运行的地方性火电厂多为热力发电厂,以推行热电联产,在为工业和民用提供蒸汽和热水热能的同时,生产的电能大部分都用发电机电压直接馈送给地方用户,只将剩余的电能以升高电压送往电力系统。这种靠近城市和工业中心的发电厂,受供热距离的限制,一般热电厂的单机容量多为中小型机组。通常,它们的电气主接线包括发电机电压接线形式及 1~2 级升高电压级接线形式,且与系统相连接。

如图 6-17 所示为某中型热电厂的主接线。单机容量为 25 MW 及以上的发电机 G_1 和 G_2,同时发电机电压出线数量较多,10 kV 发电机电压母线采用双母线分段接线,为限制短路电流,该发电机电压母线上连接的发电机组单机容量不宜超过 60 MW,而总容量不宜超过 200 MW。母线分段断路器上串接有母线电抗器,出线上串接有线路电抗器,分别用于限制发电厂内部故障和出线故障时的短路电流,以便选用轻型的断路器。10 kV 用户都在附近,采用电缆馈电,可以避免雷击线路直接影响发电机。

该电厂 T_1、T_2 三绕组变压器除担任将 10 kV 母线上剩余电能按负荷分配送往 110 kV 和 220 kV 两级电压系统的任务外,还能在当任一侧故障或检修时,保证其余两级电压系统之间的并列联系,保证可靠供电。

单机容量为 100~300 MW 及以上的 G_3,G_4 发电机采用双绕组变压器分别接成单元接线,直接将电能送入 220 kV 系统,便于实现机-炉-电单元集中控制或机-炉集中控制,避免发电机电压级的电能多次变压送入系统,从而减少了损耗。单元接线省去了发电机出口断路器,提高了供电可靠性。为了检修调试方便,在发电机与变压器之间装设了隔离开关。

220 kV 侧母线较为重要,出线较多,采用双母线接线,出线侧带有旁路母线,并设有专用旁路断路器,无论母线故障或出线断路器检修,都不会使出线长期停电。但变压器侧不设置旁路母线,一般情况下变压器高压侧的断路器可在发电机检修时或与变压器同时进行检修。

110 kV 侧母线采用单母线分段接线,平时分开运行,以减少故障时短路电流,如有重要用户可用双回路分别接在不同分段上进行供电。

(2)区域性火电厂

区域性火电厂,通常建在煤炭生产基地附近,为凝汽式电厂,一般距负荷中心较远,电能几乎全部用高压或超高压输电线路送至远方,担负着系统的基本负荷,装机总容量在 1 000 MW 以上,单机容量为 200 MW 以上,目前在建工程以 600 MW 为主力机组,新近相继投入

1 000 MW 超临界压力蒸汽机组。

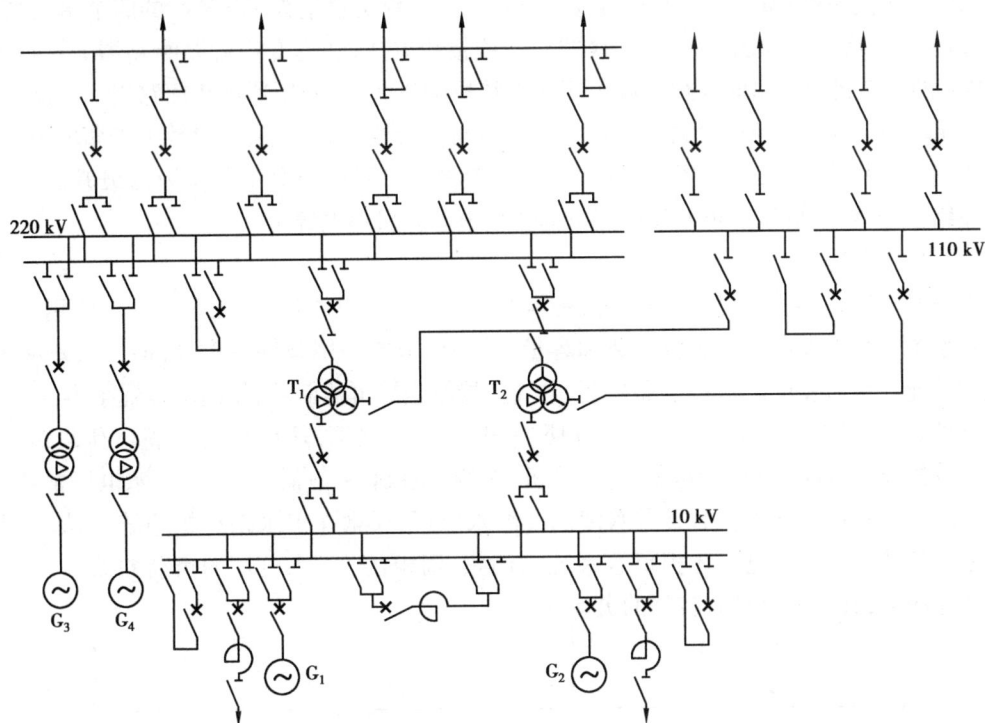

图 6-17　某中型热电厂的主接线

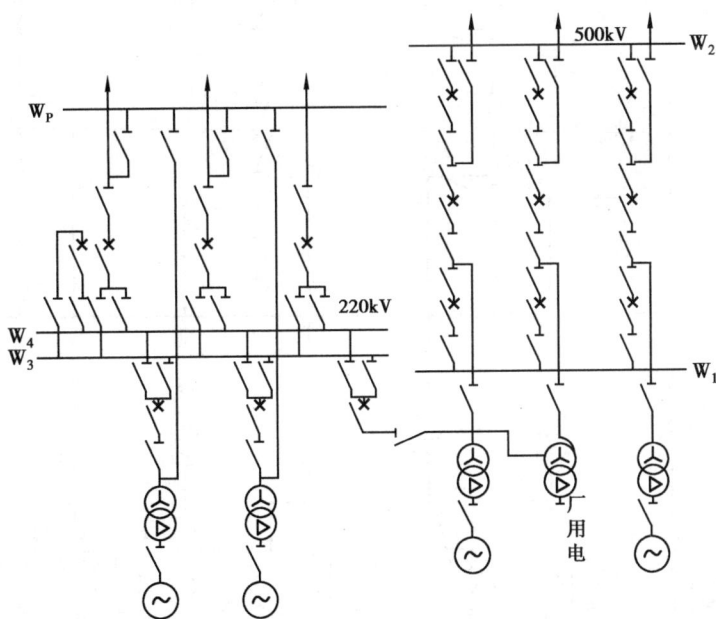

图 6-18　某区域性火力发电厂的主接线

如图 6-18 所示为某区域性火力发电厂的主接线。该发电厂有 4 台发电机,接成 4 组单元接线,单机容量为 300 MW 的两个单元接 220 kV 母线,单机容量为 600 MW 的两个单元接 500 kV 母线。220 kV 母线采用带旁路母线的双母线接线方式,装有专用旁路断路器。单机容量 300 MW 的大型机组出口断路器故障停运对系统影响很大,在变压器进线回路接入旁路母线。500 kV 母线为一台半断路器的接线方式,电源线与负荷线配对成串,但串数大于两串,同名回路接于同一侧母线,不交叉布置,以减少配电装置占地。用自耦变压器作为两级升高电压之间的联络变压器,其低压绕组兼作厂用电的备用电源和启动电源。

(3)水力发电厂

水力发电厂,一般距负荷中心较远,基本上没有发电机电压负荷,几乎全部电能用升高电压送入系统。水力发电厂的装机台数和容量,是根据水能利用条件一次性确定的,不必考虑发展和扩建。水力发电厂附近地形复杂,电气主接线应尽可能简单,使配电装置紧凑。

此外,水轮发电机启动迅速、灵活方便,一般正常情况下,从启动到带满负荷只需 4～5 min,事故情况下可能不到 1 min(火电厂受机、炉特性限制,一般需 6～8 h)。水电厂常被用作系统事故备用和检修备用。对具有水库调节的水电厂,通常在丰水期承担系统基荷,枯水期多带尖峰负荷。很多水电厂还担负着系统的调频、调相任务。水电厂的负荷曲线变化较大、机组开停频繁,其接线应具有较好的灵活性。

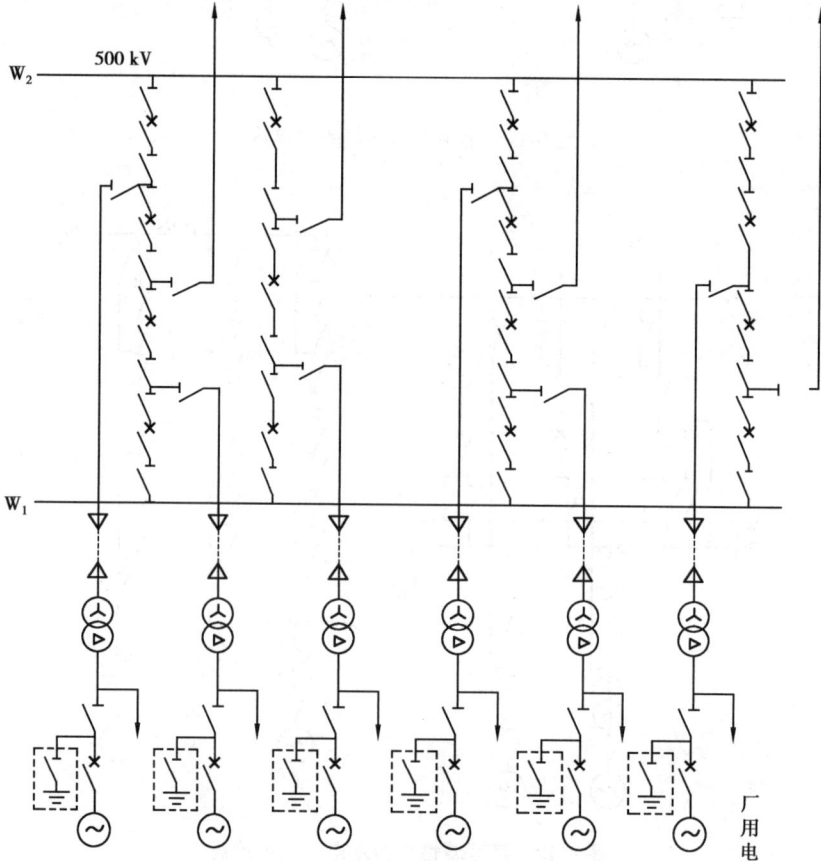

图 6-19   某大型水力发电厂的主接线

如图 6-19 所示为某大型水力发电厂的主接线。该水电厂 6 台 550 MW 发电机组($U_N = 18$ kV)以发电机-变压器单元接线形式,直接把电能送至 500 kV 电力系统,500 kV 侧有两串为一台半断路器接线(其中一串在布置上留有发展为 4/3 台断路器接线的余地)和两串为 4/3 台断路器接线,实现 6 条电源进线和 4 条出线配对成串。升压变压器与 500 kV 的 GIS 配电装置之间采用交联聚乙烯电缆连接,两串一台半断路器接线中,同名元件可以方便地采用交叉布置,这没有带来增加间隔布置的困难,而增加了供电可靠性。

为了冬季担任系统调峰负荷的需要,在各发电机出口均装设有出口断路器,给运行带来极大的灵活性,避免了机组频繁启停对 500 kV 接线运行方式的影响。同时,利用主变压器倒送功率,为机组启动/备用电源提供了方便,而在发电机出口断路器与厂用电引出线之间装设的隔离开关及接地开关,为该运行方式提供了安全保障。受运输条件限制,该水电厂主变压器采用单相式(额定容量为 314 MVA)组成三相变压器,这样的单相变压器全厂共 18 台,另外再设一台单相变压器作备用。

二、实施内容

1. 人员准备

(1)教师及学生应着实训工装,佩戴安全帽。

(2)每 3~4 名学生为一组,各组学生轮流开展实训。

(3)教师在学生实训期间必须始终在现场,不得擅自离开;如果确需离开,必须停止学生的实训操作。

2. 场地准备

(1)实训室应配备合格、充足的安全工器具,并正确使用。

(2)实训现场应具备明显的应急疏散标识。

3. 任务实施

(1)工作任务准备。根据发电厂变电站电气主接线图识读的学习,布置工作任务。首先下发任务工作单,如表 6-5 所示。

表 6-5　发电厂变电站电气主接线图识读工作任务单

任务名称	发电厂变电站电气主接线图识读--火电厂、水电厂电气主接线分析
相关任务描述	掌握各类电气主接线的接线形式、接线特点、优缺点分析和适用范围
相关学习准备	学习"发电厂变电站电气主接线图识"的相关资料及网络资料
对学生的考核办法	过程考核
采用的主要教学方法	(1)多媒体、实验实训教学手段 (2)情境启发式、任务驱动式、自主探究式、协作学习式等教学方法 教学及实训设备、地点多媒体教室、理实一体化实训室

(2)任务实施过程。根据工作任务的布置及学生学习情况,开展任务实施。实施过程如表 6-6 所示。

表6-6　任务实施过程

任务名称	发电厂变电站电气主接线图识读-火电厂、水电厂电气主接线分析	授课班级	
		授课时间	
学习目标	掌握各类电气主接线的接线形式、接线特点、优缺点分析和适用范围,规范标准化作业实施行动力		
学习资料	配套教材《发电厂变电所电气设备》;教学视频、多媒体课件;网络资源;相关知识的储备		
专业能力	掌握各类电气主接线的接线形式、接线特点、优缺点分析和适用范围		
方法能力	资料收集整理能力;制订、实施工作计划的能力;理论知识的综合运用能力		
社会能力	交接工作流程确认能力;沟通协调能力;语言表达能力;团队组织能力;班组管理能力;责任心与职业道德;安全与自我保护能力;环境保护能力		
技能考核项目与要求	(1)在实训现场,能正确无误地认识各类电气主接线 (2)制作PPT,分析各类水电站、火电站电气主接线的接线形式和接线特点,并进行优缺点分析		
学习任务的说明	引导学生掌握各类电气主接线的接线形式、接线特点,通过现场学习,掌握各类水电站、火电站电气主接线的优缺点		
学习任务	(1)小组成员先集中讨论和学习任务所需要的知识,分工合作,吸收消化学习资料、分析学习目标、制订工作计划 (2)学生能够完电气主接线图识读的学习 (3)学生能够按照计划在理实一体化教室,完成对各类水电站、火电站电气主接线的接线形式和接线特点的分析 (4)学生按小组制作汇报PPT,小组成员全部上台汇报,其他小组给予评价。制作思维导图,将学习成果总结归纳。配合教师进行任务反馈		

项目实施过程		
目的	学习的内容	
1.资讯	(1)布置工作任务、下发任务单 要求学生了解各类电气主接线的特点 (2)提供相关的参考资料 ①学生在教师指导下观看相关视频 ②学生自主完成讨论、习题 (3)提出本次学习过程中的疑难问题	
2.计划	学生分组(3-4人/组)讨论本任务所需的知识和技能,查阅相关学习资料	
3.决策	制订工作计划,明确工作任务,确定工作要求、工作注意事项及任务分工	
4.实施	学生根据分工完成各自任务,进行汇总,完成工作单,并根据制订的实施方案,在理实一体化教室实施完成发电厂变电站电气主接线图识读的任务	

续表

任务名称	发电厂变电站电气主接线图识读-火电厂、水电厂电气主接线分析	授课班级	
		授课时间	
5.检查	学生分组对所做工作过程及结果进行演示和汇报:各类水电站、火电站电气主接线的接线形式和接线特点的分析		
6.评价	(1)结果评价 ①学生对本项目的整个实施过程进行自评 ②以小组为单位,分别对其他组做的工作结果进行互评和建议 (2)资料整理和提升 ①学生总结本次实训心得,做成 PPT 形式 ②学生根据互评和教师评价的建议,填写评价表,优化方案		

4.任务评价

根据学生对本任务的实施情况,填写评价表。教师对学生的评价如表 6-7 所示。

表 6-7 教师对学生评价表

学习任务:发电厂变电站电气主接线图识读-火电厂、水电厂电气主接线分析							
教师签字:			学习团队名称:				
评价内容		评分标准	被考核人				
目标认知程度	工作目标明确、工作计划具体、结合实际、具有可操作性	10					
情感态度	工作态度端正、注意力集中、能使用网络资源收集相关资料	10					
团队协作	积极与他人合作共同完成工作任务10						
专业能力要求	掌握各类电气主接线的接线形式、接线特点,通过现场学习,掌握各类水电站、火电站电气主接线的优缺点	70					
总分							

续表

学习任务:发电厂变电站电气主接线图识读-火电厂、水电厂电气主接线分析			
教师对小组评价		评分	评语:
资讯	15		
计划	15		
决策	20		
实施	20		
检查	10		
评估	20		
总分			

➤ 【思考问题】

1. 单母线接线、单母线分段接线的特点是什么?

2. 单母线分段的目的是什么?

3. 什么是单断路器的双母线接线? 它比单母线接线有哪些优点?

4. 隔离开关与断路器的主要区别是什么? 它们的操作步骤应如何正确配合? 为防止误操作通常采用哪些措施?

5. 画出单断路器的双母线,说明双母线同时运行的优点。

6. 什么是一台半断路器的双母线接线? 它有什么优缺点?

7. 在事故与检修相重合情况下,一台半断路器接线的停电回路为什么不会多于两回?

8. 什么是同名回路? 为了进一步提高一台半断路器的双母线接线的供电可靠性,防止发生同名回路同时停电的事故,在设计一台半断路器接线时对同名回路的配置应注意什么?

9. 变压器-母线组接线的特点是什么?

10. 多角形接线的特点及适用条件是什么? 为什么多角形接线在开环状态下可靠性会降低?

11. 什么是桥形接线? 内桥和外桥接线各有什么特点? 内桥和外桥接线的适用条件是什么? 内桥接线设置跨条的作用是什么?

12. 什么是单元接线? 它有几种接线形式? 它们各自的适用条件是什么?

任务3 电气设备的倒闸操作

➤ 【内容提要】

本任务主要学习电气设备的倒闸操作,这是变电站值班员必须掌握的知识和技能。

➤ 【学习要求】

①了解倒闸操作的基本概念和要求。
②能进行基本的倒闸操作。

➤ 【任务导入】

电气设备倒闸操作是发电厂、变电所运行的基本操作。倒闸操作技术是变电运行和电力调度人员的必修课,必须熟练各种运行方式下各种设备的倒闸操作原则,并真正理解其中的含义。那么,什么是倒闸操作?

➤ 【知识链接】

学习情境1:什么是倒闸操作

发电厂、变电所电气设备有运行、备用(冷备用及热备用)检修等多种状态。将设备由一种状态转变为另一种状态的过程称为倒闸。通过操作隔离开关,断路器以及挂、拆接地线将电气设备从一种状态转换为另一种状态或使系统改变了运行方式,这种操作称为倒闸操作。倒闸操作必须执行操作票制和工作监护制。

(1)电气设备的状态

运行中的电气设备,是指全部带有电压或一部分带有电压以及一经操作即带有电压的电气设备。所谓一经操作即带有电压的电气设备,是指现场停用或备用的电气设备,它们的电气连接部分和带电部分之间只用断路器或隔离开关断开,并无拆除部分,一经合闸即带有电压。例如,电气设备某一部分已从电气连接部分拆下,并已拆离原来的安装位置而远离带电部分,则不属于运行中的电气设备。现场中全部带有电压的设备即处于运行状态,而其中一部分带有电压或一经操作才带有电压的设备是处于备用状态或停用状态,以及检修状态。

电气设备的状态包括运行状态、热备用状态、冷备用状态和检修状态。

①运行状态,是指断路器及隔离开关都在合闸位置,电路处于接通状态(包括变压器、避雷器、辅助设备如仪表等)。

②热备用状态,是指断路器在断开位置,而隔离开关仍在合闸位置,其特点是断路器一经操作即可接通电源。

③冷备用状态,是指设备的断路器及隔离开关均在断开位置。其显著特点是该设备(如断路器)与其他带电部分之间有明显的断开点。

设备冷备用根据工作性质分为断路器冷备用、线路冷备用等。

断路器冷备用:此时接在断路器上的电压互感器,所用、厂用变压器的高低压熔断应取下,高压侧隔离开关应拉开,如高压侧无法断开,则应拉开低压侧隔离开关。线路电压互感器,所用、厂用变压器,高压隔离开关不拉开,低压熔断器不取下。

线路冷备用:此时接在线路上的电压互感器,所用、厂用变压器的高低压熔断器一律取下,高压侧隔离开关应拉开,如高压侧无法断开,则应断开低压侧。

电压互感器与避雷器的冷备用:当其与高压隔离开关及低压熔断器隔离后,即处于冷备用状态,无高压隔离开关的电压互感器当低压侧熔断器取下后即处于冷备用状态。

④检修状态,是指设备的断路器和隔离开关均已断开,并采取了必要的安全措施。例如,检修设备(如断路器)两侧均装设了保护接地线(或合上了接地隔离开关),安装了临时遮栏,并悬挂了工作标示牌,该设备即处于检修状态。装设临时遮栏的目的是将工作场所与带电设备区域相隔离,限制工作人员的活动范围,以防在工作中因疏忽而误碰高压带电部分。

电气设备检修根据工作性质可分为断路器检修和线路检修等。

断路器检修是指设备的断路器与其两侧隔离开关均拉开,断路器的操作熔断器及合闸电源熔断器均已取下,在断路器两侧装设保护接地线或合上接地隔离开关,并做好安全措施。检修的断路器若与两侧隔离开关之间接有电压互感器或变压器,则该电压互感器的隔离开关应拉开或取下高低压熔丝,高压侧无法断开时则取下低压熔丝,如有母联差动保护,则母联差动电流互感器回路拆开并短路接地。

线路检修是指线路断路器及其两侧隔离开关拉开,并在线路出线端挂好接地线或合上线路接地隔离开关。如有线路电压互感器或变压器,应将其隔离开关拉开或取下高低压熔断器。

主变压器检修可分为断路器或主变压器检修。挂接地线或合上接地隔离开关的地点应分别在断路器两侧或变压器各侧。

母线检修是指该母线从冷备用转为检修,即在冷备用母线上挂好接地线或合上母线接地隔离开关。

母线由检修转为冷备用,是指拆除该母线的接地线或拉开母线接地隔离开关,应包括母线电压互感器转为冷备用。

母线从冷备用转为运行,是指有任一路电源断路器处于热备用状态,一经合闸,该母线即可带电,包括母线电压互感器转为运行状态。

凡不符合上述状态的操作,调度员在发布操作命令时必须明确提出要求,以便正确执行倒闸操作。

(2)倒闸操作任务

1)电气设备倒闸操作任务

①设备的4种运行状态的互换,如设备停送电、备用转检修等。

②改变一次回路运行方式,如"倒母线"、改变母线的运行方式、并列与解列、合环与解环、改变中性点接地状态、调整变压器分接头等。

③继电保护和自动装置的投入、退出和改变定值。

④接地线的装设和拆除、接地开关的拉合。

⑤事故或异常处理。

⑥其他操作,如冷却器启停、蓄电池充放电等。

2）变电所内的倒闸操作任务

①本所设备停电修、试。

②线路（或用户）停电修、试。

③相邻变电所的设备停电修、试。

④调整负荷（如限电拉闸等）。

⑤为经济运行或可靠运行而进行运行方式的调整。

⑥事故或异常的处理。

⑦新设备投入系统运行。

3）配电网设备倒闸操作任务

①配电变压器停送。

②网络并解环。

③分支线路停、送。

④箱式变压器停、送。

⑤电缆高压分接箱停、送。

(3)电气设备倒闸操作的基本要求及注意事项

1）电气设备倒闸操作的基本要求

①操作中不得造成事故。

②尽量不影响或少影响对用户的供电。

③尽量不影响或少影响系统的正常运行。

④万一发生事故，影响的范围应尽量小。

电气值班人员（包括调度员或变电所值班人员）在倒闸操作中，应严格遵循上述要求，正确地实现电气设备运行状态或运行方式的转变，保证系统安全、稳定、经济地连续运行。

2）电气设备倒闸操作的注意事项

①与有关方面的联系。电力系统是一个整体，局部改变必然影响整个电厂（变电所）或系统。任何倒闸操作必须按照领导人员（系统值班调度员、发电厂执长等）命令或得到同意后才能进行。属于调度管辖电气设备，由调度发令给值班执长，由值长进一步布置操作；不属于调度管辖设备，由现场领导人员（值长、班长）发令给值班人员操作。

②紧急情况下的处理。在紧急情况下，如火灾、人身设备事故、自然灾害等，或者情况紧急而与上级失去通信联系时，值班人员可以不经上级批准，先行操作，事后向上级汇报经过情况。

③一切倒闸操作不得在交接班时进行，因为此时最易出现问题。倒闸操作最好在最小负荷时进行，除非在急需和事故情况下。倒闸操作不宜在最大负荷时进行，因为此时出现事故对电网及用户的影响最大。

④操作负责人必须是当值人员，在特殊情况下，可由非当值人员在详细了解情况后，在当值值长领导下担任。

(4)电气设备倒闸操作的原则

①操作隔离开关时，断路器必须先断开。

②设备送电前必须将有关继电保护设备投入,没有继电保护或不能自动跳闸的断路器不准送电。

③高压断路器不允许带电压手动合闸,运行中的小车开关不允许打开机械闭锁手动分闸。

④在操作过程中,发现误合隔离开关时,不允许将误合的隔离开关再拉开;发现误拉隔离开关时,不允许将误拉的隔离开关重新合上。

(5)必须填入操作票的项目

①应拉合的设备断路器(开关)隔离开关(刀闸)接地开关等,验电、装拆接地线、安装或拆除控制回路或电压互感器回路的保险器、切换保护回路和自动化装置及检验是否确无电压等。

②拉合设备断路器(开关)隔离开关(刀闸)、接地开关等后检查设备的位置。

③进行停、送电操作时,在拉合隔离开关(刀闸),手车式开关拉出、推入前,检查断路器(开关)确在分闸位置。

④在进行倒负荷或解、并列操作前后,检查相关电源运行及负荷分配情况。

⑤设备检修后合闸送电前,检查送电范围内接地开关已拉开,接地线已拆除。

学习情境 2:倒闸操作有哪些措施

(1)倒闸操作的组织措施

组织措施是指电气运行人员必须树立高度的责任感和牢固的安全思想,认真执行操作票制度、工作票制度、工作许可制度、工作监护制度以及工作间断、转移和终结制度等。在执行倒闸操作任务时,注意力必须集中,严格遵守操作规定,以免发生错误操作。

(2)倒闸操作的技术措施

技术措施就是采用防误操作装置,即达到五防的要求,防止误拉合断路器,防止带负荷拉合隔离开关,防止带地线合闸,防止带电挂接地线,防止误入带电间隔。常用的防误操作装置主要有以下几种:

①机械闭锁。机械闭锁是靠机械结构制约而达到预定目的的一种闭锁,即当一元件操作后另一元件就不能操作。

②电磁闭锁。它是利用断路器、隔离开关、设备网门等设备的辅助触点,接通或断开隔离开关、网门电磁锁的电源,从而达到闭锁目的的装置。

③电气闭锁。它是利用断路器、隔离开关的辅助触点,接通或断开电气操作电源而达到闭锁目的的一种装置,普遍用于电动隔离开关和电动接地开关上。

④红绿牌闭锁。这种闭锁方式用在控制开关上,利用控制开关的分合两种位置和红绿牌配合,进行定位闭锁,达到防止误拉合断路器的目的。

⑤微机防误操作装置。微机防误操作装置又称电脑模拟盘,是专门为电力系统防止电气误操作事故而设计的,它由电脑模拟盘、电脑钥匙、电编码开锁、机械编码锁等部分组成。可

以检验及打印操作票,同时能对所有的一次设备强制闭锁。它具有功能强、使用方便、安全简单、维护方便等优点。该装置以电脑模拟盘为核心设备,在主机内预先储存所有设备的操作原则,模拟盘上所有的模拟元件都有一对触点与主机相连。当运行人员接通电源在模拟盘上预演、操作时,微机就根据预先储存好的规则对每一项操作进行判断,如操作正确就发出正确的操作信号;如操作失误,则通过显示器闪烁显示错误操作项的设备编号,并发出持续的报警声,直至将错误项复位为止。预演结束后,可通过打印机打印出操作票,通过模拟盘上的传输插座,将正确的操作内容输入电脑钥匙中,然后运行人员可以拿着电脑钥匙到现场进行操作。操作时,运行人员根据电脑钥匙上显示的设备编号,将电脑钥匙插入相应的编码锁内,通过其探头检测操作的对象是否正确,若正确则闪烁显示被操作的设备编号,同时开放其闭锁回路或机构就可以进行倒闸操作了。操作结束后,电脑钥匙自动显示下一项操作内容。若走错位置则不能开锁,同时电脑钥匙发出持续的报警声以提醒操作人员,从而达到强制闭锁的目的。

(3)保证安全的技术措施

在全部停电或部分停电的电气设备上工作,必须完成下列措施:

①停电。将检修设备停电,必须把有关的电源完全断开,即断开断路器,打开两侧的隔离开关,形成明显的断开点,并锁住操作把手。

②验电。停电后,必须检验已停电设备有无电压,以防出现带电装设接地线或带电合接地开关等恶性事故。

③装设接地线。当验明设备确实无电压后,应立即将检修设备接地并做三相短路。这样可以释放具有大电容的检修设备的残余电荷,消除残余电压;消除线路平行、交叉等引起的感应电压或大气过电压造成的危害;当设备突然来电时,能使继电保护装置迅速动作,切除电源,消除危害。

对可能送电至停电设备的各方面或可能产生感应过电压的停电设备,都要装设接地线,即做到对来电侧而言,始终保证工作人员在接地线的后侧。

装设时应先接接地端,后接导体端,其好处是在停电设备若还有剩余电荷或感应电荷时,因接地而将电荷放尽,不会危及人身安全。另外,万一疏忽跑错设备或出现意外突然来电时,因接地而使保护动作于跳闸,保护人身安全。同理,拆除接地线的顺序与装设接地线的顺序相反。

接地线必须用专用的线夹固定在导体上,严禁用缠绕的方法进行接地和短路。

④悬挂标示牌和装设遮栏。工作人员在验电和装设接地线后,应在一经合闸即可送电到工作地点的开关和刀闸的操作把手上,悬挂"禁止合闸,有人工作!"的标示牌,或在线路开关和刀闸的操作把手上悬挂"禁止合闸,线路有人工作!"的标示牌。标示牌的悬挂和拆除,应按调度员的命令执行。

部分停电的工作,应设临时遮栏,用于隔离带电设备,并限制工作人员的活动范围,防止在工作中接近高压带电部分。

在室内、外高压设备工作时,应根据情况设置遮栏或围栏。各种安全遮栏、标示牌和接地线等都是为了保证检修工作人员的人身安全和设备安全运行而作的安全措施,任何工作人员在工作中都不能随意移动和拆除。

（4）对操作人员的要求

①明确操作职责。只有值班长或正值才能够接受调度命令和担任倒闸操作中的监护人；副值无权接受调度命令，只能担任倒闸操作中的操作人，实习人员一般不介入操作中的实质性工作。操作中由正值监护、副值操作；实习人员担任操作时，应有两人监护，严禁单人操作。

操作人不能依赖监护人，应对操作内容充分明了，核实操作项目。倒闸操作时，不进行交接班，不做与操作无关的事。如遇事故发生，应沉着冷静，分析判断清楚，正确地处理事故。

②电气设备运行值班人员应具备以下基本知识：

a. 必须熟悉本所一次设备，如本所一次接线方式，一次设备配备情况，一次设备的作用、结构、原理、性能、特点、操作方法、使用注意事项以及设备的位置、名称、编号等。

b. 必须熟悉本所的二次设备，如本所的继电保护及自动装置的配备情况，各装置的作用、原理、特点、操作方法及使用注意事项等。

c. 必须熟悉本所正常的运行方式及非正常运行方式，了解系统的有关运行方式。

d. 必须熟悉有关规程和有关规定，如安全规程、现场运行维护规程、调度规程、倒闸操作制度等。

③熟悉调度知识。各级调度部门是各级电网运行的统一指挥中心，调度员和值班员在运行值班时，是上下级命令和被命令的关系，凡属相应调度部门所管辖的一、二次设备的启停，均应按调度命令执行，遇有怀疑，可质疑，如确属危及人身、设备安全，可拒绝执行。相互联系操作时，应报清所名，互通姓名、内容和时间，并使用调度术语和设备的调度编号命名。

电气设备的调度编号与命名，统一由各级调度部门确定，现场不许自行改动。编号命名的方法，各地可有一定差异，但有一定规律，使其简洁明确，便于记忆。

为了使值班员与调度员联系工作明确、简要、省时、避免错误，应使用《电网调度规范术语》。

④充分了解当时的运行方式。如一次回路的运行接线、电源和负荷的分布、继电保护和自动装置的投运情况，并与调度核对无误。

⑤细致核查操作的设备。操作人不能凭记忆操作，应仔细核对设备的编号、名称，无误后方可进行操作。

现场一、二次设备应有醒目的标示，如命名、编号、铭牌、转动方向、切换位置指示、相别颜色、一次系统模拟图板、二次保护配置图等。

⑥严格执行调度操作命令。应有明确的调度命令、合格的操作票或经有关领导准许的操作才能执行操作。

⑦使用合格的安全用具。验电笔、绝缘棒、绝缘靴、绝缘手套等的试验日期和外观检查应合格；操作中使用的仪表如钳形电流表、万用表、兆欧表等应保证其正确性和安全性。

用绝缘棒拉合隔离开关或经传动机构拉合隔离开关时，均应戴绝缘手套；雨天操作室外高压设备，绝缘棒应有防雨罩，还应穿绝缘靴，当发现变电所的接地电阻不符合要求时，晴天操作应穿绝缘靴。110 kV 及以上无专用验电器时，可用绝缘杆试验带电体有无声音来判断。

⑧严格执行检修转运前的倒闸操作规定。检修转运倒闸操作前，必须收回并检查有关工作票，拆除安全措施，如拉开接地开关、拆除接地线及标示牌等；设备的调整试验数据应合格，

并由工作负责人在有关记录簿上写入"可以投入运行"的结论;检查被操作设备是否处于正常位置。

(5)倒闸操作现场必须具备的条件

所有电气一次、二次设备必须标明编号和名称,字迹清楚、醒目,设备有传动方向指示、切换指示,以及区别相位的颜色;设备应达到防误要求,如不能达到,需经上级部门批准;控制室内要有与实际电路相符的电气一次模拟图和二次回路的原理图和展开图;要有合格的操作工具、安全用具和设施等;要有统一的、确切的调度术语、操作术语;值班人员必须经过安全教育、技术培训,熟悉业务和有关规章、规程规范制度,经评议、考试合格、主管领导批准、公布值班资格(正、副值)名单后方可承担一般操作和复杂操作,接受调度命令,进行实际操作或监护工作。

➤ 【任务实施】

63 kV 线路停电检修结束恢复Ⅱ段母线送电

电气接线如图 6-20 所示,现要恢复Ⅱ段母线供电,在仿真机上操作处理,按现场规程考核,两票制度考核。

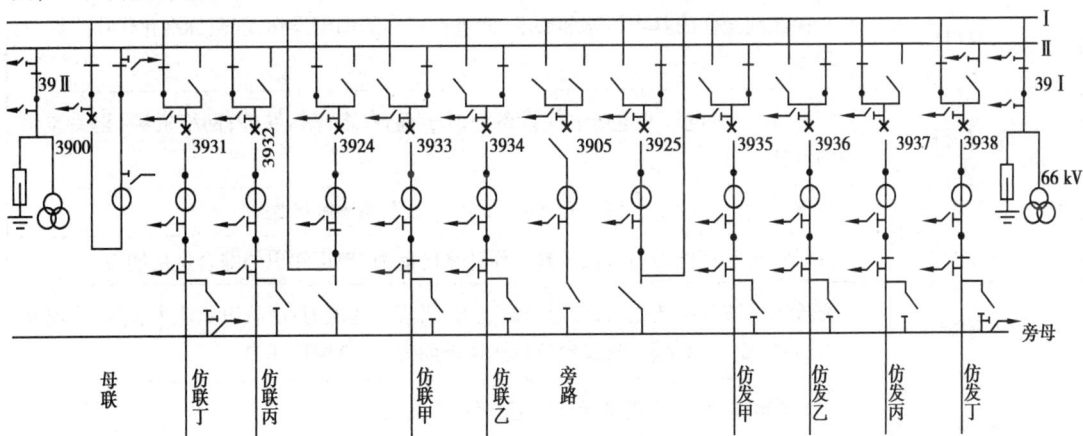

图 6-20　倒闸操作电气接线图

1. 人员准备

(1)教师及学生应着实训工装,佩戴安全帽。

(2)每 3 ~ 4 名学生为一组,各组学生轮流开展认知。

(3)教师在学生实训期间必须始终在现场,不得擅自离开;如果确需离开,必须停止学生的实训操作。

2. 场地准备

(1)实训室应配备合格、充足的安全工器具,并正确使用。

(2)实训现场应具备明显的应急疏散标识。

3. 任务实施

(1)工作任务准备。根据电气设备的倒闸操作的学习,布置工作任务。首先下发任务工作单,如表6-8所示。

表6-8　电气设备的倒闸操作工作任务单

任务名称	电气设备的倒闸操作-63 kV 线路停电检修结束恢复Ⅱ段母线送电
相关任务描述	掌握倒闸操作的基本概念和要求,能进行基本的倒闸操作
相关学习准备	学习"电气设备的倒闸操作"的相关资料及网络资料
对学生的考核办法	过程考核
采用的主要教学方法	(1)多媒体、实验实训教学手段 (2)情境启发式、任务驱动式、自主探究式、协作学习式等教学方法
教学及实训设备、地点	多媒体教室、理实一体化实训室

　　(2)任务实施过程。根据工作任务的布置及学生学习情况,开展任务实施。实施过程如表6-9所示。

表6-9　任务实施过程

任务名称	电气设备的倒闸操作-63 kV 线路停电检修结束恢复Ⅱ段母线送电	授课班级	
		授课时间	
学习目标	掌握倒闸操作的基本概念和要求,能进行基本的倒闸操作,规范标准化作业实施行动力		
学习资料	配套教材《发电厂变电所电气设备》;教学视频、多媒体课件;网络资源;相关知识的储备		
专业能力	掌握倒闸操作的基本概念和要求,能进行基本的倒闸操作		
方法能力	资料收集整理能力;制订、实施工作计划的能力;理论知识的综合运用能力		
社会能力	交接工作流程确认能力;沟通协调能力;语言表达能力;团队组织能力;班组管理能力;责任心与职业道德;安全与自我保护能力;环境保护能力		
技能考核项目与要求	(1)在实训现场,能正确无误地复述倒闸操作的要求 (2)完成63 kV 线路停电检修结束恢复Ⅱ段母线送电的倒闸操作		
学习任务的说明	引导学生掌握倒闸操作的基本概念和要求,通过现场学习,完成63 kV 线路停电检修结束恢复Ⅱ段母线送电的倒闸操作		
学习任务	(1)小组成员先集中讨论和学习任务所需要的知识,分工合作,吸收消化学习资料、分析学习目标、制订工作计划 (2)学生能够完成倒闸操作的基本概念和要求的学习 (3)学生能够按照计划在理实一体化教室,完成63 kV 线路停电检修结束恢复Ⅱ段母线送电的倒闸操作 (4)学生按小组制作汇报PPT,小组成员全部上台汇报,其他小组给予评价。制作思维导图,将学习成果总结归纳。配合教师进行任务反馈		
项目实施过程			

续表

| 任务名称 | 电气设备的倒闸操作-63 kV 线路停电检修结束恢复Ⅱ段母线送电 | 授课班级 | |
| | | 授课时间 | |

目的	学习的内容
1. 资讯	(1)布置工作任务、下发任务单 要求学生了解倒闸操作的基本概念及要求 (2)提供相关的参考资料 ①学生在教师指导下观看相关视频 ②学生自主完成讨论、习题 (3)提出本次学习过程中的疑难问题
2. 计划	学生分组(3~4 人/组)讨论本任务所需的知识和技能,查阅相关学习资料
3. 决策	制订工作计划,明确工作任务,确定工作要求、工作注意事项及任务分工
4. 实施	学生根据分工完成各自任务,进行汇总,完成工作单,并根据制订的实施方案,在理实一体化教室实施完成完成 63 kV 线路停电检修结束恢复Ⅱ段母线送电的倒闸操作
5. 检查	学生分组对所做工作过程及结果进行演示和汇报:63 kV 线路停电检修结束恢复Ⅱ段母线送电的倒闸操作要求及步骤
6. 评价	(1)结果评价 ①学生对本项目的整个实施过程进行自评 ②以小组为单位,分别对其他组做的工作结果进行互评和建议 (2)资料整理和提升 ①学生总结本次实训心得,做成 PPT 形式 ②学生根据互评和教师评价的建议,填写评价表,优化方案

4.任务评价

根据学生对本任务的实施情况,填写评价表。教师对学生的评价如表6-10 所示。

表6-10 教师对学生评价表

学习任务:发电厂变电站电气主接线图识读-火电厂、水电厂电气主接线分析					
教师签字:			学习团队名称:		
评价内容		评分标准	被考核人		
目标认知程度	工作目标明确、工作计划具体、结合实际、具有可操作性	10			

续表

学习任务:发电厂变电站电气主接线图识读-火电厂、水电厂电气主接线分析						
情感态度	工作态度端正、注意力集中、能使用网络资源收集相关资料	10				
团队协作	积极与他人合作共同完成工作任务	10				
专业能力要求	掌握63 kV线路停电检修结束恢复Ⅱ段母线送电的倒闸操作	70				
总分						

教师对小组评价		评分	评语:
资讯	15		
计划	15		
决策	20		
实施	20		
检查	10		
评估	20		
总分			

➤ 【思考问题】

1.什么是倒闸操作?

2.电气设备有哪些运行方式?

3.倒闸操作有哪些基本要求? 保证安全的技术措施有哪些?

项目7

配电装置的布置

任务 1　配电装置的安全净距

➤ 【内容提要】

本任务主要通过学习配电装置的分类与特点、基本要求来了解配电装置的安全净距。

➤ 【学习要求】

①了解配电装置的基本要求及一般构成方法。
②掌握屋内、屋外配电装置的特点。
③了解配电装置安全净距技术参数的意义。

➤ 【任务导入】

配电装置是发电厂和变电站的重要组成部分,在电力系统中起着接受和分配电能的作用。那么,对配电装置有什么基本要求?

➤ 【知识链接】

学习情境 1:了解配电装置的基本要求

配电装置是根据电气主接线的连接方式,由开关电器、保护和测量电器、母线和必要的辅助设备组建而成的总体装置。其作用是在正常运行情况下接受和分配电能,而在系统发生故障时迅速切断故障部分,维持系统正常运行。为此,配电装置应满足下述基本要求:

(1)运行可靠

配电装置中引起事故主要是绝缘子因污秽而闪络,隔离开关因误操作而发生相间短路,断路器因开断能力不足而发生爆炸等。要按照系统和自然条件以及有关规程要求合理选择设备,使选用设备具有正确的技术参数,保证具有足够的安全净距。应采取防火、防爆、蓄油和排油措施,考虑设备防冰、防冻、防风、抗震、耐污等性能。

(2)便于操作、巡视和检修

配电装置的结构应使操作集中,尽可能避免运行人员在操作一个回路时需要走几层楼或几条走廊。配电装置的结构和布置应力求整齐、清晰,便于操作巡视和检修。应装设防误操作的闭锁装置及连锁装置,以防带负荷拉合隔离开关、带接地线合闸、带电挂接地线、误拉合断路器、误入屋内有电间隔。

(3)保证工作人员的安全

为保证工作人员的安全,应采取一系列措施。例如,用隔墙把相邻电路的设备隔开,以保证在电气设备检修时的安全;设置遮栏,留出安全距离,以防触及带电部分;设置适当的安全出口;设备外壳和底座都采用保护接地等。在建筑机构等方面应考虑防火等安全措施。

(4)力求提高经济性

在满足上述要求的前提下,电气设备的布置应紧凑,节省占地面积,节约钢材、水泥和有色金属等原材料,并降低造价。

(5)具有扩建的可能性

要根据发电厂和变电站的具体情况,分析是否有发展和扩建的可能。如有,在配电装置结构和占地面积等方面要留有余地。

学习情境2:了解配电装置的最小安全净距

为了满足配电装置运行和检修的需要,各带电设备之间应相隔一定的距离。配电装置的整个结构尺寸,是综合考虑设备外形尺寸、检修、维护和运输的安全电气距离等因素而决定的。对敞露在空气中的配电装置,在各种间隔距离中,最基本的是带电部分对接地部分之间不同相的带电部分之间的空间最小安全净距,即所谓的 A_1 和 A_2 值。

最小安全净距是指在这一距离下,无论在正常最高工作电压或出现内、外部过电压时,都不致使空气间隙被击穿。A 值与电极的形状、冲击电压波形、过电压及其保护水平、环境条件以及绝缘配合等因素有关。一般地说,220 kV 及以下的配电装置大气过电压起主要作用;330 kV 及以上内过电压起主要作用。当采用残压较低的避雷器,如氧化锌避雷器时,A_1 和 A_2 值还可减小。当海拔超过 1 000 m 时,按每升高 100 m,绝缘强度增加1%来增加 A 值。

对敞露在空气中的屋内、外配电装置中各有关部分之间的最小安全净距分别为 A,B,C,D,E,如图 7-1 和图 7-2 所示。

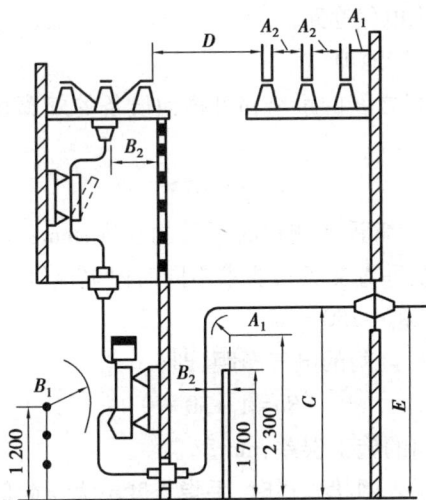

图 7-1 屋内配电装置安全净距校验图

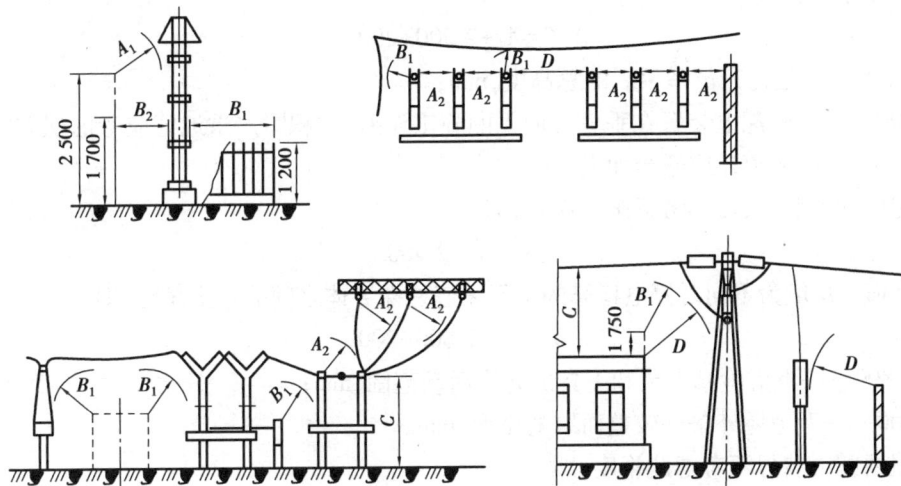

图 7-2 屋外配电装置安全净距校验图

如图 7-1 所示为屋内配电装置安全净距校验图,图中有关尺寸说明如下:

①配电装置中,电气设备的栅状遮栏高度不应低于 1 200 mm,栅状遮栏至地面的净距以及栅条间的净距应不大于 200 mm。

②配电装置中,电气设备的网状遮栏高度不应低于 1 700 mm,网状遮栏网孔不应大于 40 mm×40 mm。

③位于地面或楼面上面的裸导体导电部分,如其尺寸受空间限制不能保证 C 值时,应采用网状遮栏隔离。网状遮栏下通行部分的高度不应小于 1 900 mm。

最小安全净距 A 分为 A_1 和 A_2。A_1 和 A_2 值是根据过电压与绝缘配合计算,并根据间隙放电试验曲线来确定的,而 B,C,D,E 安全净距是在 A 值的基础上考虑运行维护、设备移动、检修工具活动范围、施工误差等具体情况而确定的。它们的含义分别如下:

①A 值。A 值分为 A_1 和 A_2 两项。A_1 为带电部分至接地部分之间的最小电气净距;A_2 为

不同相的带电导体之间的最小电气净距。

②B 值。B 值分为 B_1 和 B_2 两项。

B_1 为带电部分至栅状遮栏之间的距离和可移动设备的外廓在移动中至带电裸导体之间的距离,即

$$B_1 = A_1 + 750 \tag{7-1}$$

式中　750——考虑运行人员手臂误入栅栏时手臂的长度,mm;设备移动时的摆动在 750 mm 范围内,当导线垂直交叉且要求不同时停电检修的情况下,检修人员在导线上下活动范围不超过 750 mm。

B_2 为带电部分至网状遮栏之间的电气净距,即

$$B_2 = A_1 + 30 + 70 \tag{7-2}$$

式中　30——考虑在水平方向的施工误差,mm;

　　　70——运行人员手指误入网状遮栏时,手指长度不大于此值,mm。

③C 值。C 值为无遮栏裸导体至地面的垂直净距。保证人举手后,手与带电裸导体之间的距离不小于 A 值,即

$$C = A_1 + 2\ 300 + 200 \tag{7-3}$$

式中　2 300——运行人员举手后的总高度,mm;

　　　200——屋外配电装置在垂直方向上的施工误差,在积雪严重地区应考虑积雪的影响,此距离还应适当加大,mm。

对屋内配电装置,可不考虑施工误差,即

$$C = A_1 + 2\ 300 \tag{7-4}$$

④D 值。D 值为不同时停电检修的平行无遮栏裸导体之间的水平净距,即

$$D = A_1 + 1\ 800 + 200 \tag{7-5}$$

式中　1 800——考虑检修人员和工具的允许活动范围,mm;

　　　200——考虑屋外条件较差而取的裕度,mm。

对屋内配电装置不考虑此裕度,即

$$D = A_1 + 1\ 800 \tag{7-6}$$

⑤E 值。E 值为屋内配电装置通向屋外的出线套管中心线至屋外通道路面的距离。35 kV 及以下取 $E = 4\ 000$;60 kV 及以上,$E = A_1 + 3\ 500$,并取整数值,其中 3 500 mm 为人站在载重汽车车厢中举手的高度。

如图 7-1 和图 7-2 所示分别为安全净距 A,B,C,D,E 各值的含义示意图。表 7-1 和表 7-2 分别给出了各参数的具体值。当海拔超过 1 000 m 时,表中所列 A 值应按每升高 100 m 增大 1% 进行修正,B,C,D,E 值应分别增加 A_1 值的修正值。

设计配电装置中带电导体之间和导体对接地构架的距离时,应考虑软绞线在短路电动力、风摆、温度和覆冰等作用下使相间及对地距离的减小,隔离开关开断允许电流时不致发生相间和接地故障,降低大电流导体附近铁磁物质的发热,减小 110 kV 及以上带电导体的电晕损失和带电检修等因素。工程上采用相间距离和相对地的距离通常大于表 7-1 和表 7-2 所列的数值。

表 7-1 屋内配电装置的安全净距   单位:mm

符号	适用范围	额定电压/kV									
		3	6	10	15	20	35	63	110J	110	220J
A_1	1. 带电部分至接地部分之间 2. 网状和板状遮栏向上延伸线距地 2.3 m 处,与遮栏上方带电部分之间	75	100	125	150	180	300	550	850	950	1 800
A_2	1. 不同相的带电部分之间 2. 断路器和隔离开关的断口两侧带电部分之间	75	100	125	150	180	300	550	900	1 000	2 000
B_1	1. 栅状遮栏至带电部分之间 2. 交叉的不同时停电检修的无遮栏带电部分之间	825	850	875	900	930	1 050	1 300	1 600	1 700	2 550
B_2	网状遮栏至带电部分之间	175	200	225	250	280	400	650	950	1 050	1 900
C	无遮栏裸导体至地(楼)面之间	2 375	2 400	2 425	2 450	2 480	2 600	2 850	3 150	3 250	4 100
D	平行不同时停电检修的无遮栏裸导体之间	1 875	1 900	1 925	1 950	1 980	2 100	2 350	2 650	2 750	3 600
E	通向屋外的出线套管至屋外通道的路面	4 000	4 000	4 000	4 000	4 000	4 000	4 500	5 000	5 000	5 500

说明:①110J,220J 是指中性点直接接地电网。

②当为板状遮栏时,其 B_2 值可取 A_1+30(mm)。

③当出线套管外侧为屋外配电装置时,其至屋外地面的距离,不应小于表 7-2 中所列屋外部分的 C 值。

④海拔超过 1 000 m 时,A 值应按要求进行修正。

表 7-2　屋外配电装置的安全净距　　　　　　　　　　　　单位:mm

符号	适用范围	额定电压/kV								
		3~10	15~20	35	63	110J	110	220J	330J	500J
A_1	1. 带电部分至接地部分之间 2. 网状遮栏向上延伸线距地 2.5 m 处,与遮栏上方带电部分之间	200	300	400	650	900	1 000	1 800	2 500	3 800
A_2	1. 不同相的带电部分之间 2. 断路器和隔离开关的断口两侧引线带电部分之间	200	300	400	650	1 000	1 100	2 000	2 800	4 300
B_1	1. 设备运输时,其外廓至无遮栏带电部分之间 2. 交叉的不同时停电检修的无遮栏带电部分之间 3. 栅栏至绝缘体和带电部分之间 4. 带电作业时的带电部分至接地部分之间	950	1 050	1 150	1 400	1 650	1 750	2 550	3 250	4 550
B_2	网状遮栏至带电部分之间	300	400	500	750	1 000	1 100	1 900	2 600	3 900
C	1. 无遮栏裸导体至地面之间 2. 无遮栏裸导体至建筑物、构筑物顶部之间	2 700	2 800	2 900	3 100	3 400	3 500	4 300	5 000	7 500
D	1. 平行的不同时停电检修的无遮栏带电部分之间 2. 带电部分与建筑物、构筑物的边沿部分之间	2 200	2 300	2 400	2 600	2 900	3 000	3 800	4 500	5 800

说明:①110J,220J,330J,500J 是指中性点直接接地电网。

　　　②500 kV 的 A_1 值,双分裂软导线至接地部分之间可取 3 500 mm。

　　　③海拔超过 1 000 m 时,A 值应按要求进行修正。

　　　④本表所列各值不适用于制造厂生产的成套配电装置。

学习情境 3：了解配电装置的类型及应用

(1)配电装置的类型

配电装置按电器装设地点不同,可分为屋内配电装置和屋外配电装置;按组装方式,可分为装配式和成套式。在现场将电器组装而成的称为装配配电装置;在制造厂按要求预先将开关电器、互感器等组成各种电路成套后运至现场安装使用的称为成套配电装置。

1)屋内配电装置的特点

①允许安全净距小和可以分层布置使占地面积较小。

②维修、巡视和操作在室内进行,可减轻维护工作量,不受气候影响。

③外界污秽空气对电器影响较小,可以减少维护工作量。

④房屋建筑投资较大,建设周期长,但可采用价格较低的户内型设备。

2)屋外配电装置的特点

①土建工作量和费用较少,建设周期短。

②与屋内配电装置相比,扩建比较方便。

③相邻设备之间距离较大,便于带电作业。

④与屋内配电装置相比,占地面积大。

⑤受外界环境影响,设备运行条件较差,须加强绝缘。

⑥不良气候对设备维修和操作有影响。

3)成套配电装置的特点

①电器布置在封闭或半封闭的金属(外壳或金属框架)中,相间和对地距离可以缩小,结构紧凑,占地面积小。

②所有电器元件已在工厂组装成一体,如 SF_6 全封闭组合电器、开关柜等,大大减少现场安装工作量,有利于缩短建设周期,便于扩建和搬迁。

③运行可靠性高,维护方便。

④耗用钢材较多,造价较高。

(2)配电装置的应用

在发电厂和变电站中,35 kV 及以下的配电装置多采用屋内配电装置,其中,3 ~ 10 kV 的配电装置大多采用成套配电装置,110 kV 及以上的配电装置大多采用屋外配电装置。对 110 ~ 220 kV 配电装置有特殊要求时,如建于城市中心或处于严重污秽地区(如沿海边或化工厂区)可采用屋内配电装置。

成套配电装置一般布置在屋内,目前我国生产的 3 ~ 35 kV 的各种成套配电装置在发电厂和变电站中被广泛采用,110 ~ 1 000 kV 的 SF_6 全封闭组合电器也得到应用。

学习情境4:明确配电装置的设计原则及步骤

(1)配电装置的设计原则

配电装置的设计必须认真贯彻国家的技术经济政策,遵循有关规程、规范及技术规定,并根据电力系统、自然环境特点和运行、检修、施工方面的要求,合理制订布置方案和选用设备,积极慎重地采用新布置、新设备、新材料、新结构,使配电装置设计不断创新,做到技术先进、经济合理、运行可靠和维护方便。

发电厂和变电站的配电装置型式选择,应考虑所在地区的地理情况及环境条件,因地制宜、节约用地,并结合运行、检修和安装要求,通过技术经济比较予以确定。在确定配电装置型式时必须满足节约用地、运行安全和操作巡视方便、便于检修和安装、节约材料、降低造价等要求。

(2)配电装置的设计要求

1)满足安全净距的要求

屋内配电装置的安全净距不应小于表7-1所列数值,并按图7-1进行校验。屋内配电装置带电部分的上面不应有明敷的照明或动力线路跨越。屋内电气设备外绝缘体最低部位距地小于2.3 m时,应装设固定遮栏。

屋外配电装置的安全净距不应小于表7-2所列数值,并按图7-2进行校验。屋外配电装置带电部分的上面或下面,不应有照明、通信和信号线路架空跨越或穿过。屋外电气设备外绝缘体最低部位距地小于2.5 m时,应装设固定遮栏。屋外配电装置使用软导线时,带电部分至接地部分和不同相的带电部分之间的最小电气距离,应根据外过电压和风偏,内过电压和风偏,最大工作电压、短路摇摆和风偏三种条件进行校验,并采用其中最大的数值。

配电装置中相邻带电部分的额定电压不同时,应按较高的额定电压确定其安全净距。

2)施工、运行和检修的要求

①施工要求。配电装置的结构在满足安全运行的前提下应尽量予以简化,采用标准化的构件,减少架构的类型,缩短建设工期,设计时要考虑安装检修时设备搬运及起吊的便利;应考虑土建施工误差,保证电气安全净距要求,一般不宜选用规程规定的最小值,而应留有适当的裕度(50 mm左右),这在屋内配电装置的设计中要引起重视。

②运行要求。各级电压配电装置之间,以及它们与各种建(构)筑物之间的距离和相对位置,应按最终规模统筹规划,充分考虑运行的安全和便利。

③检修要求。为保证检修人员在检修电气设备及母线时的安全,屋内配电装置间隔内硬导体及接地线上,应留有接触面和连接端子,以便于安装携带式接地线。电压为60 kV及以上的配电装置,对断路器两侧的隔离开关和线路隔离开关的线路侧,宜配置接地开关;每段母线上宜装设接地开关或接地器。电压为110 kV及以上的屋外配电装置,应视其在系统中的地位、接线方式、配电装置型式以及该地区的检修经验等情况,考虑带电作业的要求。

3)噪声的允许标准及限制措施

噪声对人的影响主要体现在对交谈的影响、对听力的影响和对睡眠的影响。

研究表明,人们通常谈话的声音约为 60 dB,当噪声达到 65 dB 以上时会干扰人们的正常谈话;当噪声达到 90 dB 时,一般声音难以听清楚。人长期在噪声超过 80 dB 的环境下工作且不采取防护措施时,可能有产生噪声性耳聋的危险。当人所在位置的噪声在 40 dB 以下时,可以保持正常睡眠;超过 50 dB,约有 15% 的人睡眠受到影响。

配电装置中的噪声源主要是变压器、电抗器及电晕放电。我国规定有人值班的生产建筑最高允许连续噪声的最大值为 90 dB(A),控制室为 65 dB(A)。我国 GB 3096—2008《声环境质量标准》中规定:受噪声影响人的居住或工作建筑物外 1 m 处的噪声级,白天不大于 65 dB(A),晚上不大于 55 dB(A)。配电装置布置要尽量远离职工宿舍或居民区,保持足够的间距,以满足职工宿舍或居民区对噪声的要求。

对 500 kV 电气设备,距外壳 2 m 外的噪声水平要求不超过以下数值:

①电抗器:80 dB(A)。

②断路器:连续性噪声水平 85 dB(A);非连续性噪声水平,屋内为 90 dB(A),屋外空气断路器为 110 dB(A),屋外 SF_6 断路器为 85 dB(A)。

③变压器等其他设备:85 dB(A)。

限制噪声的措施如下:

①优先选用低噪声或符合标准的电气设备。

②注意主控室、通信楼、办公室等与主变压器的距离和相对位置,尽量避免平行相对布置。

4)静电感应的场强水平和限制措施

在设计 330 ~ 750 kV 超高压和 1 000 kV 特高压配电装置时,除了要满足绝缘配合的要求外,还应作静电感应的测定及考虑防护措施。

在高压输电线路或配电装置的母线下和电气设备附近有对地绝缘的导电物体时,电容耦合感应而产生电压。当上述被感应物体接地时,就产生感应电流。这种感应通称为静电感应。鉴于感应电压和感应电流与空间场强的密切关系,实用中常以空间场强来衡量某处的静电感应水平。所谓空间场强,是指离地面 1.5 m 处的空间电场强度。对 220 kV 变电站,实测结果是其空间场强一般不超过 5 kV/m;对 330 ~ 500 kV 变电站,实测结果是大部分测点的空间场强在 10 kV/m 以内,各电气设备周围的最大空间场强为 3.4 ~ 13 kV/m。

当人触及被感应物体时,就有感应电流流过,如果感应电流较大,人就有麻木的感觉。为了运行和维护人员的安全,我国规定电压为 330 kV 及以上的配电装置,其设备遮栏外的静电感应空间场强水平(离地 1.5 m 空间场强)不宜超过 10 kV/m,围墙外静电感应场强水平(离地 1.5 m 空间场强)不宜大于 5 kV/m。

关于静电感应的限制措施,设计时应注意:

①尽量不要在电气设备上部设置带电导体。

②对平行跨导线的相序排列要避免同相布置,尽量减少同相导线交叉及同相转角布置,以免场强直接叠加。

③当技术经济合理时,可适当提高电器及引线安装高度,这样既降低了电场强度,又满足检修机械与带电设备的安全净距。

④控制箱和操作设备尽量布置在场强较低区,必要时可增设屏蔽线或设备屏蔽环等。

5)电晕无线电干扰和控制

在超高压配电装置内的设备、母线和设备之间连接导线,电晕产生的电晕电流具有高次谐波分量,形成向空间辐射的高频电磁波,从而对无线电通信、广播和电视产生干扰。

根据实测,频率为 1 MHz 时产生的无线电干扰最大。

对上海地区 8 个 220 kV 和 110 kV 变电站进行实测,测得 220 kV 变电站的最大值为 41 dB(A),110 kV 变电站为 44 dB(A)。

我国目前在超高压配电装置中,无线电干扰水平的允许标准暂定为在晴天配电装置围墙外(距出线边相导线投影的横向距离 20 m 外)20 m 处,对 1 MHz 的无线电干扰值不大于 50 dB(A)。为增加载流量及限制无线电干扰,超高压配电装置的导线采用扩径空心导线、多分裂导线、大直径铝管或组合铝管等。对 330 kV 及以上的超高压电气设备,规定在 1.1 倍最高工作电压下,屋外晴天夜间电气设备上应无可见电晕,1 MHz 时无线电干扰电压不应大于 2 500 μV。

(3)配电装置设计的基本步骤

①选择配电装置的型式。选择时应考虑配电装置的电压等级、电器的型式、出线多少和方式、有无电抗器、地形、环境条件等因素。

②配电装置的型式确定后,拟定配电装置的配置图。

③按照所选电气设备的外形尺寸、运输方法、检修及巡视的安全和方便等要求,遵照配电装置设计有关技术规程的规定,参考各种配电装置的典型设计和手册,设计绘制配电装置平面图和断面图。

➢ 【任务实施】

配电装置的安全净距

在发电厂虚拟仿真软件中,确各带电部分对地的距离(A 值)满足安全净距要求。

1. 人员准备

(1)教师及学生应着实训工装,佩戴安全帽。

(2)每 3~4 名学生为一组,各组学生轮流开展实训。

(3)教师在学生实训期间必须始终在现场,不得擅自离开;如果确需离开,必须停止学生的实训操作。

2. 场地准备

(1)实训室应配备合格、充足的安全工器具,并正确使用。

(2)实训现场应具备明显的应急疏散标识。

3. 任务实施

(1)工作任务准备。根据配电装置的安全净距的学习,布置工作任务。首先下发任务工作单,如表 7-3 所示。

表 7-3　配电装置的安全净距工作任务单

任务名称	配电装置的安全净距
相关任务描述	掌握配电装置的安全净距
相关学习准备	学习"配电装置的安全净距"的相关资料及网络资料
对学生的考核办法	过程考核
采用的主要教学方法	(1)多媒体、实验实训教学手段 (2)情境启发式、任务驱动式、自主探究式、协作学习式等教学方法
教学及实训设备、地点	多媒体教室、理实一体化实训室

(2)任务实施过程。根据工作任务的布置及学生学习情况,开展任务实施。实施过程如表 7-4 所示。

表 7-4　任务实施过程

任务名称	配电装置的安全净距	授课班级	
		授课时间	
学习目标	掌握配电装置的分类与特点以及配电装置的安全净距		
学习资料	配套教材《发电厂变电所电气设备》;教学视频、多媒体课件;网络资源;相关知识的储备		
专业能力	能够深刻理解配电装置安全净距技术参数的意义		
方法能力	资料收集整理能力;制订、实施工作计划的能力;理论知识的综合运用能力		
社会能力	交接工作流程确认能力;沟通协调能力;语言表达能力;团队组织能力;班组管理能力;责任心与职业道德;安全与自我保护能力;环境保护能力		
技能考核项目与要求	(1)制作 PPT,介绍配电装置安全净距 (2)能正确无误地明确各带电部分对地的距离(A 值)满足安全净距要求		
学习任务的说明	引导学生掌握配电装置的分类、特点以及安全净距,能够深刻理解配电装置安全净距技术参数的意义		
学习任务	(1)小组成员先集中讨论和学习任务所需要的知识,分工合作,吸收消化学习要点、分析学习目标、制订工作计划 (2)学生能够完成配电装置的分类、特点的学习 (3)学生能够按照计划在理实一体化教室,完成辨别各带电部分对地的距离(A 值)满足安全净距要求的任务 (4)学生按小组制作汇报 PPT,小组成员全部上台汇报,其他小组给予评价。制作思维导图,将学习成果总结归纳。配合教师进行任务反馈		

续表

项目实施过程	
目的	学习的内容
1. 资讯	(1)布置工作任务、下发任务单 要求学生了解配电装置的分类、特点和安全净距 (2)提供相关的参考资料 ①学生在教师指导下观看相关视频 ②学生自主完成讨论、习题 (3)提出本次学习过程中的疑难问题
2. 计划	学生分组(3~4人/组)讨论本任务所需的知识和技能,查阅相关学习资料
3. 决策	制订工作计划,明确工作任务,确定工作要求、工作注意事项及任务分工
4. 实施	学生根据分工完成各自任务,进行汇总,完成工作单,并根据制订的实施方案,在理实一体化教室实施完成确认配电装置安全净距技术参数的任务
5. 检查	学生分组对所做工作过程及结果进行演示和汇报:明确各带电部分对地的距离(A值)满足安全净距要求
6. 评价	(1)结果评价 ①学生对本项目的整个实施过程进行自评 ②以小组为单位,分别对其他组做的工作结果进行互评和建议 (2)资料整理和提升 ①学生总结本次实训心得,做成 PPT 形式 ②学生根据互评和教师评价的建议,填写评价表,优化方案

4. 任务评价

根据学生对本任务的实施情况,填写评价表。教师对学生的评价如表 7-5 所示。

表 7-5　教师对学生评价表

学习任务:配电装置的安全净距								
教师签字:			学习团队名称:					
评价内容		评分标准	被考核人					
目标认知程度	工作目标明确、工作计划具体、结合实际、具有可操作性	10						
情感态度	工作态度端正、注意力集中、能使用网络资源收集相关资料	10						

续表

团队协作	积极与他人合作共同完成工作任务	10					
专业能力要求	深刻理解配电装置安全净距技术参数的意义	70					
总分							

教师对小组评价		评分	评语：
资讯	15		
计划	15		
决策	20		
实施	20		
检查	10		
评估	20		
总分			

➤ **【思考问题】**

1. 什么是配电装置？它的作用是什么？
2. 配电装置怎样进行分类？
3. 什么是配电装置的最小安全净距？配电装置的 A,B,C,D,E 值是怎样确定的？

任务 2　屋内配电装置布置

➤ **【内容提要】**

本任务主要通过学习屋内配电装置，了解屋内配电装置的类型及特点，掌握屋内配电装置图的识读，这是变电站值班员必备的知识。

➤ **【学习要求】**

①了解屋内配电装置的类型和特点。
②能识别屋内配电装置图。

➤ 【任务导入】

屋内配电装置的结构形式,不仅与电气主接线型式、电压等级和采用的电气设备型式等有密切关系,还与施工、检修条件、运行经验和习惯有关。那么,屋内配电装置有什么特点?

➤ 【知识链接】

学习情境1:了解屋内配电装置的类型及特点

(1)分类及有关术语

屋内配电装置的结构形式除与电气主接线型式、电压等级、母线容量、断路器型式、出线回路数、出线方式及有无电抗器等有密切关系外,还与施工、检修条件和运行经验有关。随着新设备和新技术的采用,运行和检修经验的不断丰富,配电装置的结构和型式将会不断地发展。

发电厂和变电站的屋内配电装置,按其布置型式一般可以分为三层式、二层式和单层式。

三层式是将所有电器依其轻重分别布置在各层中,它具有安全性、可靠性高,占地面积少等特点,但其结构复杂,施工时间长,造价较高,检修和运行维护不方便,目前已较少采用。

二层式是将断路器和电抗器布置在第一层,将母线、母线隔离开关等较轻设备布置在第二层。与三层式相比,它的造价较低,运行维护和检修较方便,但占地面积有所增加。三层式和二层式均用于出线有电抗器的情况。

单层式占地面积较大,通常采用成套开关柜,以减少占地面积。35～220 kV 的屋内配电装置布置型式,只有二层式和单层式。

在屋内配电装置中,通常将同一回路的电气设备和导体布置在一个间隔内。所谓间隔是指为了将电气设备故障的影响限制在最小的范围内,以免波及相邻的电气回路,以及在检修电气设备时,避免检修人员与邻近回路的电气设备接触,而用砖或用石棉板等做成的墙体隔离的空间。按照回路的用途,可分为发电机、变压器、线路、母线(或分段)断路器、电压互感器和避雷器等间隔。各间隔依次排列起来形成所谓的列,按形成的列数可分为单列布置和双列布置。

(2)屋内配电装置图

电气工程中常用配电装置配置图(也称布置图)、平面图和断面图来描述配电装置的结构、设备布置和安装情况。

配置图是一种示意图,用来表示进线(如发电机、变压器)、出线(如线路)、断路器、互感器、避雷器等合理分配于各层、各间隔中的情况,并表示出导线和电气设备在各间隔的轮廓外形,但不要求按比例尺寸绘出。通过配置图可以了解和分析配电装置的整体布置方案,统计所用的主要电气设备。

平面图是在平面上按比例画出房屋及其间隔、通道和出口等处的平面布置轮廓,平面上的间隔只是为了确定间隔数及排列,可不表示所装电气设备。

断面图是用来表明所取断面的间隔中各种设备的具体空间位置、安装和相互连接的结构图。断面图也应按比例绘制。

学习情境2:了解屋内配电装置的布置原则

(1)总体布置

①尽量将电源布置在每段母线的中部,使母线截面通过较小的电流,但有时为了连接方便,根据主厂房或变电站的布置而将发电机或变压器间隔设在每段母线的端部。

②同一回路的电器和导体应布置在一个间隔内,以保证检修和限制故障范围。

③较重的设备布置在下层,以减轻楼板的荷重并便于安装。

④充分利用间隔的位置。

⑤设备对应布置,便于操作。

⑥有利于扩建。

间隔内设备的布置尺寸除满足表7-1最小安全净距外,还应考虑设备的安装和检修条件,进而确定间隔的宽度和高度。设计时,可参考一些典型方案进行。

(2)屋内配电装置的设备布置

①母线及隔离开关。母线通常装在配电装置的上部,一般呈水平、垂直和直角三角形布置,如图7-3所示。

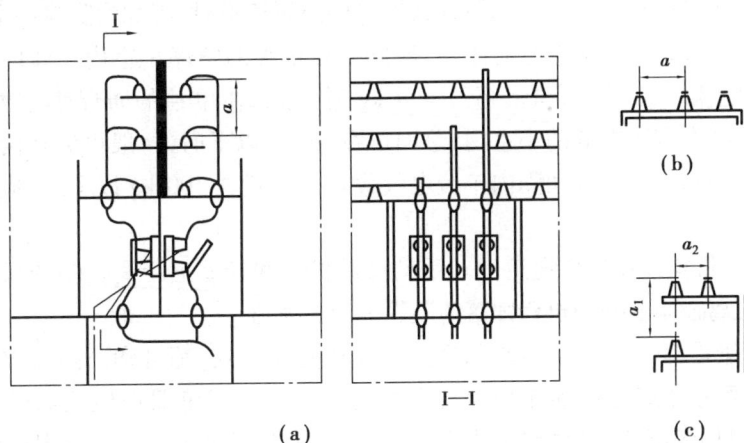

图7-3　母线布置方式

(a)垂直布置;(b)水平布置;(c)直角三角形布置

水平布置不如垂直布置便于观察,但建筑部分简单,可降低建筑物的高度,安装比较容易,在中小容量发电厂和变电站的配电装置中采用较多。垂直布置时,相间距离可以取得较大,无须增加间隔深度;支柱绝缘子装在水平隔板上,绝缘子间的距离可取较小值。垂直布置的母线结构可获得较高的机械强度,但垂直布置的结构复杂,并增加建筑高度。垂直布置可用于20 kV以下、短路电流很大的配电装置中。直角三角形布置的结构紧凑,可充分利用间隔的高度和深度,但三相为非对称布置,外部短路时,各相母线和绝缘子机械强度均不相同,这种布置方式可用于 6～35 kV 大中容量的配电装置中。

母线相间距离 a 取决于相间电压,并考虑短路时母线和绝缘子的机械强度与安装条件。6～10 kV 小容量配电装置,母线水平布置时,a 为 250～350 mm;母线垂直布置时,a 为 700～800 mm;35 kV 配电装置中母线水平布置时,相间距离 a 约为 500 mm。

双母线布置中的两组母线应与垂直的隔墙或板分开,这样在一组母线故障时,不会影响另一组母线,并可安全地检修故障母线。母线分段布置时,在两段母线之间应以隔墙或板隔开。

在负荷变动或温度变化时,硬母线会胀缩,如母线很长,又是固定连接,则在母线、绝缘子和套管中可能会产生危险的应力。为了将它消除,必须按规定加装母线补偿器。不同材料的导体相互连接时,应采取措施,防止产生电化腐蚀。

母线隔离开关通常设在母线的下方。为了防止带负荷误拉隔离开关引起飞弧造成母线短路,在双母线布置的屋内配电装置中,母线与母线隔离开关之间宜装设耐火隔板。两层以上的配电装置中,母线隔离开关宜单独布置在一个小室内。

为了确保设备及工作人员的安全,屋内配电装置应设置防止误拉合隔离开关、带接地线合闸、带电合接地开关、误拉合断路器、误入带电间隔(常称五防)电气误操作事故的防误闭锁装置。

②断路器及其操动机构。断路器通常设在单独的小室内。油断路器小室的形式,按照油量多少及防爆结构的要求可分为敞开式、封闭式以及防爆式。四壁用实体墙壁、顶盖和无网眼的门完全封闭起来的小室,称为封闭小室;小室完全或部分使用非实体的隔板或遮栏,称为敞开小室;当封闭小室的出口直接通向屋外或专设的防爆通道时,则称为防爆小室。

总油量超过 100 kg 的油浸电力变压器,应安装在单独的防爆小室内。屋内的单台断路器、电压互感器、电流互感器,总油量超过 600 kg 时,应装在单独的防爆小室内;总油量为 60～600 kg 时,应装在有防爆墙的小室内;总油量在 60 kg 以下时,一般可装在两侧有隔板的敞开小室内。为了防火安全,当间隔内单台电气设备总油量在 100 kg 以上时,应设置储油或挡油设施。

断路器的操动机构设在操作通道内。手动操动机构和轻型远距离控制的操动机构均装在壁上,重型远距离控制的操动机构则落地装在混凝土基础上。

③互感器和避雷器。电流互感器无论是干式还是油浸式,都可和断路器放在同一小室内。穿墙式电流互感器应尽可能作为穿墙套管使用。电压互感器都经隔离开关和熔断器(110 kV 及以上只用隔离开关)接到母线上,它需占用专用的间隔,但同一间隔内,可以装设几台不同用途的电压互感器。

当母线上接有架空线路时,母线上应装避雷器。避雷器体积不大,通常与电压互感器共占用一个间隔(相互之间应以隔层隔开),并可共用一组隔离开关。

④电抗器。电抗器比较重,大多布置在封闭小室的第一层。电抗器按其容量不同有 3 种不同的布置方式:垂直布置、品字形布置和水平布置,如图 7-4 所示。

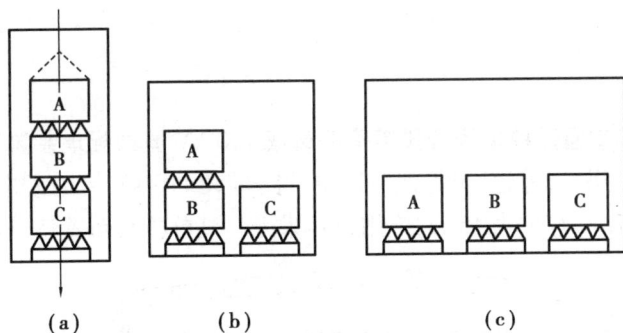

图7-4 电抗器的布置方式

(a)垂直布置;(b)品字形布置;(c)水平布置

通常线路电抗器采用垂直布置或品字形布置。当电抗器的额定电流超过1 000 A、电抗值超过5% ~6%时,电抗器质量及尺寸过大,垂直布置会有困难,且使小室高度增加较多,宜采用品字形布置;额定电流超过1 500 A的母线分段电抗器或变压器低压侧的电抗器(或分裂电抗器),宜采取水平布置。

安装电抗器必须注意,垂直布置时,B相应放在上下两相之间;品字形布置时,不应将A,C相重叠在一起,其原因是B相电抗器线圈的缠绕方向与A,C相线圈相反,这样在外部短路时,电抗器相间的最大作用力是吸引力,而不是排斥力,以便利用瓷绝缘子抗压强度比抗拉强度大得多的特点。

⑤电缆隧道及电缆沟。电缆隧道及电缆沟是用来放置电缆的。电缆隧道为封闭狭长的构筑物,高1.8 m以上,两侧设有数层敷设电缆的支架,可放置较多的电缆,人在隧道内能方便地进行电缆的敷设和维修工作,但其造价较高,一般用于大型电厂。电缆沟则为有盖板的沟道,沟宽与深均不足1 m,可容纳的电缆数量较少,敷设和维修电缆必须揭开水泥盖板,很不方便。沟内容易积灰和积水,但土建施工简单,造价较低,常为变电站和中小型发电厂所采用。国内外有不少发电厂将电缆吊在天花板下,以节省电缆沟。为使电力电缆发生事故时不致影响控制电缆,一般将电力电缆与控制电缆分开排列在过道两侧。如布置在一侧,控制电缆应尽量布置在下面,并用耐火隔板与电力电缆隔开。

⑥配电装置室的通道和出口。配电装置的布置应便于设备操作、检修和搬运,需设置必要的通道(走廊)。凡用来维护和搬运各种电器的通道,称为维护通道;如通道内设有断路器或隔离开关的操动机构、就地控制屏等,称为操作通道;仅和防爆小室相通的通道,称为防爆通道。配电装置室内各种通道的最小宽度(净距)应符合规程要求。

为了保证工作人员的安全及工作的方便,不同长度的屋内配电装置室,应有一定数目的出口。长度小于7 m时,可设置一个出口;长度大于7 m时,应有两个出口,最好设在两端;当长度大于60 m时,在中部适当的地方再增加一个出口。配电装置室出口的门应向外开,并应装弹簧锁,相邻配电装置室之间如有门时,应能向两个方向开启。

⑦配电装置室的采光和通风。配电装置室可以开窗采光和通风,但应采取防止雨雪、风沙、污秽和小动物进入室内的措施。配电装置室应按事故排烟要求装设足够的事故通风装置。

▶ 【任务实施】

二层二通道单母线分段带旁路母线 110 kV 屋内配电装置布置

图 7-5 所示为二层、二通道、单母线分段带旁路母线 110 kV 屋内配电装置断面图。该配电装置间隔宽度为 7 m,跨度为 15 m,应用自然采光。试分析其布置特点。

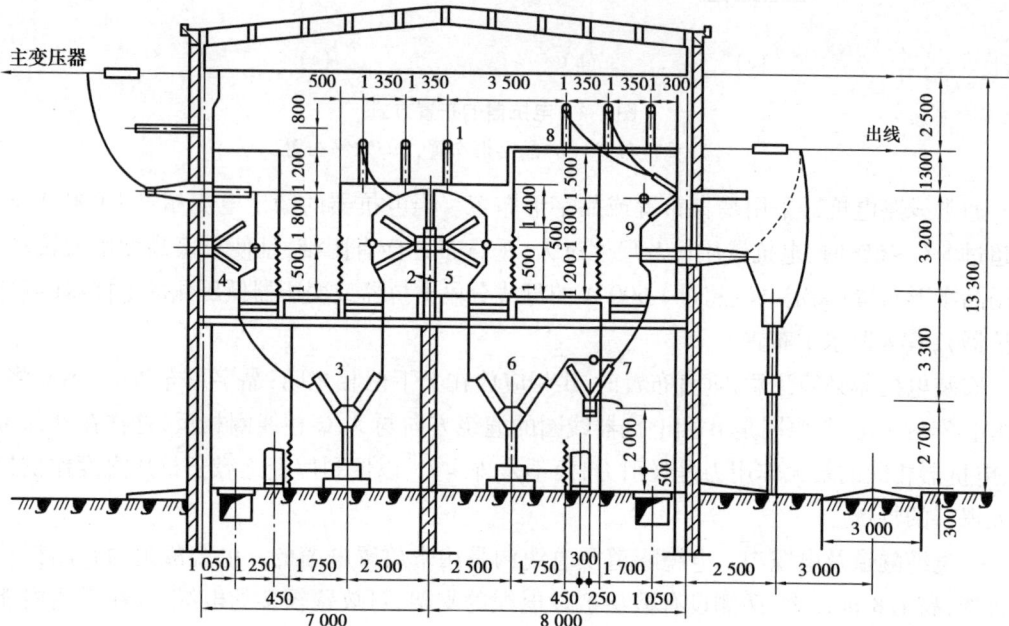

图 7-5　二层二通道单母线分段带旁路母线 110 kV 屋内配电装置断面图
1—母线;2,4,5,7,9—隔离开关;3,6—断路器;8—旁路母线

1. 人员准备

(1)教师及学生应着实训工装,佩戴安全帽。

(2)每 3~4 名学生为一组,各组学生轮流开展实训。

(3)教师在学生实训期间必须始终在现场,不得擅自离开;如果确需离开,必须停止学生的实训操作。

2. 场地准备

(1)实训室应配备合格、充足的安全工器具,并正确使用。

(2)实训现场应具备明显的应急疏散标识。

3. 任务实施

(1)工作任务准备。根据屋内配电装置布置的学习,布置工作任务。首先下发任务工作单,如表 7-6 所示。

表 7-6　屋内配电装置布置工作任务单

任务名称	屋内配电装置布置
相关任务描述	了解屋内配电装置的类型和特点,能识别屋内配电装置图
相关学习准备	学习"屋内配电装置布置"的相关资料及网络资料
对学生的考核办法	过程考核
采用的主要教学方法	(1)多媒体、实验实训教学手段 (2)情境启发式、任务驱动式、自主探究式、协作学习式等教学方法
教学及实训设备、地点	多媒体教室、理实一体化实训室

（2）任务实施过程。根据工作任务的布置及学生学习情况,开展任务实施。实施过程如表 7-7 所示。

表 7-7　任务实施过程

任务名称	屋内配电装置布置	授课班级	
		授课时间	
学习目标	了解屋内配电装置的类型及特点,掌握屋内配电装置图的识读		
学习资料	配套教材《发电厂变电所电气设备》;教学视频、多媒体课件;网络资源;相关知识的储备		
专业能力	了解屋内配电装置的布置原则,掌握屋内配电装置图的识读		
方法能力	资料收集整理能力;制订、实施工作计划的能力;理论知识的综合运用能力		
社会能力	交接工作流程确认能力;沟通协调能力;语言表达能力;团队组织能力;班组管理能力;责任心与职业道德;安全与自我保护能力;环境保护能力		
技能考核项目与要求	(1)制作 PPT,介绍屋内配电装置的布置原则 (2)能正确无误地分析二层二通道单母线分段带旁路母线 110 kV 屋内配电装置布置		
学习任务的说明	引导学生了解屋内配电装置的类型及特点,掌握屋内配电装置图的识读,这是变电站值班员必备的知识		
学习任务	(1)小组成员先集中讨论和学习任务所需要的知识,分工合作,吸收消化学习要点、分析学习目标、制订工作计划 (2)学生能够完成屋内配电装置的类型及特点的学习 (3)学生能够按照计划在理实一体化教室,完成分析二层二通道单母线分段带旁路母线 110 kV 屋内配电装置布置的任务 (4)学生按小组制作汇报 PPT,小组成员全部上台汇报,其他小组给予评价。制作思维导图,将学习成果总结归纳。配合教师进行任务反馈		
项目实施过程			
目的	学习的内容		

续表

1. 资讯	(1)布置工作任务、下发任务单 要求学生了解屋内配电装置的类型及特点 (2)提供相关的参考资料 ①学生在教师指导下观看相关视频 ②学生自主完成讨论、习题 (3)提出本次学习过程中的疑难问题
2. 计划	学生分组(3~4人/组)讨论本任务所需的知识和技能,查阅相关学习资料
3. 决策	制订工作计划,明确工作任务,确定工作要求、工作注意事项及任务分工
4. 实施	学生根据分工完成各自任务,进行汇总,完成工作单,并根据制订的实施方案,在理实一体化教室完成屋内配电装置图的识读任务
5. 检查	学生分组对所做工作过程及结果进行演示和汇报:分析二层二通道单母线分段带旁路母线110 kV屋内配电装置布置
6. 评价	(1)结果评价 ①学生对本项目的整个实施过程进行自评 ②以小组为单位,分别对其他组做的工作结果进行互评和建议 (2)资料整理和提升 ①学生总结本次实训心得,做成PPT形式 ②学生根据互评和教师评价的建议,填写评价表,优化方案

4. 任务评价

根据学生对本任务的实施情况,填写评价表。教师对学生的评价如表7-8所示。

表7-8　教师对学生评价表

学习任务:配电装置的安全净距							
教师签字:			学习团队名称:				
评价内容		评分标准	被考核人				
目标认知程度	工作目标明确、工作计划具体、结合实际、具有可操作性	10					
情感态度	工作态度端正、注意力集中、能使用网络资源收集相关资料	10					
团队协作	积极与他人合作共同完成工作任务	10					

续表

学习任务:配电装置的安全净距								
专业能力要求	分析二层二通道单母线分段带旁路母线 110kV 屋内配电装置布置	70						
总分								
教师对小组评价		评分	评语:					
资讯	15							
计划	15							
决策	20							
实施	20							
检查	10							
评估	20							
总分								

➤ 【思考问题】

为了确保设备及工作人员的安全,屋内配电装置应设置的"五防"功能是什么?

任务 3　屋外配电装置布置

➤ 【内容提要】

本任务主要通过学习屋外配电装置,了解屋外配电装置的类型及特点,掌握屋外配电装置图的识读,这是变电站值班员必备的知识。

➤ 【学习要求】

①了解屋外配电装置的类型和特点。
②能识别屋外配电装置图。
③识读各种类型布置的平面图及剖视图。

➤ 【任务导入】

根据电器和母线布置的高度,屋外配电装置可分为中型、高型和半高型三类。其中,中型配电装置又分为普通中型和分相中型两类。那么,不同类型的布置有什么特点?

➤ 【知识链接】

学习情境 1:了解屋外配电装置布置的若干问题

(1)母线及构架

1)母线

屋外配电装置采用的母线有软母线和硬母线两种。

①软母线。常用的软母线有钢芯铝绞线、扩径软管母线和分裂导线,三相呈水平布置,用悬式绝缘子悬挂在母线构架上。软母线的优点是可选用较大挡距(一般不超过 3 个间隔),缺点是弧垂导致导线相间及对地距离增加,相应地,母线构架及跨越线构架的宽度和高度均需加大。

②硬母线。常用的硬母线有矩形、管形和组合管形,多数情况呈水平布置,一般安装在支柱式绝缘子上,管形母线应加装母线补偿器。当地震基本烈度为 8 度及以上时,管形母线宜用悬挂式。矩形母线用于 35 kV 及以下的配电装置,管形母线用于 63 kV 及以上的配电装置。

硬母线的优点如下:

a.弧垂极小,没有拉力,不需另设高大构架。

b.不会摇摆,相间距离可缩小,节省占地面积,特别是管形母线与剪刀式隔离开关配合时,可大大节省占地面积。

c.管形母线直径大,表面光滑,可提高起晕电压。

硬母线的缺点如下:

a.管形母线易产生微风共振,对基础不均匀下沉较敏感。

b.管形母线挡距不能太大,一般不能上人检修。

c.支柱式绝缘子防污、抗振能力较差。对屋外的母线桥,当外物有可能落到母线上时,应根据具体情况采取防护措施,如在母线上部设铜板护罩。

2)构架

屋外配电装置采用的构架型式主要有以下几种:

①钢构架。钢构架的优点是机械强度大,可按任何负荷和尺寸制造,便于固定设备,抗振能力强,经久耐用,运输方便。其缺点是金属消耗量大,为防锈需要经常维护(镀钵)。

②钢筋混凝土构架。钢筋混凝土的优点是可节约大量钢材,可满足各种强度和尺寸要求,经久耐用,维护简单,且钢筋混凝土环形杆可成批生产,分段制造,运输安装方便。其主要

缺点是不便于固定设备。钢筋混凝土构架是我国配电装置构架的主要形式。

③钢筋混凝土环形杆与镀锌钢梁(热镀锌防腐)组成的构架。它兼有前两者的优点,在我国 220 kV 及以下的各种配电装置中广泛采用。

④钢管混凝土柱和钢板焊成的板箱组成的构架。这是一种用材少、强度高的结构形式,适用于大跨距的 500 kV 配电装置。

(2)电力变压器

①采用落地布置,安装于钢筋混凝土基础上。其基础一般为双梁形并敷以铁轨,铁轨中心距等于变压器滚轮中心距。

②为防止变压器发生事故时燃油流散、扩大事故,对单个油箱的油量超过 1 000 kg 的变压器,应在其下面设储油池,池的尺寸应比变压器的外廓大 1 m,池内敷设厚度不小于 0.25 m 的卵石层。容量为 125 MVA 及以上的主变压器,应设置充氮灭火或水喷雾灭火装置。

③主变压器与建筑物的距离不应小于 1.25 m。

④当变压器油量超过 2 500 kg 时,两台变压器之间的防火净距离不应小于下列规定:35 kV 为 5 m,110 kV 为 6 m,220 kV 及以上为 10 m。如布置有困难,应设防火墙,其高度不低于油枕的顶端,长度应大于储油池两侧各 1 m。

(3)电器

电器按布置高度可分为低式布置和高式布置两种。低式布置是指电器安装在 0.5 ~ 1 m 高的混凝土基础上,其优点是检修比较方便,抗振性能好;缺点是需设置围栏,影响通道畅通。高式布置是指电器安装在 2 ~ 2.5 m 高的混凝土基础上,不需设置围栏。

①少油、空气、SF_6 断路器有低式和高式布置。按所占据的位置,有单列、双列和三列(如在 3/2 接线形式中)布置。

②隔离开关和电流、电压互感器均采用高式布置。

③隔离开关的操动机构宜布置在边相,当三相联动时宜布置在中相。

④布置在高型或半高型配电装置上层的 220 kV 隔离开关和布置在高型配电装置上层的 110 kV 隔离开关,宜采用就地电动操动机构。

⑤避雷器有低式和高式布置。110 kV 及以上的阀形避雷器,器身细长,采用低式布置,安装在 0.4 m 高的基础上,并加围栏;磁吹避雷器及 35 kV 的阀形避雷器,形体矮小,稳定性好,采用高式布置。

(4)电缆沟

电缆沟的布置应使电缆所走的路径最短。按布置方向可分为以下 3 种:

①纵向(与母线垂直)电缆沟。纵向电缆沟为主干电缆沟,一般分两路。

②横向(与母线平行)电缆沟。横向电缆沟一般布置在断路器和隔离开关之间。

③辐射形电缆沟。当采用弱电控制和晶体管、微机继电保护时,为加强抗干扰可采用辐射形电缆沟。

（5）通道、围栏

①为运输设备和消防的需要，在主设备近旁应敷设行车道。大中型变电所内，一般均敷设宽 3 m 的环形道或具备回车条件的通道。500 kV 屋外配电装置宜设相间运输通道。

②为方便运行人员巡视设备，应设置宽 0.8 ~ 1 m 的巡视小道，电缆沟盖板可作为部分巡视小道。

③高式布置的屋外配电装置，应设高层通道和必要的围栏。110 kV 可采用 2 m 宽的通道，220 kV 可采用 3 ~ 3.6 m 宽的通道。

④发电厂及大型变电所的屋外配电装置周围宜设高度不低于 1.5 m 的围栏，以防止外人任意进入。

学习情境 2：了解 330 ~ 500 kV 超高压配电装置的特殊问题

（1）静电感应

在高压输电线路或配电装置的母线下和电气设备附近有对地绝缘的人或导电物体时，由于电容耦合而产生感应电压。当人站在地上与地绝缘不好时，就会有感应电流流过，人就会有麻电感觉。静电感应与空间场强有密切关系，实用中常以某处的空间场强来衡量该处的静电感应水平。所谓空间场强，是指离地面 1.5 m 处的空间电场强度，又称地面场强。

我国规定的空间场强水平为：配电装置内不宜超过 10 kV/m，围墙外不宜超过 5 kV/m。为此，在配电装置的设计上要采取降低场强的措施。例如，尽量避免在电器上方设置带电导体，以防检修设备时受静电感应影响；导线的布置要避免或减少电场直接叠加，如两邻跨的边相（其场强较高）采用异相布置；控制箱等操作设备尽量布置在场强较低区；在场强超过 10 kV/m 且人员经常活动的地方，增设屏蔽线或设备屏蔽环；适当增加导线对地的安全净距 C 值等。

（2）无线电干扰

在超高压配电装置中，电器、母线和连接导线所产生的电晕中高次谐波分量形成高频电磁波，对无线电通信、广播和电视会产生干扰。根据实测，频率为 1 MHz 时的干扰值最大。

我国目前超高压配电装置中无线电干扰水平的允许标准暂定如下：在晴天，配电装置围墙外 20 m 处（距出线边相导线投影的横向距离 20 m 外）对 1 MHz 时的无线电干扰值不大于 50 dB。同时规定在 1.1 倍最高工作相电压下，屋外晴天夜晚电气设备上应无可见电晕，1 MHz 时的无线电干扰电压不大于 2 500 μV。为了增加载流量及限制电晕无线电干扰，超高压配电装置的导线采用扩径软管导线、多分裂导线、大直径铝管或组合铝管。

（3）噪声

配电装置中的噪声源主要为主变压器、电抗器及电晕放电，其中主变压器较为严重。

我国规定，有人值班的生产建筑允许连续噪声的最大值为 90 dB，控制室、计算机房、通信室为 65 dB。控制噪声的措施主要为优先选用低噪声的标准电气设备以及注意主（网）控制楼（室）、通信楼（室）及办公室等与主变压器的相对位置和距离，尽量避免平行相对布置。

➤ 【任务实施】

屋外配电装置布置

一、知识准备

1.220 kV 双母线进出线带旁路、合并母线架、断路器单列布置的配电装置

图 7-6 所示为 220 kV 双母线进出线带旁路、合并母线架、断路器单列布置的配电装置,试分析其布置特点。

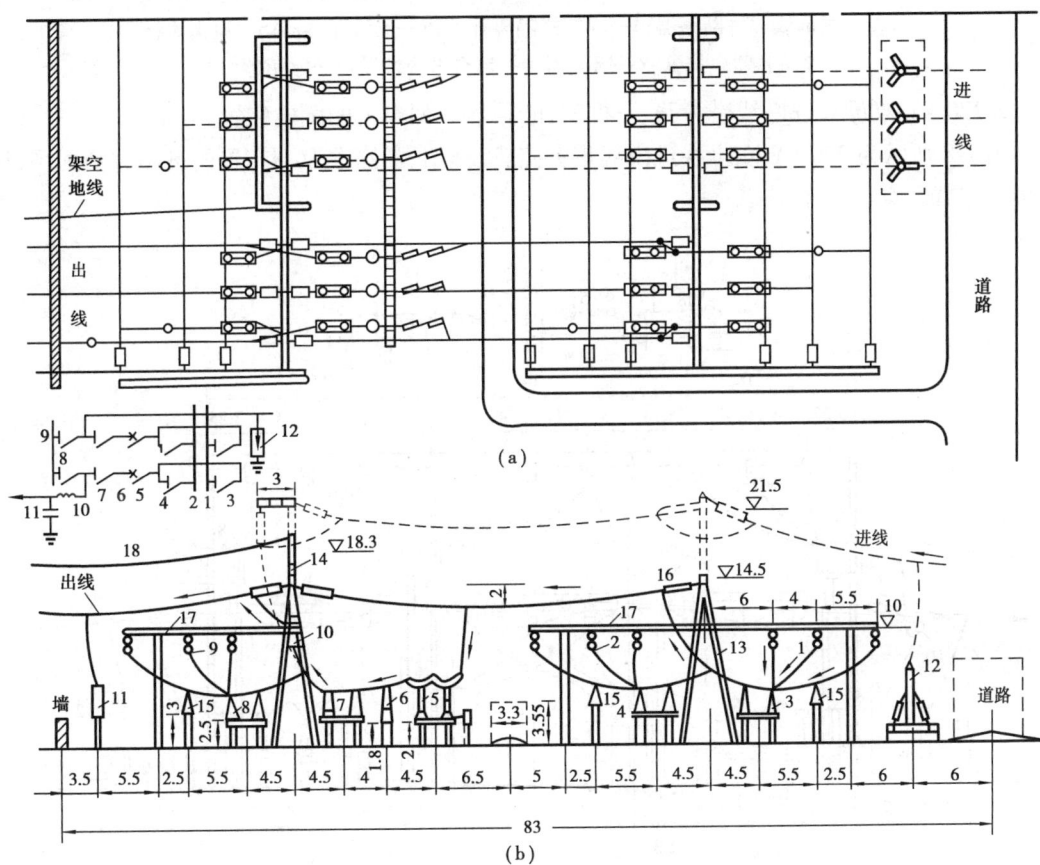

图 7-6　220 kV 双母线进出线带旁路、合并母线架、断路器单列布置的配电装置(单位:m)

(a)平面图;(b)断面图

1,2—母线;3,4,7,8—隔离开关;5—少油断路器;6—电流互感器;9—旁路母线;

10—阻波器;11—耦合电容器;12—避雷器;13—中央门形架;14—出线门形架;

15—支持绝缘子;16—悬式绝缘子串;17—母线构架;18—架空地线

500 kV 一台半断路器接线、断路器三列布置的配电装置

图 7-7 所示为 500kV 一台半断路器接线、断路器三列布置的进出断面图,试分析其布置特点。

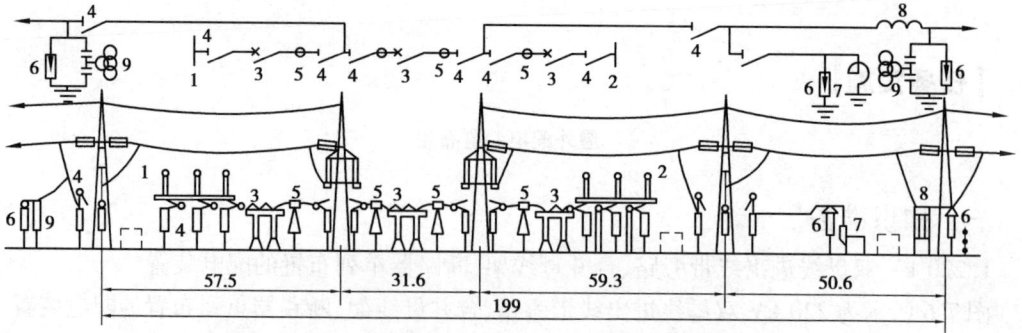

图 7-7   500 kV 一台半断路器接线、断路器三列布置的进出线断面图(单位:m)

1,2—主母线;3—断路器;4—伸缩式隔离开关;5—电流互感器;6—避雷器;

7—并联电抗器;8—阻波器;9—耦合电容器及电压互感器

2.220 kV 双母线进出线带旁路、三框架、断路器双列布置的配电装置

图 7-8 所示为 220 kV 双母线进出线带旁路、三框架、断路器双列布置的进出线断面图,试分析其布置特点。

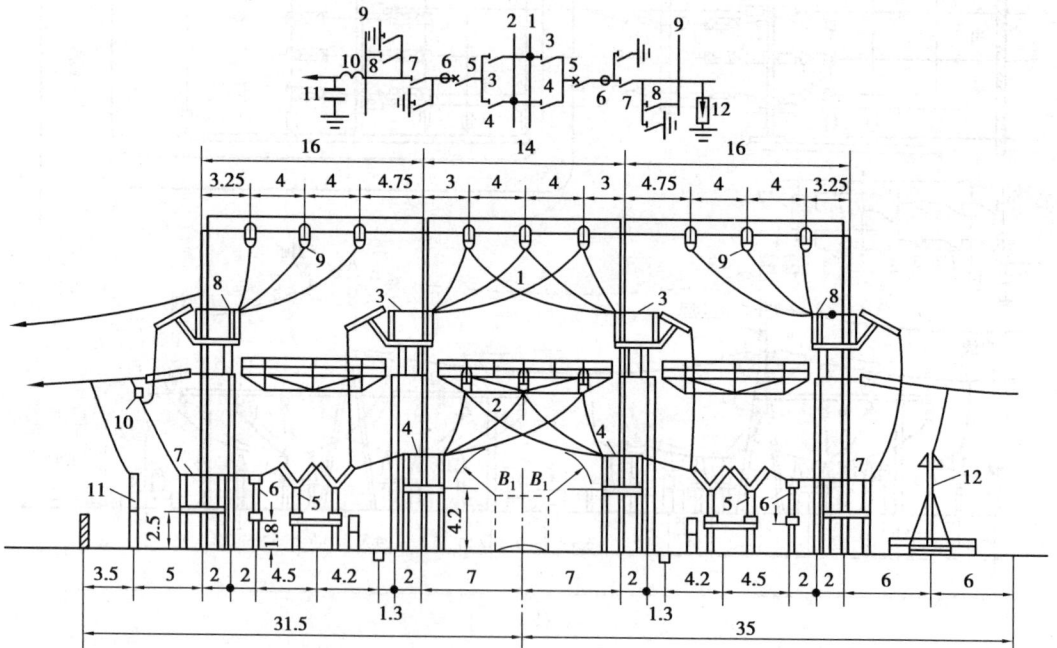

图 7-8   220 kV 双母线进出线带旁路、三框架、断路器双列布置的进出线断面图(单位:m)

1,2—主母线;3,4,7,8—断路器;5—断路器;6—电流互感器;

9—旁路母线;10—阻波器;11—耦合电容器;12—避雷器

3.110 kV 单母线进出线带旁路、半高型布置的配电装置

图 7-9 所示为 110 kV 单母线、进出线带旁路、半高型布置的进出线断面图,试分析其布置特点。

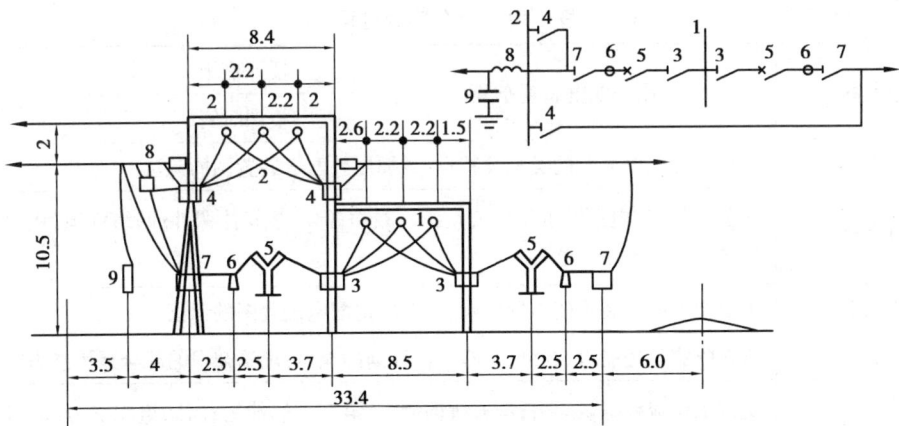

图 7-9 110 kV 单母线进出线带旁路、半高型布置的进出线断面图(单位:m)

1—母线;2—旁路母线;3,4,7—隔离开关;5—断路器;6—电流互感器;8—阻波器;9—耦合电容器

二、实施内容

1. 人员准备

(1)教师及学生应着实训工装,佩戴安全帽。

(2)每 3~4 名学生为一组,各组学生轮流开展实训。

(3)教师在学生实训期间必须始终在现场,不得擅自离开;如果确需离开,必须停止学生的实训操作。

2. 场地准备

(1)实训室应配备合格、充足的安全工器具,并正确使用。

(2)实训现场应具备明显的应急疏散标识。

3. 任务实施

(1)工作任务准备。根据屋外配电装置布置的学习,布置工作任务。首先下发任务工作单,如表 7-9 所示。

表 7-9 屋外配电装置布置工作任务单

任务名称	屋外配电装置布置
相关任务描述	了解屋外配电装置的类型和特点,能识别屋外配电装置图
相关学习准备	学习"屋外配电装置布置"的相关资料及网络资料
对学生的考核办法	过程考核
采用的主要教学方法	(1)多媒体、实验实训教学手段 (2)情境启发式、任务驱动式、自主探究式、协作学习式等教学方法
教学及训练设备、地点	多媒体教室、理实一体化实训室

(2)任务实施过程。根据工作任务的布置及学生学习情况,开展任务实施。实施过程如表 7-10 所示。

表 7-10　任务实施过程

任务名称	屋外配电装置布置	授课班级	
		授课时间	
学习目标	了解屋外配电装置的类型及特点,掌握屋外配电装置图的识读		
学习资料	配套教材《发电厂变电所电气设备》;教学视频、多媒体课件;网络资源;相关知识的储备		
专业能力	了解屋外配电装置的布置原则,掌握屋内配电装置图的识读		
方法能力	资料收集整理能力;制订、实施工作计划的能力;理论知识的综合运用能力		
社会能力	交接工作流程确认能力;沟通协调能力;语言表达能力;团队组织能力;班组管理能力;责任心与职业道德;安全与自我保护能力;环境保护能力		
技能考核项目与要求	(1)制作 PPT,介绍屋外配电装置的布置原则 (2)实训现场能正确无误地分析中型、高型和半高型三类屋外配电装置布置图		
学习任务的说明	引导学生了解屋外配电装置的类型及特点,掌握屋外配电装置图的识读,这是变电站值班员必备的知识		
学习任务	(1)小组成员先集中讨论和学习任务所需要的知识,分工合作,吸收消化学习资料、分析学习目标、制订工作计划 (2)学生能够完成屋外配电装置的类型及特点的学习 (3)学生能够按照计划在理实一体化教室,完成分析中型、高型和半高型三类屋外配电装置布置图的任务 (4)学生按小组制作汇报 PPT,小组成员全部上台汇报,其他小组给予评价。制作思维导图,将学习成果总结归纳。配合教师进行任务反馈		
项目实施过程			
目的	学习的内容		
1. 资讯	(1)布置工作任务、下发任务单 要求学生了解屋外配电装置的类型及特点 (2)提供相关的参考资料 ①学生在教师指导下观看相关视频 ②学生自主完成讨论、习题 (3)提出本次学习过程中的疑难问题		
2. 计划	学生分组(3~4 人/组)讨论本任务所需的知识和技能,查阅相关学习资料		
3. 决策	制订工作计划,明确工作任务,确定工作要求、工作注意事项及任务分工		
4. 实施	学生根据分工完成各自任务,进行汇总,完成工作单,并根据制订的实施方案,在理实一体化教室完成屋外配电装置图的识读任务		
5. 检查	学生分组对所做工作过程及结果进行演示和汇报:分析中型、高型和半高型三类屋外配电装置布置图		

续表

6.评价	(1)结果评价 ①学生对本项目的整个实施过程进行自评 ②以小组为单位,分别对其他组做的工作结果进行互评和建议 (2)资料整理和提升 ①学生总结本次实训心得,做成 PPT 形式 ②学生根据互评和教师评价的建议,填写评价表,优化方案

4.任务评价

根据学生对本任务的实施情况,填写评价表。教师对学生的评价如表 7-11 所示。

表 7-11 教师对学生评价表

学习任务:配电装置的安全净距							
教师签字:			学习团队名称:				
评价内容		评分标准	被考核人				
目标认知程度	工作目标明确、工作计划具体、结合实际、具有可操作性	10					
情感态度	工作态度端正、注意力集中、能使用网络资源收集相关资料	10					
团队协作	积极与他人合作共同完成工作任务	10					
专业能力要求	中型、高型和半高型三类屋外配电装置布置图	70					
总分							

教师对小组评价		评分	评语:
资讯	15		
计划	15		
决策	20		
实施	20		
检查	10		
评估	20		
总分			

➤ 【思考问题】

　　1.屋外配电装置的种类有哪些？各种类型的结构特点如何？

　　2.普通中型和分相中型配电装置有什么区别？试比较其优缺点。

　　3.高型与半高型配电装置有什么区别？

任务4　成套配电装置的运行维护

➤ 【内容提要】

　　本任务主要通过学习各类成套配电装置的特点和应用场景,掌握成套配电装置的运行与维护,这是变电站值班员必备的知识和技能。

➤ 【学习要求】

　　①了解各种成套配电装置的特点和应用场景。

　　②掌握各种成套配电装置的运行与维护要求。

➤ 【任务导入】

　　按照电气主接线的标准配置或用户的具体要求,将同一功能回路的开关电器、测量仪表、保护电器和辅助设备都组装在全封闭或半封闭的金属壳(柜)体内,形成标准模块,由制造厂按主接线成套供应,各模块在现场装配而成的配电装置称为成套配电装置。成套配电装置分为低压配电屏(或开关柜)、高压开关柜和 SF$_6$ 全封闭组合电器 3 类。那么,各种成套配电装置有何特点,该如何运行维护?

➤ 【知识链接】

学习情境1:认识低压配电屏

　　如图 7-10 所示为 PGL 系列低压配电屏结构示意图。

　　其框架用角钢和薄钢板焊成,屏面有门,维护方便。在上部屏门上装有测量仪表,中部面板上设有隔离开关的操作手柄和控制按钮等,下部屏门内有继电器、二次端子和电能表。母线布置在屏顶,并设有防护罩。其他电器元件都装在屏后。屏间装有隔板,可限制故障范围。

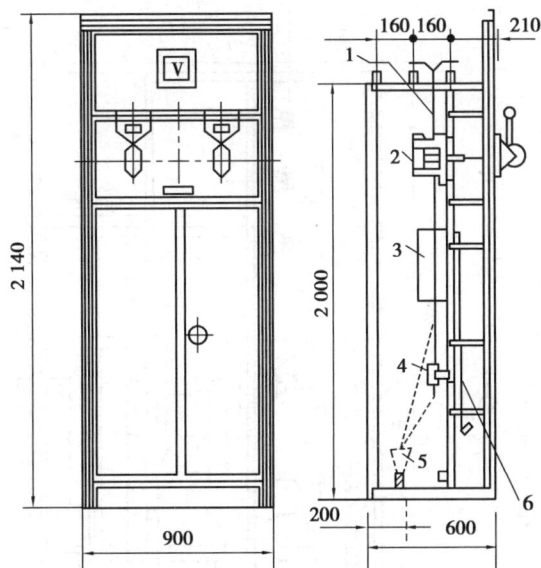

图 7-10　PGL-1 低压配电屏结构示意图

1—母线及绝缘框;2—隔离开关;3—低压断路器;

4—电流互感器;5—电缆头;6—继电器

低压配电屏结构简单、价廉,并可双面维护,检修方便,在发电厂(或变电站)中作为厂(站)用低压配电装置。一般几回低压线路共用一块低压配电屏。

学习情境 2:认识高压开关柜

我国目前生产的 3~35 kV 高压开关柜可分为固定式和手车式两类。

(1)手车式高压开关柜

JYN 系列手车式高压开关柜的内部结构,如图 7-11 所示。

该系列的开关柜为单母线接线,一般由以下 5 个部分组成:

①手车室。柜前正中部为手车室,断路器及操动机构均装在小车上,断路器手车正面上部为推进机构,用脚踩手车下部连锁脚踏板,车后母线室面板上的遮板提起,插入手柄,转动蜗杆,可使手车在柜内平稳前进或后移。当手车在工作位置时,断路器通过隔离插头与母线和出线相通。检修时,将小车拉出柜外,动、静触头分离,一次触头隔离罩自动关闭,起安全隔离作用。如果急需恢复供电,可换上备用小车,既方便检修,又可减少停电时间。手车与柜相连的二次线采用插头连接。当断路器离开工作位置后,其一次隔离插头虽已断开,但二次线仍可接通,以便调试断路器。手车两侧及底部设有接地滑道、定位销和位置指示等附件。

②继电器仪表室。测量仪表、信号继电器和继电保护用连接片装在小室的仪表门上,小室内有继电器、端子排、熔断器和电能表。

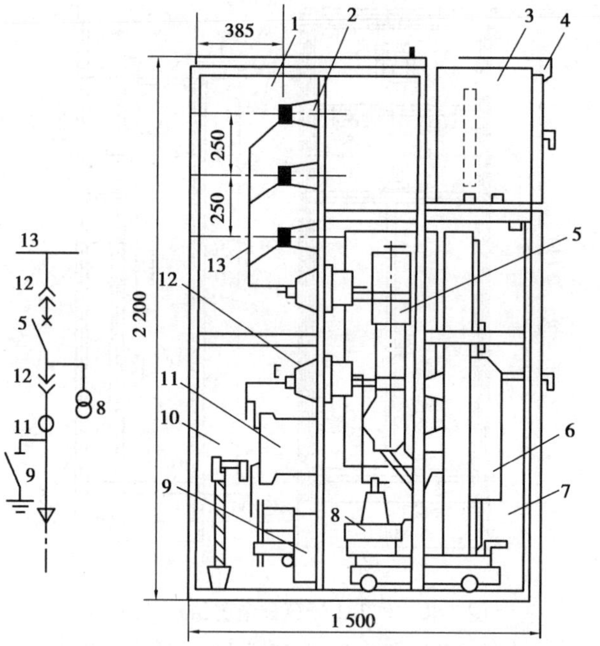

图 7-11　JYN2-10/01～05 高压开关柜内部结构示意图

1—母线室;2—母线及绝缘子;3—继电器仪表室;4—小母线室;5—断路器;6—手车;7—手车室;
8—电压互感器;9—接地开关;10—出线室;11—电流互感器;11—次触头隔离罩;13—母线

③母线室。母线室位于开关柜的后上部,室内装有母线和静隔离触头。母线为封闭式,不易积灰和短路,可靠性高。

④出线室。出线室位于柜后部下方,室内装有出线侧静隔离触头、电流互感器、引出电缆(或硬母线)和接地开关等。

⑤小母线室。在柜顶的前部设有小母线室,室内装有小母线和接线座。

在柜前、后面板上设有观察窗,便于巡视。封闭结构能防尘和防止小动物侵入而造成短路,其运行可靠,维护工作量少,可用于发电厂中 6～10 kV 厂用配电装置。

(2)固定式高压开关柜

如图 7-12 所示为 XGN2-10 型固定式高压开关柜,它由断路器室、母线室、电缆室和仪表室等组成。断路器室在柜体下部,断路器的传动由拉杆与操动机构连接。断路器操动机构在面板左侧,其上方为隔离开关的操作及连锁机构。断路器下接线端子与电流互感器连接,电流互感器与下隔离开关的接线端子连接,断路器上接线端子与上隔离开关接线端子连接。断路器室设有压力释放通道,当内部电弧燃烧时气体可通过排气通道将压力释放。母线室在柜体后上部,为减小柜体高度母线呈品字形布置。电缆室在柜体下部的后方,电缆固定在支架上。仪表室在柜体前上部,便于运行人员观察。

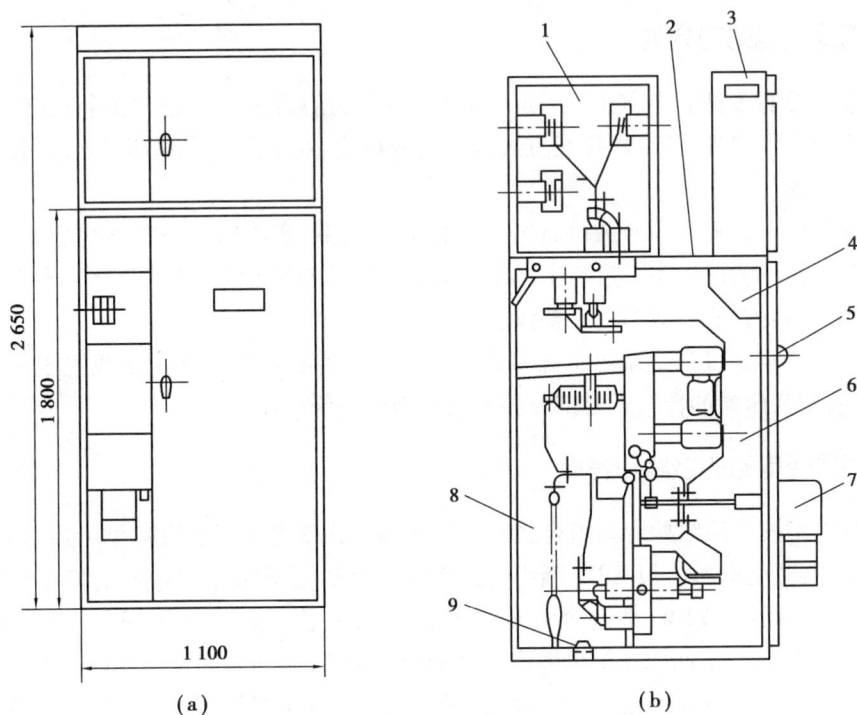

图 7-12　XGN2-10 型固定式高压开关柜

(a)外形图;(b)结构示意图

1—母线室;2—压力释放通道;3—仪表室;4—组合开关室;

5—手动操作及连锁机构;6—断路器室;7—电磁式弹簧机构;

8—电缆室;9—接地母线

学习情境 3:认识箱式变电站

(1)箱式变电站的提出

在配电系统中,以变电站为中心的供电线路半径过大,线路损耗随着用电负荷的增大而大大增加,同时供电质量也大大降低。要减少线路损耗,保证供电质量,就得提高供电电压,这是众所周知的事实。为此,国家在城乡供电网络建设中,要求高压直接进入负荷中心。有资料显示,将供电电压从 400 V 提高到 10 kV,可以减少线路损耗 60%,减少总投资和用铜量 52%,其经济效益相当可观。要实现高压深入负荷中心,箱式变电站是最经济、方便、有效的配电设备。

箱式变电站是一种将高压开关设备、变压器和低压配电装置按一定接线方式组成一体,在制造厂预制的紧凑型中压配电装置,即将高压受电、变压器降压和低压配电等功能有机组合在一起。箱式变电站具有成套性强、体积小、占地少、能深入负荷中心、提高供电质量、减少线路损耗、缩短送电周期、选址灵活、对环境适应性强、安装方便、运行安全可靠及投资少、见效快等一系列优点,在电力系统中获得广泛应用。

(2)箱式变电站的分类

箱式变电站有多种分类方法,如按产品结构可分为组合式变电站和预装式变电站,按安装场所分为户内和户外,按高压接线方式分为终端接线、双电源接线和环网接线,按箱体结构分为整体和分体等。

组合式变电站是将高压开关设备为一室称为高压室,变压器为一室称为变压器室,低压配电装置为一室称为低压室。这3个室组成的变电站可有两种布置,即目字形布置和品字形布置,直接装于箱内,使之成为一个整体。

预装式变电站是将变压器的器身、高压负荷开关、熔断器及高低压连线置于一个共同的封闭油箱内,用变压器油作为带电部分相间及对地的绝缘介质。

(3)箱式变电站的接线和特点

箱式变电站按产品结构分为组合式变电站和预装式变电站,如 ZBW 型为组合式变电站,YB27 型为预装式变电站。以 ZBW 型组合式变电站为例,说明箱式变电站的接线和结构。

如图 7-13 所示为 ZBW 型组合式变电站的电气一次接线。由图可知,高压侧有两路10 kV 进线,低压侧有 7 回 400 V 电缆出线、1 回无功补偿、1 回站用电及计量仪表等。箱式变电站的变压器可采用 Dyn11 或 Yyn11 联结组号,采用 Dyn11 联结能较好地控制谐波分量增大的影响,电压质量可得到保证。

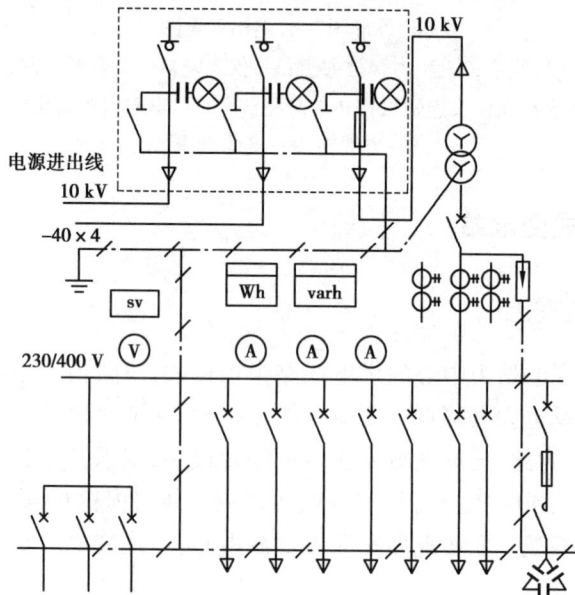

图 7-13　ZBW 型组合式变电站的电气一次接线

如图 7-14 所示为 ZBW 型组合式变电站的内部结构示意图。由图可知,高压室 1、变压器室 2 和低压室 3 为目字形布置,箱体顶盖有隔热层 4,四面有门;变压器室装有排气扇 5,以强化空气循环,变压器设有温度监测、超温报警与跳闸,并设有机械和电气连锁,满足五防要求。各室均装有应急照明,操作维修方便。

概括起来,箱式变电站具有以下特点:

①组合式变电站箱体材料采用非金属玻纤增强特种水泥制成,它具有易成形、隔热效果好、机械强度高、阻燃特性好以及外形美观、易与周围建筑群体形成一体化的环境。

②箱体内部用金属钢板分为高压开关室、变压器室和低压开关室,各室间严格隔离。

③高压室采用完善可靠的紧凑型设计,具有全面的防误操作连锁功能,性能可靠,操作方便,检修灵活。

④变压器可选用 SC 系列干式变压器和 S7,S9 型油浸式变压器以及其他低损耗变压器。特别是新 S9 型变压器,其能耗比 S7 型变压器的空载损耗 P_0 降低约 10%,负载损耗 P_k 降低约 25%。新 S9 型变压器的容量为 30~1 600 kVA。

变压器的器身为三相三柱或三相五柱结构。三相五柱式 Dyn11 联结变压器的特点是带三相不对称负荷能力强,不会因三相负荷不对称造成中性点电压偏移,同时较好地控制谐波分量增大的影响,电压质量可得到保证,此外,这种变压器具有很好的耐雷特性。

⑤低压室有配电柜、计量柜和无功补偿柜,满足不同用户的需求,方便变电站和变压器的正常运行。

⑥箱式变电站适用于环网供电系统,也适用于终端供电和双线供电等供电方式,并且这 3 种供电方式的互换性极好。

⑦高压侧进线方式推荐采用电缆进线,在特殊情况下与厂方协商可采用架空进线。

⑧10 kV 侧采用真空断路器替代传统的负荷断路器加熔断器,易于设置保护和快速消除故障,可迅速恢复供电,从而可减少更换熔断器的熔丝而造成的停电损失。

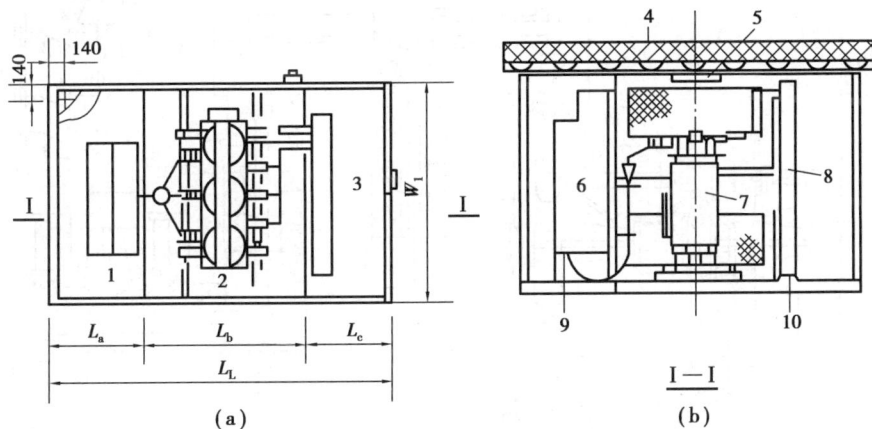

图 7-14 ZBW 型组合式变电站的结构示意图
(a)平面布置图;(b)断面图
1—高压室;2—变压器室;3—低压室;4—隔热层;5—排气扇;
6—高压设备;7—变压器;8—低压设备;9—高压电缆;10—低压电缆

学习情境 4:认识气体全封闭组合电器

气体全封闭组合电器的英文全称为 Gas Insulated Switchgear,简写为 GIS。它是由断路器、隔离开关、快速或慢速接地开关、电流互感器、电压互感器、避雷器、母线和出线套管等元件,按电气主接线的要求依次连接组合成一个整体,并且全部封闭于接地的金属外壳中,壳体内充一定压力的 SF_6 气体,作为绝缘和灭弧介质。目前,通称为 SF_6 全封闭组合电器。

SF_6 全封闭组合电器按绝缘介质,可以分为全 SF_6 气体绝缘型封闭式组合电器(FGIS,常简写为 GIS)和部分 SF_6 气体绝缘型封闭式组合电器(HGIS)两类。前者是全封闭的,而后者则有两种情况:一种是除母线、避雷器和电压互感器外,其他元件均采用 SF_6 气体绝缘,并构成以断路器为主体的复合电器(HGIS);另一种则相反,只有母线、避雷器和电压互感器采用 SF_6 气体绝缘的封闭母线,其他元件均为常规的空气绝缘的敞开式电器(AIS)。

SF_6 全封闭组合电器按主接线方式分为单母线、双母线、一台半断路器接线、桥形和角形等接线方式。

如图 7-15 所示为 220 kV 双母线 SF_6 全封闭组合电器断面图。为了便于支撑和检修,母线 I,II 布置在下部,断路器 4(双断口)水平布置在上部,出线用电缆,整个回路按照电路顺序呈 Π 形布置,使装置结构紧凑;母线 I,II 采用三相共箱式(即三相母线封闭在公共外壳内),其余元件均采用分箱式结构。盆式绝缘子 11 用于支撑带电导体和将装置分隔成若干不漏气的隔离室。隔离室具有便于监视、易于发现故障点、限制故障范围以及检修或扩建时减少停电范围的作用;在两组母线 I,II 汇合处设有伸缩节 10,以减少温度变化和安装误差、振动及基础不同程度的沉降引起的附加应力。此外,装置外壳上设有检查孔、窥视孔和防爆盘等设备。

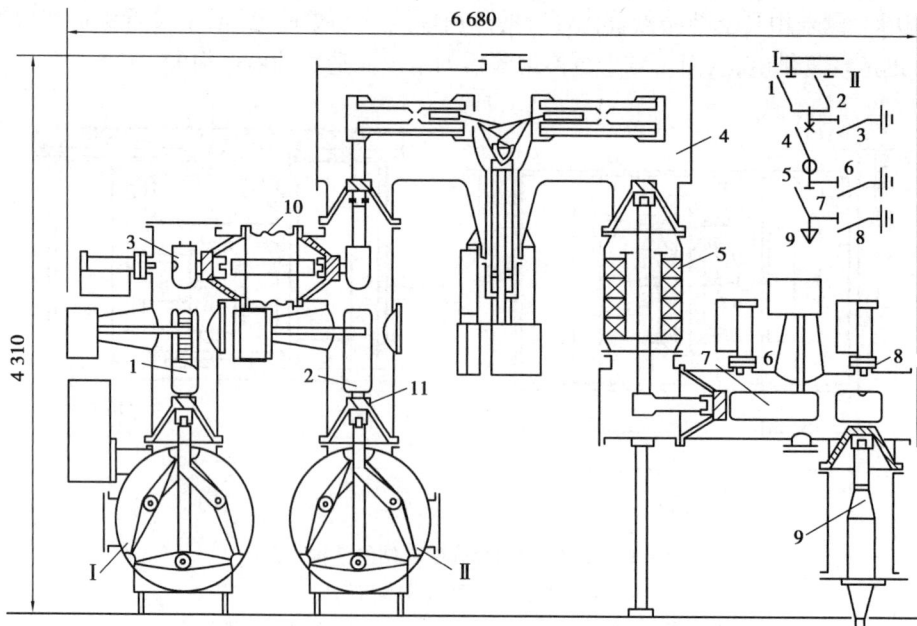

图 7-15 220 kV 双母线 SF_6 全封闭组合电器断面图

I、II—主母线;1,2,7—隔离开关;3,6,8—接地开关;4—断路器;
5—电流互感器;9—电缆头;10—伸缩节;11—盆式绝缘子

SF_6 全封闭组合电器的主要特点是占地面积小、占用空间少,运行可靠性高,维护工作量小,检修周期长,不受外界环境条件的影响,无静电感应和电晕干扰,噪声水平低,抗震性能好,适应性强。

SF$_6$全封闭组合电器的性能优异,它已用在 110~1 000 kV 各个电压等级的电网中,特别是在 500 kV 及 750 kV 超高压电网和 1 000 kV 特高压电网中。

➤ 【任务实施】

成套配电装置的运行维护

一、知识准备

35 kV 高压开关柜维护保养要求独立进行巡检,巡检内容如下:

①检修程序锁和联锁,动作保持敏捷牢靠,程序正确;

②按断路器、隔离开关、操动机构等电器元件的规定进行检修调试;

③检查电气接触部位,看接触状况是否较好,检测接地回路;

④有手车的必须检查手车推动机构的状况,保证其满意说明书的有关要求;

⑤检查二次回路端子是否松动,并进行必要的检修;

⑥检查各部分紧固件,如有松动,应马上紧固;

⑦检查接地回路各部分的状况,如接地触点、主接地线等,保证其导电的连续性;

⑧对 SF$_6$ 负荷开关必须检查气体压力指标数据,视状况准时进行补气;

⑨清扫各部位的尘土,特别是绝缘材料表面的尘土;

⑩日常运行时留意负荷较大时是否有异响,停机时进行加固;

⑪继电保护装置端子的清洁及加固。

二、实施内容

1. 人员准备

(1)教师及学生应着实训工装,佩戴安全帽。

(2)每 3-4 名学生为一组,各组学生轮流开展实训。

(3)教师在学生实训期间必须始终在现场,不得擅自离开;如果确需离开,必须停止学生的实训操作。

2. 场地准备

(1)实训室应配备合格、充足的安全工器具,并正确使用。

(2)实训现场应具备明显的应急疏散标识。

3. 任务实施

(1)工作任务准备。根据成套配电装置的运行维护的学习,布置工作任务。首先下发任务工作单,如表 7-12 所示。

表 7-12　成套配电装置的运行维护工作任务单

任务名称	成套配电装置的运行维护
相关任务描述	了解各种成套配电装置的特点和应用场景,掌握各种成套配电装置的运行与维护要求

续表

任务名称	成套配电装置的运行维护
相关学习准备	学习"成套配电装置的运行维护"的相关资料及网络资料
对学生的考核办法	过程考核
采用的主要教学方法	(1)多媒体、实验实训教学手段 (2)情境启发式、任务驱动式、自主探究式、协作学习式等教学方法
教学及实训设备、地点	多媒体教室、理实一体化实训室

(2)任务实施过程。根据工作任务的布置及学生学习情况,开展任务实施。实施过程如表 7-13 所示。

表 7-13   任务实施过程

任务名称	成套配电装置的运行维护	授课班级	
		授课时间	
学习目标	了解各种成套配电装置的特点和应用场景,掌握各种成套配电装置的运行与维护要求		
学习资料	配套教材《发电厂变电所电气设备》;教学视频、多媒体课件;网络资源;相关知识的储备		
专业能力	掌握各种成套配电装置的运行与维护要求		
方法能力	资料收集整理能力;制订、实施工作计划的能力;理论知识的综合运用能力		
社会能力	交接工作流程确认能力;沟通协调能力;语言表达能力;团队组织能力;班组管理能力;责任心与职业道德;安全与自我保护能力;环境保护能力		
技能考核项目与要求	(1)制作 PPT,介绍各种成套配电装置的特点和应用场景 (2)能正确无误地完成 35kV 高压开关柜维护保养巡检		
学习任务的说明	引导学生了解成套配电装置的特点和应用场景,掌握成套配电装置的运行与维护,这是变电站值班员必备的知识和技能		
学习任务	(1)小组成员先集中讨论和学习任务所需要的知识,分工合作,吸收消化学习要点、分析学习目标、制订工作计划 (2)学生能够完成成套配电装置的特点和应用场景的学习 (3)学生能够按照计划在理实一体化教室,完成 35 kV 高压开关柜维护保养巡检的任务 (4)学生按小组制作汇报 PPT,小组成员全部上台汇报,其他小组给予评价。制作思维导图,将学习成果总结归纳。配合教师进行任务反馈		
项目实施过程			
目的	学习的内容		

续表

1.资讯	(1)布置工作任务、下发任务单 要求学生了解成套配电装置的特点和应用场景 (2)提供相关的参考资料 ①学生在教师指导下观看相关视频 ②学生自主完成讨论、习题 (3)提出本次学习过程中的疑难问题
2.计划	学生分组(3~4人/组)讨论本任务所需的知识和技能,查阅相关学习资料
3.决策	制订工作计划,明确工作任务,确定工作要求、工作注意事项及任务分工
4.实施	学生根据分工完成各自任务,进行汇总,完成工作单,并根据制订的实施方案,在理实一体化教室完成成套配电装置的运行与维护
5.检查	学生分组对所做工作过程及结果进行演示和汇报:35 kV 高压开关柜维护保养巡检
6.评价	(1)结果评价 ①学生对本项目的整个实施过程进行自评 ②以小组为单位,分别对其他组做的工作结果进行互评和建议 (2)资料整理和提升 ①学生总结本次实训心得,做成 PPT 形式 ②学生根据互评和教师评价的建议,填写评价表,优化方案

4.任务评价

根据学生对本任务的实施情况,填写评价表。教师对学生的评价如表 7-14 所示。

表 7-14　教师对学生评价表

学习任务:配电装置的安全净距								
教师签字:			学习团队名称:					
评价内容		评分标准	被考核人					
目标认知程度	工作目标明确、工作计划具体、结合实际、具有可操作性	10						
情感态度	工作态度端正、注意力集中、能使用网络资源收集相关资料	10						
团队协作	积极与他人合作共同完成工作任务	10						
专业能力要求	35kV 高压开关柜维护保养巡检操作	70						

续表

总分						
教师对小组评价		评分	评语：			
资讯	15					
计划	15					
决策	20					
实施	20					
检查	10					
评估	20					
总分						

➢ **【思考问题】**

1. 什么是成套配电装置？它的特点是什么？

2. 低压成套配电装置包括哪些类型？

3. 什么是高、中压开关柜？各类高、中压开关柜是如何进行分类的？

4. 什么是 SF_6 全封闭组合电器？它由哪些主要元件组成？它的主要优点是什么？

5. 什么是箱式变电所？它的基本结构包括哪些部分？

项目8

接地装置的布置

任务 1 认识接地及接地装置

> **【内容提要】**

本任务主要学习电力系统的接地装置,通过本任务的学习,了解接地的概念及分类,掌握接地装置的组成和接地电阻。

> **【学习要求】**

①了解接地的概念和分类。
②掌握接地装置及作用。
③掌握接地电阻的作用。

> **【任务导入】**

在电气设备运行过程中,为防止设备漏电而引起线路跳闸、人身触电等情况的发生,经常采用接地装置将接地极接地。

> **【知识链接】**

学习情境 1:接地及接地装置

(1)接地概念及分类

将电力系统或建筑物中电气装置、设施应该接地的部分,经接地装置与大地作良好的电气连接,称为接地。

接地按用途分可分为 4 种。

1)工作接地

为了保证电力系统正常情况下能可靠工作,将系统中的某一点(中性点),直接或经特殊设备与地作金属连接,称为工作接地。

2)保护接地

为了保护人身和设备的安全,将电气装置正常情况下不带电而绝缘损坏有可能带电的金属部分(电气装置的金属外壳、配电装置的金属构架、线路杆塔等)接地,称为保护接地。

3)防雷接地

为雷电保护装置(避雷针、避雷线、避雷器等)向大地泄漏放雷电流而设的接地称为防雷接地。

4)防静电接地

为防止静电对易燃油、天然气贮罐和管道等的危险作用而设置的接地称为防静电接地。

(2)接地装置

1)接地体、接地线和接地装置

①埋入地下并与大地直接接触的金属体或金属体组,称为接地体或接地极。

②电气设备外壳、杆塔的接地螺栓与接地体之间连接的导线,称为接地线。

③接地体和接地线的总和,称为接地装置。

④由垂直和水平接地体组成的供发电厂、变电所使用的兼有泄放电流和均压作用的较大型的水平网状接地装置,称为接地网。

2)自然接地体和人工接地体

接地体包括自然接地体和人工接地体。

①自然接地体。兼作接地体用的直接与大地接触的各种金属构件、非可燃液体及气体的金属管道建筑物或构筑物基础中的钢筋、电缆外皮、电杆的基础及其上的架空避雷线或中性线等称为自然接地体。

②人工接地体。为满足接地装置接地电阻值的要求而专门埋设的接地体,包括垂直埋入地中的钢管、角钢、槽钢,水平敷设的圆钢、扁钢、铜带等,称为人工接地体。

(3)接地电阻

接地电阻包括接地线电阻、接地体本身电阻及地里流散电阻。接地线和接地体电阻很小,可以忽略不计,一般认为接地电阻就是流散电阻。

电流经接地装置的接地体流入大地时,大地表面将形成接地电位,接地装置与大地零电位点之间的电位差,称为接地装置的对地电压。

接地电阻在数值上等于接地装置的对地电压与通过接地体流入地中电流之比。其中,按通过接地体流入地中工频交流电求得的电阻,称为工频接地电阻;按通过接地体流入地中冲击电流求得的电阻,称为冲击接地电阻。

➤ 【任务实施】

认识接地及接地装置

1. 人员准备

(1)教师及学生应着实训工装,佩戴安全帽。

(2)每 3~4 名学生为一组,各组学生轮流开展实训。

(3)教师在学生实训期间必须始终在现场,不得擅自离开;如果确需离开,必须停止学生的实训操作。

2. 场地准备

(1)实训室应配备合格、充足的安全工器具,并正确使用。

(2)实训现场应具备明显的应急疏散标识。

3. 任务实施

(1)工作任务准备。根据认识接地及接地装置的学习,布置工作任务。首先下发任务工作单,如表8-1 所示。

表 8-1　认识接地及接地装置工作任务单

任务名称	认识接地及接地装置
相关任务描述	初步认识接地的概念及分类
相关学习准备	学习"接地及接地装置"的相关资料及网络资料
对学生的考核办法	过程考核
采用的主要教学方法	(1)多媒体、实验实训教学手段 (2)情境启发式、任务驱动式、自主探究式、协作学习式等教学方法
教学及实训设备、地点	多媒体教室、理实一体化实训室

(2)任务实施过程。根据工作任务的布置及学生学习情况,开展任务实施。实施过程如表所示。

表 8-2　任务实施过程

任务名称	认识接地及接地装置	授课班级	
		授课时间	
学习目标	初步认识接地和接地装置		
学习资料	配套教材《发电厂变电所电气设备》;教学视频、多媒体课件;网络资源;相关知识的储备		
专业能力	能够了解接地装置的构成并进行接地电阻的测量		
方法能力	资料收集整理能力;制订、实施工作计划的能力;理论知识的综合运用能力		

续表

社会能力	交接工作流程确认能力;沟通协调能力;语言表达能力;团队组织能力;班组管理能力;责任心与职业道德;安全与自我保护能力;环境保护能力
技能考核项目与要求	(1)制作 PPT,介绍接地装置的构成及接地电阻的测量方法 (2)实训现场正确无误地进行接地电阻的测量并记录
学习任务的说明	引导学生了解接地装置的构成并正确进行接地电阻的测量
学习任务	(1)小组成员先集中讨论和学习任务所需要的知识,分工合作,吸收消化学习资料、分析学习目标、制订工作计划 (2)学生能够完成接地和接地装置的学习 (3)学生能够按照计划在理实一体化教室组织完成接地和接地装置的认知任务 (4)学生按小组制作汇报 PPT,小组成员全部上台汇报,其他小组给予评价。制作思维导图,将学习成果总结归纳。配合教师进行任务反馈

项目实施过程	
目的	**学习的内容**
1. 资讯	(1)布置工作任务、下发任务单 要求学生接地装置的构成及接地电阻的测量方法 (2)提供相关的参考资料 ①学生在教师指导下观看相关视频 ②学生自主完成讨论、习题 (3)提出本次学习过程中的疑难问题
2. 计划	学生分组(3~4 人/组)讨论本任务所需的知识和技能,查阅相关学习资料
3. 决策	制订工作计划,明确工作任务,确定工作要求、工作注意事项及任务分工
4. 实施	学生根据分工完成各自任务,进行汇总,完成工作单,并根据制订的实施方案,在理实一体化教室完成接地电阻的测量
5. 检查	学生分组对所做工作过程及结果进行演示和汇报:接地装置的构成及接地电阻的测量方法
6. 评价	(1)结果评价 ①学生对本项目的整个实施过程进行自评 ②以小组为单位,分别对其他组做的工作结果进行互评和建议 (2)资料整理和提升 ①学生总结本次实训心得,做成 PPT 形式 ②学生根据互评和教师评价的建议,填写评价表,优化方案

4. 任务评价

根据学生对本任务的实施情况,填写评价表。教师对学生的评价如表 8-3 所示。

表 8-3　教师对学生评价表

学习任务:认识接地及接地装置							
教师签字:			学习团队名称:				
评价内容		评分标准	被考核人				
目标认知程度	工作目标明确、工作计划具体、结合实际、具有可操作性	10					
情感态度	工作态度端正、注意力集中、能使用网络资源收集相关资料	10					
团队协作	积极与他人合作共同完成工作任务	10					
专业能力要求	熟悉接地电阻的正确测量方法	70					
总分							

教师对小组评价		评分	评语:
资讯	15		
计划	15		
决策	20		
实施	20		
检查	10		
评估	20		
总分			

➤ **【思考问题】**

1.什么是接地?按用途可以分为哪几种?

2.什么是接地装置?

任务2　认识保护接地

➤ 【内容提要】

本任务主要通过学习保护接地的相关知识,了解人体触电的形式及影响,掌握保护接地的定义、作用以及保护接地的应用范围。

➤ 【学习要求】

①掌握触电的影响因素和对人体的伤害形式。
②掌握保护接地的作用。
③掌握保护接地的范围。

➤ 【任务导入】

在电力系统中如何防止人身触电事故?

➤ 【知识链接】

学习情境:认识保护接地

保护接地是防止人身触电事故,保证电气设备正常运行的重要技术措施。保护接地可以防止在绝缘损坏或意外情况下金属外壳带电时强电流通过人体,以保证人身的安全。

(1)人体触电

人体触电一般是指人体触及或靠近带电体时,造成电流对人体的伤害。

1)触电对人体的伤害形式

①电伤。电伤是指电流的热效应等对人体外部造成的伤害,如电弧灼伤、电弧光的辐射及烧伤、电烙印等。

②电击。电击是指电流通过人体,对人体的内部器官造成的伤害。当电流作用于人体的神经中枢心脏和肺部等器官时,将破坏它们的正常功能,可能使人发生抽搐、痉挛、失去知觉,乃至危及人的生命。

人体触电

严重的电伤和电击都有致命的危险,其中电击的危险性更大,触电死亡事故大多是由电击造成的。

2)影响触电伤害程度的因素

人体触电时所受的伤害程度与通过人体电流的大小、电流通过的持续时间、电流通过的

路径、电流的频率及人体状况(人体电阻、身心健康状况)等因素有关。其中电流的大小和通过的持续时间是主要因素。

试验研究认为频率为 50 Hz 的交流电,通过人体的电流超过 50 mA 时,对人有致命危险。我国规定人身安全电流极限值为 30 mA。根据环境条件的不同,我国规定的安全电压分别为 36 V,24 V 及 12 V。

3)触电的形式

①人体直接接触或过分靠近电气设备的带电部分。为防止这类触电事故发生,应使人体与带电设备之间的距离符合安全距离要求。

②人体接触到平时不处在电压下,但由于绝缘损坏而呈现电压的设备金属外壳或构架。为防止这类触电事故发生,应将这些设备的金属外壳和构架实施保护接地。在中性点接地的三相四线制 380/220 V 电网中,采用保护接零。

③靠近电气设备带电部分的接地短路处,遭到较高电压所引起的伤害。

(2)保护接地

1)保护接地的作用

如图 8-2 所示为保护接地作用的示意图,图中电机的中性点不接地。

①正常运行时,电机的外壳不带电。当某一相对外壳的绝缘损坏时,外壳带电,且外壳与地之间的电压接近相电压。线路与大地之间存在电容,若有人接触电机的外壳,人体中就会流过单相接地电流 I,发生触电事故,如图 8-1(a)所示。

②采取保护接地后的情况如图 8-1(b)所示。在电机外壳带电的情况下,如果有人触及电机的外壳,则接地短路电流将同时沿着接地体和人体两条路径通过,即流过人体的电流 I_m 为

$$I_m = \frac{R_u}{R_m + R_c + R_u} I$$

式中　R_m——人体电阻;

R_u——接地装置的接地电阻;

R_c——人与地面的接触电阻;

I——单相接地电流。

上式表明,接地装置的电阻越小,通过人体的电流就越小。通常人体电阻是接地电阻的几百倍,选择合适的接地装置,通过人体的电流可以保证在安全值以下,从而保证人身的安全。

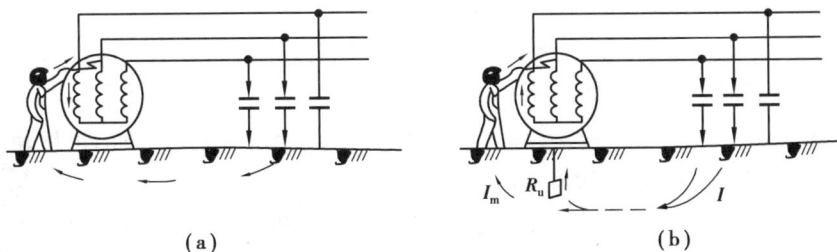

(a)　(b)

图 8-1　保护接地作用的示意图

(a)无保护接地;(b)有保护接地

2）接触电压和跨步电压

电气设备的金属外壳经接地线与埋入地中的接地体连接,构成保护接地。当电气设备一相绝缘损坏而与外壳相碰发生接地短路时,接地电流通过接地体向大地四周流散。如果土壤的电阻率在各个方向相同,则电流在各个方向的分布是均匀的,如图8-3中箭头所示,可近似认为电流作半球形散流,形成电流场。因半球体的表面积与半径的平方成正比,故表面积随着半径的增大而迅速增大,与之相对应的土壤电阻迅速减小,电流通过大地时所产生的电压降迅速减小。接地体的电位 U_a 随着与接地体的距离增加,电位迅速下降,可以认为在离接地体 15～20 m 处的电位为零,这是电工上通常所说的"地"。

处于分布电位区域内的人,可能有两种方式触及不同电位点而受到电压的作用,如图8-2所示。

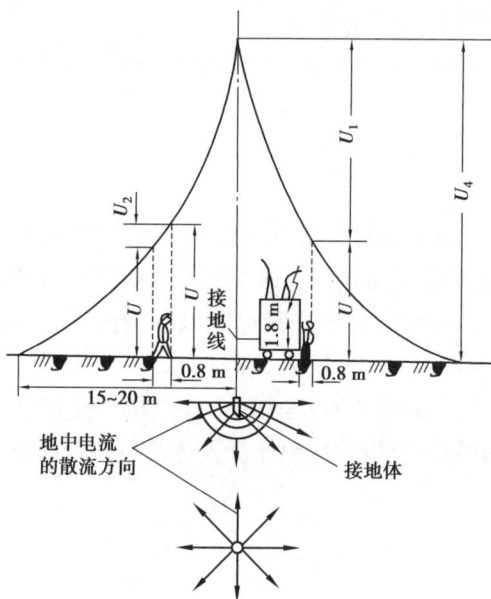

图 8-2   接地电流的散流场和地面电位分布

①接触电压。人站在地面上离设备水平距离 0.8 m 处,手触到设备外壳、构架离地面垂直距离 1.8 m 处时,加于人手与脚之间的电压称为接触电压。

设地面上离设备水平距离为 0.8 m 处的电位为 U,设备外的电位(或接地体对地定电位)为 U_d,则接触电压为

$$U_c = U_d - U$$

设备外壳的电位总是与接地体的对地点位相当,而设备越远离接地体,U 越大接触电压 U_c 越大。若设备置于离接地体 20 m 以外处,则 $U=0$,这时 U_c 最大,为 U_d。

②跨步电压。人在分布电位区域内沿地中电流的散流方向行走,步距为 0.8 m 时,两脚之间所受的电压称为跨步电压。

设地面上水平距离为 0.8 m 的两点的电位分别为 U_1 和 U_2,则跨步电压为

$$U_s = U_1 - U_2$$

由图8-3中电位分布曲线可知,在同一接地装置附近,人体越靠近基地体,

跨步电压

U_s 越大;反之,U_s 越小,人体距接地体 20 m 以外处时,$U_s=0$。

3)接触电压和跨步电压的允许值

人体所耐受的接触电压和跨步电压的允许值,与通过人体电流的大小、持续时间的长短、地面土壤电阻率及电流流经人体的途径有关,在接地装置的设计和施工时,应将其控制在允许值之下。

①110 kV 及以上有效接地系统和 6~35 kV 低电阻接地系统。

发生单相接地或同点两相接地时,发电厂、变电所接地装置的接触电压 U_c 和跨步电压 U_s 的允许值为

$$U_c = \frac{174 + 0.17\rho t}{\sqrt{t}}$$

$$U_s = \frac{174 + 0.7\rho t}{\sqrt{t}}$$

式中　ρ——人脚站立处地面的土壤电阻率,$\Omega\cdot m$;

　　　t——接地短路电流持续时间,一般采用主保护动作时间加相应断路器的全分闸时间,s。

②3~63 kV 不接地、经消弧线圈接地和高电阻接地系统

发生单相接地且不迅速切除故障时,发电厂、变电所接地装置的接触电压 U_c 和跨步电压 U_s 的允许值为

$$U_c = 50 + 0.05\rho t$$

$$U_s = 50 + 0.2\rho t$$

式中各量含义同上。

③在条件特别恶劣的场所,如矿山井下和水田中,接触电压和跨步电压的允许值宜降低。

(3)保护接地范围

1)应当接地或接零的部分

①电机、变压器、电器、携带式及移动式用电器具的金属底座和外壳。

②电气设备传动装置。

③互感器的二次绕组。

④发电机中性点柜、发电机出线柜和封闭母线的外壳等。

⑤气体绝缘全封闭组合电器的接地端子。

⑥配电、控制、保护用的屏(柜、箱)及操作台等的金属框架。

⑦铠装控制电缆的外皮。

⑧屋内外配电装置的金属架构和钢筋混凝土架构及靠近带电部分的金属围栏和金属。

⑨电力电缆接线盒、终端盒的外壳,电缆的金属外皮、穿线的钢管和电缆桥架等。

⑩装有避雷线的架空线路杆塔。

⑪无沥青地面的居民区内,不接地、消弧线圈接地和高电阻接地系统中无避雷线的架空线路的金属杆塔和钢筋混凝土杆塔。

⑫装在配电线路杆塔上的开关设备、电容器等电气设备。

⑬箱式变电站的金属箱体。

2)不需接地或接零的部分

①在木质、沥青等不良导电地面的干燥房间内,交流额定电压 380 V 及以下、直流额定电压 220 V 及以下的电气设备外壳不需接地,但当维护人员有可能同时触及电气设备外壳和接地物件时,则仍应接地。

②安装在配电屏、控制屏和配电装置上的电工测量仪表、继电器和其他低压电器等的外壳,以及发生绝缘损坏时在支持物上不会引起危险电压的绝缘子金属底座等。

③安装在已接地的金属架构上的设备(应保证电气接触良好),如套管等。

④电压为 220 V 及以下的蓄电池室内的金属支架。

⑤除另有规定外,由发电厂、变电所区域内引出的铁路轨道不需要接地。

➤ 【任务实施】

接触电压和跨步电压的测量

1. 人员准备

(1)教师及学生应着实训工装,佩戴安全帽。

(2)每 3~4 名学生为一组,各组学生轮流开展实训。

(3)教师在学生实训期间必须始终在现场,不得擅自离开;如果确需离开,必须停止学生的实训操作。

2. 场地准备

(1)实训室应配备合格、充足的安全工器具,并正确使用。

(2)实训现场应具备明显的应急疏散标识。

3. 任务实施

(1)工作任务准备。根据保护接地任务的学习,布置工作任务。首先下发任务工作单,如表 8-4 所示。

表 8-4　接触电压和跨步电压的测量工作任务单

任务名称	接触电压和跨步电压的测量
相关任务描述	接触电压和跨步电压的测量方法和步骤
相关学习准备	学习"发电厂变电站"的相关资料及网络资料
对学生的考核办法	过程考核
采用的主要教学方法	(1)多媒体、实验实训教学手段 (2)情境启发式、任务驱动式、自主探究式、协作学习式等教学方法
教学及实训设备、地点	多媒体教室、理实一体化实训室

(2)任务实施过程。根据工作任务的布置及学生学习情况,开展任务实施。实施过程如表 8-5 所示。

表8-5　任务实施过程

任务名称	接触电压和跨步电压的测量	授课班级	
		授课时间	
学习目标	掌握接触电压和跨步电压的测量方法和步骤		
学习资料	配套教材《发电厂变电所电气设备》;教学视频、多媒体课件;网络资源;相关知识的储备		
专业能力	能够进行接触电压和跨步电压的测量		
方法能力	资料收集整理能力;制订、实施工作计划的能力;理论知识的综合运用能力		
社会能力	交接工作流程确认能力;沟通协调能力;语言表达能力;团队组织能力;班组管理能力;责任心与职业道德;安全与自我保护能力;环境保护能力		
技能考核项目与要求	(1)制作PPT,介绍保护接地的类别和特点 (2)实训现场正确无误地进行接触电压和跨步电压的测量方法和步骤		
学习任务的说明	引导学生掌握接触电压和跨步电压的测量方法和步骤		
学习任务	(1)小组成员先集中讨论和学习任务所需要的知识,分工合作,吸收消化学习资料、分析学习目标、制订工作计划 (2)学生能够完成保护接地的类别和特点的学习 (3)学生能够按照计划在理实一体化教室组织完成接触电压和跨步电压的测量方法和步骤的任务 (4)学生按小组制作汇报PPT,小组成员全部上台汇报,其他小组给予评价。制作思维导图,将学习成果总结归纳。配合教师进行任务反馈		

项目实施过程

目的	学习的内容
1. 资讯	(1)布置工作任务、下发任务单 要求学生接触电压和跨步电压的测量方法和步骤的任务 (2)提供相关的参考资料 ①学生在教师指导下观看相关视频 ②学生自主完成讨论、习题 (3)提出本次学习过程中的疑难问题
2. 计划	学生分组(3~4人/组)讨论本任务所需的知识和技能,查阅相关学习资料
3. 决策	制订工作计划,明确工作任务,确定工作要求、工作注意事项及任务分工
4. 实施	学生根据分工完成各自任务,进行汇总,完成工作单,并根据制订的实施方案,在理实一体化教室完成接触电压和跨步电压的测量
5. 检查	学生分组对所做工作过程及结果进行演示和汇报:接触电压和跨步电压的测量方法和步骤

续表

任务名称	接触电压和跨步 电压的测量	授课班级	
		授课时间	
6.评价	（1）结果评价 ①学生对本项目的整个实施过程进行自评 ②以小组为单位，分别对其他组做的工作结果进行互评和建议 （2）资料整理和提升 ①学生总结本次实训心得，做成 PPT 形式 ②学生根据互评和教师评价的建议，填写评价表，优化方案		

4. 任务评价

根据学生对本任务的实施情况，填写评价表。教师对学生的评价如表 8-6 所示。

表 8-6　教师对学生评价表

学习任务：接触电压和跨步电压的测量							
教师签字：			学习团队名称：				
评价内容		评分 标准	被考核人				
目标认知 程度	工作目标明确、工作计划 具体、结合实际、具有可操 作性	10					
情感态度	工作态度端正、注意力集 中、能使用网络资源收集 相关资料	10					
团队协作	积极与他人合作共同完成 工作任务	10					
专业能力 要求	掌握接触电压和跨步电压 的测量方法和步骤	70					
总分							

教师对小组评价		评分	评语：
资讯	15		
计划	15		
决策	20		
实施	20		
检查	10		
评估	20		
总分			

任务 3 接地装置的布置

➤ 【内容提要】

本任务主要通过接地装置的学习,掌握接地装置布置的一般原则,掌握接地装置的敷设要求。

➤ 【学习要求】

①掌握接地装置的一般原则。
②掌握接地装置的敷设要求。

➤ 【任务导入】

接地体和接地线组成的整体称为接地装置。接地装置的作用是当设备或其外壳发生接地故障时,故障电流通过接地装置泄至大地,确保人身安全。那么接地装置的布置和敷设有哪些具体要求呢?

➤ 【知识链接】

(1)接地装置布置的一般原则

①为了将各种不同用途和各种不同电压的电气设备接地,一般使用一个总的接地装置(其他规定中有不同要求时除外)。

②发电厂、变电所的接地装置,除充分利用直接埋入地中或水中的自然接地体外,一般还应敷设人工接地体。对 3 ~ 10 kV 变、配电所,当采用建筑的基础作接地体且接地电阻满足规定值时,可不另设人工接地。

③在高土壤电阻率地区可采用下列降低接地电阻的措施:

a. 当在发电厂、变电所 2 000 m 以内有较低电阻率的土壤时,可敷设引外接地体。

b. 当地下较深处的土壤电阻率较低时,可采用井式或深钻式接地体。

c. 填充电阻率较低的物质或降阻剂。

d. 敷设水下接地网。

④一般情况下,发电厂、变电所接地网中的垂直接地体对工频电流散流作用不大,降低接地电阻主要靠大面积水平接地体。它既有均压、减少接触电压和跨步电压的作用,又有散流作用。对发电厂和变电所,无论采用何种形式的人工接地体,都应敷设以水平接地体为主的人工接地网。

⑤人工接地网应围绕设备区域连成闭合形状,并在其中敷设若干水平均压带,如图 8-3(a)所示。因接地网边角外部电位梯度较高,边角处应做成圆弧形,且圆弧半径不宜小于均压带间距的一半;在 35 kV 及以上变电所接地网边缘上经常有人出入的走道处,应在该走道下不同深度敷设两条与接地网相连的"帽檐式"均压带。

如图 8-3(b)所示为环形接地网 I—I 断面的地面电位分布情况。其中,实线为未加均压带时的电位分布,其分布较单接地体均匀得多,但如果配电装置面积较大,则电位分布仍很不均匀;虚线为加均压带后的电位分布,配电装置区域内的电位分布变得很均匀,入口处的电位分布也大大改善。接地网的埋深不宜小于 0.6 m,在冻土地区应敷设在冻土层以下,以免受机械损伤,并可减少夏季水分蒸发和冬季土壤表层冻结对接地电阻的影响。

⑥屋内接地网由敷设在房屋每一层内的接地干线组成,各层接地干线用几条上下联系的导线相互连接,而后在几个地点与主接地网连接。

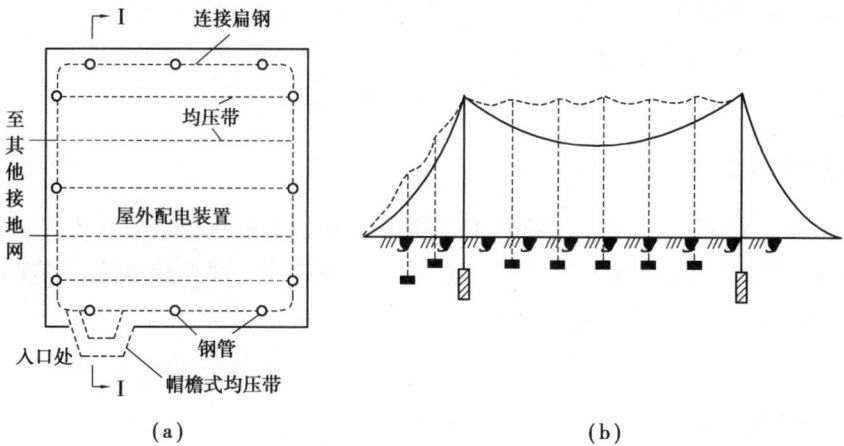

图 8-3　环形接地网及地面电位分布

(a)环形接地网;(b)I—I 面电位分布

(2)接地装置的敷设

①为减少相邻接地体的屏蔽作用,垂直接地体间距不宜小于其长度的两倍,水平接地体间距不宜小于 5 m。

②接地体与建筑物的距离不宜小于 1.5 m。

③围绕屋外配电装置、屋内配电装置、主控制楼、主厂房及其他需要装设接地网的建筑物,敷设环形接地网。各分接地网之间应用不少于两根的接地干线在不同地点连接。自然接地体至少应在两点与接地干线连接。

④发电厂、变电所电气装置中的下列部位应采用专门敷设的接地线接地。

a.发电机座或外壳,中性点柜、出线柜的金属底座或外壳,封闭母线外壳。

b.110 kV 及以上钢筋混凝土构件支座上电气设备的金属外壳。

c.直接接地的变压器中性点。

d.中性点所接消弧线圈、接地电抗器、电阻器或变压器等的接地端子。

e.GIS 的接地端子。

f. 避雷器、避雷针、避雷线等的接地端子。

g. 箱式变电站的金属箱体。

⑤接地线的连接应符合下列要求：

a. 接地线间的连接、接地线与接地体的连接，宜用焊接。

b. 接地线与电气设备的连接，可用焊接或螺栓连接。

c. 电气设备的每个接地部分应以单独的接地线与接地干线连接，严禁在一条接地线中串接几个需要接地的部分。

⑥接地线沿建筑物墙壁水平敷设时，离地面不应小于 250 mm，离墙壁不应小于 10 mm。在接地线引进建筑物的入口处，应设标志，明敷的接地线表面应涂 15～100 mm 宽度相等的绿、黄色相间的条纹。

➢ 【思考问题】

接地装置布置的原则是什么？

➢ 【知识拓展】

行业榜样：王进

"大国工匠"王进是国网山东省电力公司检修公司高压带电检修工，他取得的成就和荣誉，全部来自电力检修中最艰难也最危险的环节——带电检修高压超高压乃至特高压输电线路。

从业 20 余年，王进参加超、特高压线路带电作业 400 余次，累计减少停电时间 700 多小时，成功完成世界首次±600 kV 直流架空输电线路带电作业。

"即使穿着屏蔽服，检修时仍会出现放电。"王进说，每一次作业都是在生命禁区穿越。

王进说，要激励广大产业工人生出"匠心"、追求"匠艺"，需要为众多普通行业和岗位上的工人们提供更多机会、创造更大成长空间，"只有成长的沃土厚实了，才有工匠百花齐放的大格局"。

项目9

电气设备的选择

任务 1　电器和载流导体的发热认识

➤ 【内容提要】

本任务主要通过学习电器和载流导体的相关知识,了解设备的发热情况,掌握故障情况下短时发热的计算,以此认识电器和载流导体的发热。电气设备在工作的时候,由于电流、电压的作用,将产生电阻损耗发热、介质损耗发热、铁损发热。发热故障会导致电气设备的绝缘热击穿、导体连接部位的热变形甚至熔焊,严重危及电气设备的安全运行。

➤ 【学习要求】

①了解正常工作情况下持续发热的分析。
②掌握故障情况下短时发热的分析。

➤ 【任务导入】

生活和生产都离不开电,电流过电器和载流导体时最常见的现象就是发热情况。在电器和载流导体发热时,特别是在故障情况下,该如何进行分析?

➤ 【知识链接】

当电器和载流导体通过电流时,有部分电能以不同的损耗形式转化为热能,使电器和载流导体的温度升高,这就是电流的热效应。

学习情境 1:认识电器和载流导体发热的影响

电能损耗主要是由于电器和载流导体存在着电阻,通过电流时会产生电阻损耗。这部分

电阻损耗,可以由焦耳-楞次定律来计算其发热量 $Q(\mathrm{J})$:

$$Q = I^2 R t\,(\mathrm{J})$$
$$R = K_{\mathrm{f}} R_{\mathrm{dc}}$$

$$(9\text{-}1)$$

式中　I——通过的电流,A;

　　　t——电流作用的时间,s;

　　　R——电阻,Ω,如为直流电路,即为直流欧姆电阻 R_{dc};

　　　K_{f}——集肤系数,其大小与电流的频率、导体的形状和尺寸有关,在大截面母线中,其影响往往不可忽略,而对绞线和空心导线,通常可以认为 $K_{\mathrm{f}}=1$。

　　其他损耗有在电器或载流导体附近的用磁性材料制成的零配件中,当电器或载流导体通过交流电流时产生的磁滞和涡流损耗;用非磁性导电材料制成的零件中,交变磁场的作用而产生的涡流损耗;用绝缘材料制成的零件中,电场的作用而引起的介质损耗等。在正常情况下,这些损耗在总的能量损耗中占的比例很小,或者可以采取措施予以限制,通常可以忽略不计。

　　电器和载流导体过度发热的影响如下:

　　①机械强度下降。金属材料温度升高时,会使材料退火软化,机械强度降低。

　　②接触电阻增加。导体的接触连接处,如果温度过高,接触连接表面会强烈氧化,使得接触电阻增加,温度便随着增加,可能导致接触处松动或烧熔。

　　③绝缘性能降低。有机绝缘材料长期受到高温作用,会逐渐变脆和老化,以致绝缘材料失去弹性和绝缘性能下降,使用寿命大为缩短。

　　电器和载流导体主要有两种发热状况,即正常工作情况下的持续发热和故障情况下的短时发热。这两种发热的过程大不相同,对电器和载流导体有着不同的影响,在这两种状况下的允许发热也就有着不同的标准。

　　为了安全运行,必须对电器和载流导体在正常工作和故障(短路)情况下的发热进行计算,保证均不超过相应的最高允许温度。

　　进行热力计算的目的,就是要分析在不同的发热状况下,电器或载流导体可能达到的最高温度,并与允许温度相比较,以判定该电器或载流导体的热稳定性能。

学习情境 2:认识正常工作情况下持续发热的分析

　　电器或载流导体在未通过电流时,其温度和周围介质温度相同。当通过电流时,电器或载流导体发热使其温度升高,并与周围介质产生温差,热量逐步散失到周围介质中去。在正常工作情况下,通过的工作电流是持续的,发热的过程也是持续进行的。对于某一工作状况而言,在经过一段时间后,该电流所产生的全部热量将随时安全散失到周围介质中去,建立热的平衡,使器或载流导体的温度达到某一定值。当工作状况改变时,则热平衡被破坏,温度发生变化。过一段时间,又建立新的热平衡,达到另一个稳定温度。显然,在这种正常工作情况下持续发热时产生的热量,使其温度升高所需的热量及向周围介质散失的热量相平衡。

　　为了便于讨论,以同一材料制成并且有相同截面的均匀导体(如母线)为例进行分析。

　　对均匀导体,其持续发热的热平衡方程式为

短路发热

$$I^2 R \mathrm{d}t = mc\mathrm{d}\theta + KA(\theta - \theta_{\mathrm{j}})\mathrm{d}t \tag{9-2}$$

式中　I——通过导体的电流，A；

　　　R——已考虑了集肤系数的导体交流电阻，Ω；

　　　K——散热系数；$W/(m^2 \cdot ℃)$；

　　　A——导体散热表面积，m^2；

　　　θ——导体温度，℃；

　　　θ_{j}——周围介质温度，℃；

　　　m——导体质量，kg；

　　　c——导体比热容，$W \cdot s/(kg \cdot ℃)$。

导体通过正常工作电流时，导体的温度变化范围不大，可以认为电阻 R、比热容 c、散热系数 K 为常数，将式(9-2)积分：

$$\int_0^t \mathrm{d}t = \int_{\theta_0}^{\theta_t} \frac{mc}{I^2 R - KA(\theta - \theta_{\mathrm{j}})}\mathrm{d}\theta$$

求解得

$$\theta_t - \theta_{\mathrm{j}} = \frac{I^2 R}{KA}(1 - e^{-\frac{KA}{mc}t}) + (\theta_0 - \theta_{\mathrm{j}})e^{-\frac{KA}{mc}t} \tag{9-3}$$

令 $\tau_0 = \theta_0 - \theta_{\mathrm{j}}$、$\tau_{\mathrm{j}} = \theta_t - \theta_{\mathrm{j}}$，$\tau_0$，$\tau_t$ 分别为导体起始和 $t(s)$ 时的温升。如果发热过程开始时，导体温度等于周围介质的温度，即 $\theta_0 = \theta_{\mathrm{j}}$，则 $\tau_0 = 0$，式(9-3)可简化为

$$\tau_t = \frac{I^2 R}{KA}(1 - e^{-\frac{KA}{mc}t}) \tag{9-4}$$

当 $t \to \infty$ 时，导体的温升称为导体的稳定温升，即

$$\tau_{\mathrm{w}} = \frac{I^2 R}{KA} \tag{9-5}$$

由此可知，在工作电流作用下，当导体因流过电流而消耗的电功率($I^2 R$)与散发到周围介质中的热功率($KA\tau_{\mathrm{w}}$)相等时，导体的温度不再增加，达到稳定温升 τ_{w}。

式(9-4)中，mc/KA 对于一定的导体而言是一个常数，其单位为 s，称为发热时间常数 T，即

$$T = \frac{mc}{KA} \tag{9-6}$$

发热时间常数仅与导体的材料和几何尺寸有关，其物理意义可以认为是导体的热容量与散热能力之比。

由此，式(9-4)可改写为

$$\tau_t = \tau_{\mathrm{w}}(1 - e^{-\frac{t}{T}}) \tag{9-7}$$

该式为均匀导体持续发热时温升与时间的关系式，其曲线如图 9-1。

分析式(9-7)和图 9-1 可知：

①温升 τ 起始阶段上升很快，随着时间的延长，其上升速度逐渐减小。这是因为起始阶段温度较低，散热量较少，发热量主要用来使导体温度升高。导体的温度升高后，导体对周围介质的温差加大，散热量逐渐增加，导体温度升高的速度减慢，最后达到稳定值。

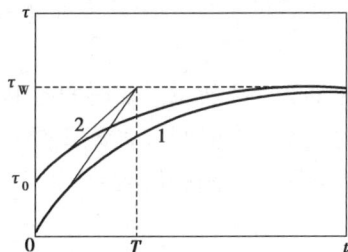

图9-1　均匀导体持续发热时温升与时间的关系曲线
1—起始温升为0 ℃;2—起始温升为τ

②对某一导体,当通过不同的电流时,由于发热量不同,稳定温升也不同。电流大时,稳定温升高;电流小时,稳定温升低。

③达到稳定温升的时间,从理论上讲应该是无限大,而实际上,当 $t=(3\sim4)T$ 时,温升即达到稳定值的95% ~98.2%;当 $t>(3\sim4)T$ 时,其温升值可按稳定温升τ_w 计算。

散热系数 K 包括所有的散热形式,即传导、辐射和对流。置于液体介质中或液体内冷的导体,其主要散热形式是传导;置于空气中的导体,在室外或强制通风时,风速较大,主要是对流散热;置于室内空气中的导体,辐射和对流是它的主要散热形式。

油漆的辐射系数较大,规定室内硬母线必须涂漆,以加强散热,同时便于分辨相别。绝缘导体和电缆,增加了绝缘层,散热条件较差,与裸导体比较,相同截面时,其允许载流量小得多。

导体的稳定温升与导体的散热表面积成正比,应该用周边最大的截面形式来取得最好的散热效果。圆形截面的周边最短,其散热表面积最小,只用于结构、工艺上的原因而不得不使用的情况下,或者主要靠对流散热的某些装置中,如绝缘线、断路器活动触头和室外配电装置中的母线以及架空线路用的绞线等。硬母线则通常采用周边较大的矩形截面,尤其是当厚度减小时,散热表面积则相应增大,散热效果就更好,机械强度等原因,不宜采用过薄的片形母线。

根据导体持续发热的条件,当导体的稳定温升τ_w 小于或等于导体持续发热时的允许温升 τ_{xu} 时,可以认为是热稳定的。根据式(9-5),令 $\tau_w=\tau_{xu}$,可以求出该导体正常运行情况下的最大允许电流 I_{xu},即

$$I_{xu}=\sqrt{\frac{KA\tau_{xu}}{R}} \tag{9-8}$$

铜、铝及钢裸母线持续发热允许温度规定为70 ℃。

对电气设备,则根据设计或实验结果,规定其最大允许工作电流(额定电流),以保证电气设备在持续发热条件下不超过最大允许温升。

学习情境3:认识故障情况下短时发热

故障情况下的短时发热,主要是在系统发生短路故障时。这时通过电器和载流体的短路电流,其数值比正常工作电流大很多倍。但由于保护装置的作用,可以迅速切除故障,因此短路电流流过的时间很短,一般为零点几秒到几秒。这是一种短时发热的状况。短路发热过程

很短,向外界散热很少,可以认为其热量全部用来升高导体自身的温度,即认为是一个绝热过程。

导体在短路前后温度的变化如图 9-2 所示。在时间 t_1 以前,导体处于正常工作状况,θ_g 就是导体正常工作时(短路前)的温度。在时间 t_1 时发生短路,导体温度急剧升高,θ_z 是短路后导体的最高温度。到时间 t_2 时短路被切除,导体温度逐渐下降,最后接近于周围介质的温度 θ_j。

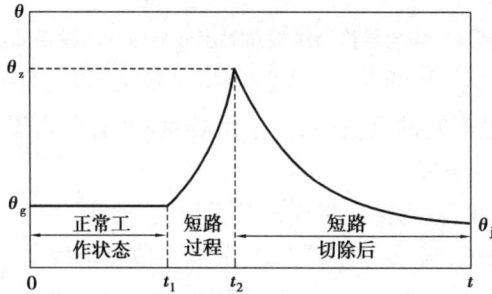

图 9-2 短路前后导体温度的变化

对均匀导体,短时发热的热平衡方程式为

$$i_d^2 K_f R_\theta \mathrm{d}t = mc_\theta \mathrm{d}\theta \tag{9-9}$$

式中 i_d——短路电流的瞬时值,A。

短路时,导体温度的变化范围很大,这时,其电阻 R_θ 和比热容 c_θ 都不是常数,其随温度而变化的关系式为

$$R_\theta = \rho_0(1+\alpha\theta)\frac{l}{S} \tag{9-10}$$

$$C_\theta = C_0(1+\beta\theta) \tag{9-11}$$

式中 ρ_0——温度为 0 ℃时导体电阻率,Ω;

C_0——温度为 0 ℃时导体比热容,$W \cdot s/(kg \cdot ℃)$;

α——导体电阻温度系数,$1/℃$;

β——导体比热容温度系数,$1/℃$;

l——导体长度,m;

S——导体截面,m^2。

将式(9-10)、式(9-11)代入式(9-9),得

$$i_d^2 K_f \rho_0(1+\alpha\theta)\frac{l}{S}\mathrm{d}t = mc_0(1+\beta\theta)\mathrm{d}\theta \tag{9-12}$$

导体的质量为

$$m = lS\rho_m$$

式中 ρ_m——导体材料密度,kg/m^3。

式(9-12)可写为

$$i_d^2 K_f \rho_0(1+\alpha\theta)\frac{l}{S}\mathrm{d}t = lSc_0\rho_m(1+\beta\theta)\mathrm{d}\theta$$

整理后得

$$i_d^2 \mathrm{d}t = \frac{S^2 c_0 \rho_m (1+\beta\theta)}{K_t \rho_0 (1+\alpha\theta)} \mathrm{d}\theta \tag{9-13}$$

将式(9-13)左边从短路开始($t=0$)到短路切除时(t)积分,式(9-13)右边从导体的短路开始时温度(θ_0)到通过短路电流发热后的最高温度(θ_z)积分,整理后得

$$\int_0^t i_d^2 \mathrm{d}t = \frac{S^2 c_0 \rho_m}{K_t \rho_0} \int_{\theta_0}^{\theta_z} \frac{1+\beta\theta}{1+\alpha\theta} \mathrm{d}\theta \tag{9-14}$$

式(9-14)左边是短路电流作用 t 内的热效应 $Q_{dt} = \int_0^t i_d^2 \mathrm{d}t$。

因为

$$i_d = \sqrt{2} I_{zt} \cos t - i_{fz0} \mathrm{e}^{\frac{t}{T_{fi}}}$$

所以

$$Q_{dt} = \int_0^t i_d^2 \mathrm{d}t = \int_0^t (\sqrt{2} I_{zt} \cos t - i_{fz0} \mathrm{e}^{-\frac{t}{T_{fi}}})^2 \mathrm{d}t \tag{9-15}$$

考虑故障切除时间 t 按周波数的整倍数($2n\pi$)计,有 $\int_0^t \cos t \mathrm{d}t = 0$,且 $i_{fz0} = I''_{zm} = \sqrt{2} I''_z$,代入式(9-15),积分并整理得

$$Q_{dt} = \int_0^t I_{zt}^2 \mathrm{d}t + T_{fi}(I''_z)^2 (1 - \mathrm{e}^{-\frac{2t}{T_{fi}}})$$

当 $t/T_{fi} > 2.5$ 时,可忽略不计,这时

$$Q_{dt} = \int_0^t I_{zt}^2 \mathrm{d}t + T_{fi}(I''_z)^2 = Q_{zt} + Q_{fzt} \tag{9-16}$$

式中　Q_{zt}——短路电流周期分量在 t 内的热效应;

　　　Q_{fzt}——短路电流非周期分量在 t 内的热效应。

短路电流周期分量在 t 内的热效应 Q_{zt},可以用发热等值时间法或求近似数值积分的方法求得。

发热等值时间法,是令

$$Q_{zt} = \int_0^t I_{zt}^2 \mathrm{d}t = I_\infty^{\neq} t_{jz} \tag{9-17}$$

其物理意义是短路电流周期分量 I_{zt} 在短路电流作用的时间 t 内的热效应,与稳态短路电流 I_∞ 在短路电流周期分量发热等值时间(假想时间)t_{jz} 的热效应相同,即将如图9-3所示中曲边梯形 $DEFO$ 的面积计算改为 $ABCO$ 的面积计算。这一简化的关键在于等效(假想)时间 t_{jz} 的确定。显然,t_{jz} 与实际短路持续时间 t_d 有关并依赖于实际短路电流 i_d 的变化规律,它与电机参数、励磁调节器的作用特性有关,可以针对典型的参数与特性作出在工程上有实用性的等效计算。

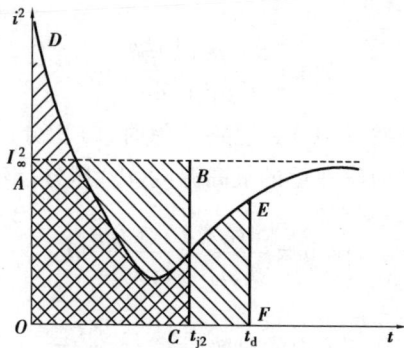

图 9-3 等值时间 t_{jz} 的意义

由式（9-17）得

$$t_{jz} = \frac{1}{I_\infty^2}\int_0^t I_{zt}^2 \mathrm{d}t = \int_0^t \left(\frac{I_{zt}}{I_\infty}\right)^2 \mathrm{d}t \qquad (9\text{-}18)$$

令 $\beta'' = \dfrac{I_{zt}}{I_\infty}$，则式（9-18）为

$$t_{jz} = \int_0^t (\beta'')^2 \mathrm{d}t \qquad (9\text{-}19)$$

由此可知，$t_{jz} = f(\beta'', t)$，按照具有自动电压调节器的发电机组的平均运算曲线，可以绘出 $t_{jz} = f(\beta'', t)$ 曲线族，如图 9-4 所示。

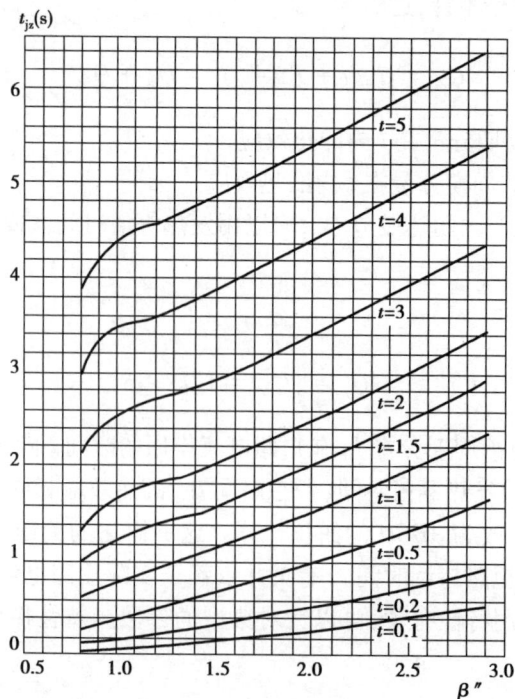

图 9-4 具有自动电压调节器的发电机短路电流周期分量发热等值时间曲线

当已知 β''，t 时，即可由曲线查得 t_{jz}。曲线只绘出 $t=5$ s。当 $t>5$ s 时可以认为在 5 s 以后的时间内，短路电流维持在 I_∞ 不再变化，$t>5$ s 时的发热等值时间为

$$t_{jz} = t_{jz(5\cdots)} + (t-5) \tag{9-20}$$

系统为无限大电源时，短路电流的周期分量不衰减，其发热等值时间为

$$t_{jz} = t \tag{9-21}$$

图 9-3 是根据 50 MW 以下的发电机短路电流周期分量平均运算曲线作出的，应用于更大容量的发电机，势必产生较大误差。这时最好采用近似数值积分法。

求近似数值积分的方法有分段矩形法、分段梯形法和抛物线法等。可推出下列近似公式为

$$Q_{zt} = \frac{t}{12}(I_z''^2 + 10I_{Z(t/2)}^2 + I_{zt}^2) \tag{9-22}$$

因式（9-22）中系数依次为 1，10，1，故简称为 1-10-1 公式。

短路电流非周期分量在 $t(s)$ 内的热效应 Q_{fzt}，由式（9-16）得

$$Q_{fzt} = T_{ft}I_z''^2 \tag{9-23}$$

严格地说，短路电流非周期分量热效应的时间常数，并不等于短路电流周期分量的时间常数，而且由于短路电流通过不同的支路，其时间常数不同，因此不应用同一时间常数计算。但在实用计算中本着计算结果偏于安全的原则，为简化计算，可以取各支路中最大的 T_{fi} 作为短路计算用等效时间常数。如在发电机端发生短路，就可以取发电机端短路时的 T_{fi} 作为计算用等效时间常数。根据我国电力系统元件的参数，表 9-1 列出了不同短路点的等效时间常数推荐值。

表 9-1 不同短路点等效时间常数 T_{fi} 的推荐值

短路点		T_{fi}/s
汽轮发电机端		0.25
水轮发电机端		0.19
高压侧母线	主变容量大于 100 MVA	0.13
	主变容量为 40 ~ 100 MVA	0.11
远离发电厂处		0.05

式（9-14）的右边经整理得

$$Q_{dt}\frac{S^2}{K_f}(A_Z - A_0) \tag{9-24}$$

$$A_Z = \frac{K_f}{S^2}Q_{dt} + A_0 \tag{9-25}$$

A 只与导体的材料和温度 θ 有关。对不同的导体材料（如铜、铝），都可以作出 $\theta = f(A)$ 曲线，如图 9-5 所示。根据导体材料和短路开始时的温度 θ_0，可以从曲线上求出 A_0。当短路电流及持续时间确定后，可算出 Q_{dt}，如同时已知导体截面 S，则可按式（9-25）求出 A_z，并由曲线反推出短路过程结束时的温度 θ_z。当该温度不大于该导体材料短时发热的最高允许温度 θ_{xud}

时,即

$$\theta_z \leq \theta_{xud} \tag{9-26}$$

则认为该导体在此短路条件下热稳定满足要求。

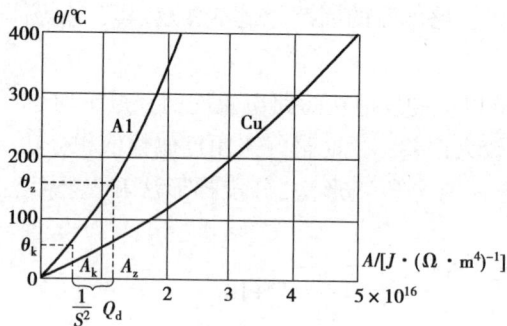

图 9-5 $\theta = f(A)$ 曲线

在实用计算中,令

$$C = \sqrt{A_Z - A_0}$$

C 称为热稳定系数。由以上分析可知,对任何一种导体材料规定的该材料短时发热的最高允许温度 θ_{xud} 和短路开始时的导体温度(通常取正常工作时,导体允许的最高温度 70 ℃),热稳定系数是确定的,可以从表 9-2 中查出。这时,式(9-24)即为

表 9-2 硬裸导线短路发热计算时的热稳定系数 C 值(短路前导体温度 70 ℃)

导体材料		短路时最高允许温度/℃	C 值
铜		300	171
铝		200	87
钢	不直接与设备连接	400	67
	直接与设备连接	300	60

$$Q_{dt} = \frac{C^2 S^2}{K_f} \tag{9-27}$$

导体满足短路时热稳定条件的最小截面为

$$S_{min} = \frac{1}{C}\sqrt{K_f Q_{dt}} \tag{9-28}$$

电器短路时的热稳定,是指电器在短路电流作用下的最高温度不超过电器在短时发热条件下的允许最高温度,即电器在短路作用时间 t 内,短路电流的热效应 Q_{dt},应不大于电器通过短路电流时的允许热效应 $Q_{xu \cdot d}$,即

$$Q_{dt} \leq Q_{xu \cdot d} \tag{9-29}$$

如果电器制造厂在设备技术数据中提供了电器在 t 内允许的热稳定电流 I_t,则电器的短时发热稳定条件为

$$Q_{dt} \leq I_t^2 t \tag{9-30}$$

➤ 【任务实施】

电器和载流导体的发热认识

1. 人员准备

(1)教师及学生应着实训工装,佩戴安全帽。

(2)每 3～4 名学生为一组,各组学生轮流开展实训。

(3)教师在学生实训期间必须始终在现场,不得擅自离开;如果确需离开,必须停止学生的实训操作。

2. 场地准备

(1)实训室应配备合格、充足的安全工器具,并正确使用。

(2)实训现场应具备明显的应急疏散标识。

3. 任务实施

(1)工作任务准备。根据电器和载流导体的发热认识的学习,布置工作任务。首先下发任务工作单,如表9-3所示。

表9-3　电器和载流导体的发热认识工作任务单

任务名称	电器和载流导体的发热认识
相关任务描述	了解正常工作情况下持续发热的分析
相关学习准备	学习"载流导体的发热"的相关资料及网络资料
对学生的考核办法	过程考核
采用的主要教学方法	(1)多媒体、实验实训教学手段 (2)情境启发式、任务驱动式、自主探究式、协作学习式等教学方法
教学及实训设备、地点	多媒体教室、理实一体化实训室

(2)任务实施过程。根据工作任务的布置及学生学习情况,开展任务实施。实施过程如表9-4所示。

表9-4　任务实施过程

任务名称	电器和载流导体的发热认识	授课班级	
		授课时间	
学习目标	掌握故障情况下短时发热的分析		
学习资料	配套教材《发电厂变电所电气设备》;教学视频、多媒体课件;网络资源;相关知识的储备		
专业能力	能够掌握故障情况下短时发热的分析		
方法能力	资料收集整理能力;制订、实施工作计划的能力;理论知识的综合运用能力		

续表

社会能力	交接工作流程确认能力;沟通协调能力;语言表达能力;团队组织能力;班组管理能力;责任心与职业道德;安全与自我保护能力;环境保护能力
技能考核项目与要求	(1)制作PPT,介绍正常工作情况下持续发热的分析 (2)实训现场正确无误地讲述故障情况下短时发热的分析
学习任务的说明	引导学生讲述并识别故障情况下短时发热的分析
学习任务	(1)小组成员先集中讨论和学习任务所需要的知识,分工合作,吸收消化学习资料、分析学习目标、制订工作计划 (2)学生能够完成电器和载流导体的发热认识的学习 (3)学生能够按照计划在理实一体化教室组织完成电器和载流导体的发热认识的认知任务 (4)学生按小组制作汇报PPT,小组成员全部上台汇报,其他小组给予评价。制作思维导图,将学习成果总结归纳。配合教师进行任务反馈

项目实施过程	
目的	学习的内容
1. 资讯	(1)布置工作任务、下发任务单 要求学生了解正常工作情况下持续发热的分析及掌握故障情况下短时发热的分析 (2)提供相关的参考资料 ①学生在教师指导下观看相关视频 ②学生自主完成讨论、习题 (3)提出本次学习过程中的疑难问题
2. 计划	学生分组(3~4人/组)讨论本任务所需的知识和技能,查阅相关学习资料
3. 决策	制订工作计划,明确工作任务,确定工作要求、工作注意事项及任务分工
4. 实施	学生根据分工完成各自任务,进行汇总,完成工作单,并根据制订的实施方案,在理实一体化教室完成电器和载流导体的发热认识任务
5. 检查	学生分组对所做工作过程及结果进行演示和汇报:故障情况下短时发热
6. 评价	(1)结果评价 ①学生对本项目的整个实施过程进行自评 ②以小组为单位,分别对其他组做的工作结果进行互评和建议 (2)资料整理和提升 ①学生总结本次实训心得,做成PPT形式 ②学生根据互评和教师评价的建议,填写评价表,优化方案

4. 任务评价

根据学生对本任务的实施情况,填写评价表。教师对学生的评价如表9-5所示。

表 9-5 教师对学生评价表

学习任务：电器和载流导体的发热认识							
教师签字：				学习团队名称：			
评价内容		评分标准	被考核人				
目标认知程度	工作目标明确、工作计划具体、结合实际、具有可操作性	10					
情感态度	工作态度端正、注意力集中、能使用网络资源收集相关资料	10					
团队协作	积极与他人合作共同完成工作任务	10					
专业能力要求	正常工作情况下持续发热的分析及故障情况下短时发热的分析	70					
总分							

教师对小组评价		评分	评语：
资讯	15		
计划	15		
决策	20		
实施	20		
检查	10		
评估	20		
总分			

➤ 【思考问题】

1. 均匀导体持续发热时温升与时间的关系曲线如何？
2. 电器和载流体过度发热的影响主要有哪几个方面？
3. 选择电气设备时如何选择短路计算点？

任务 2　电器和载流导体的电动力效应认识

➤ 【内容提要】

本任务主要通过学习电器和载流导体的电动力效应的相关知识,了解电器和载流导体的电动力效应产生情况,掌握短路电流所产生的巨大电动力,对电器或配电装置的危害性,以此认识电器和载流导体的电动力效应。

➤ 【学习要求】

①了解比奥-沙瓦定律。
②了解电器和载流导体中矩形截面的形状系数。
③掌握两根平行导体之间的电动力作用。
④掌握三相系统中每相导体上的电动力的相互作用。

➤ 【任务导入】

电器和载流导体在工作情况下,其间存在作用力。特别是在短路时,其间的作用力可能达到很大的数值。掌握电器和载流导体的电动力的相互作用、方向、大小等,并掌握其判断方法,进而控制电动效应。这是特种作业高压电工必须要掌握的。

➤ 【知识链接】

载流导体间的作用力大小,可以用比奥-沙瓦定律计算,其方向可以由左手定则来确定,这些在中学物理中有所学习。

学习情境 1:认识电器和载流导体的电动力效应

载流导体之间会产生电动力的相互作用,这就是载流导体的电动力效应。

载流导体之间的作用力大小,可以用比奥-沙瓦定律计算,即作用于长度为 l,通过电流为 i,并位于磁感应强度为 B,与该磁场的磁力线方向呈 ψ 角的载流导体上的电动力为

$$F = \int_0^l B \sin \psi \, \mathrm{d}l \tag{9-31}$$

其方向可以由左手定则确定。

电器和载流体在正常工作情况下,由于流过的电流相对较小,所以其间的作用力不大。而在短路时,短路电流比正常工作电流大很多倍,其间的作用力可能达到很大的数值。

短路电流所产生的巨大电动力,对电器或配电装置具有很大的危害性。例如,电器的载

流部分可能因电动力而振动,或者因电动力所产生的应力大于其材料允许应力而变形,甚至使绝缘部件或载流部件损坏;电气设备的电磁绕组,受到巨大的电动力作用,可能使绕组变形或损坏。

要使电气装置安全可靠地工作,必须能承受短路时电动力的作用,而不致扩大事故或造成设备的永久性损坏,这就要求对电器和载流导体进行短路时电动力稳定性的校验。

学习情境 2:判断两根平行导体之间的电动力

如图 9-6 所示,当两根平行导体的电流方向相反时,两根导体之间将产生斥力;而当电流方向相同时,则产生吸力。

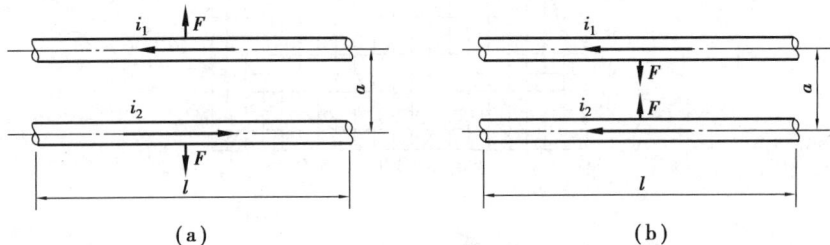

图 9-6 两根平行载流导体的作用力
(a)电流方向相反;(b)电流方向相同

当导体的几何尺寸比导体间的距离小得多时,可以认为电流集中在各自的几何轴上流过。如果两导体无限长,则一导体(流过电流 i_1)在另一导体(流过电流 i_2)处产生的磁感应强度为

$$B_1 = \mu_0 H_1 = \mu_0 \frac{i_1}{2\pi a} = \frac{i_1}{a} \times 20 \times 10^{-7}$$

因 B_1 的方向与流过电流 i_2 的导体垂直,故 $\psi = 90°$,$\sin \psi = 1$。
以上均代入式(9-31),整理得

$$F = \int_0^L i_2 B_1 \sin \psi \, dl = i_2 B_1 l = 2 i_1 i_2 \frac{l}{a} \times 10^{-7} \tag{9-32}$$

式中 i_1、i_2——通过两平行导体的电流,A;
l——该段导体长度,m;
a——两根导体轴线间的距离,m。

在计算两平行母线之间的电动力时,其长度通常可以按该母线相邻两个支柱绝缘子之间的距离(挡距)来计算,求得的电动力为该段母线上均匀分布的总作用力。

在实用中,有时两根平行导体间的间距,并不比导体的几何尺寸大很多,如一相由数根矩形硬母线组成的母线排。这时,按上式计算将产生很大的误差。在工程设计中,可以用形状系数 K 来修正,式(9-32)可改写为

$$F = 2K i_1 i_2 \frac{l}{a} \times 10^{-7} (\text{N}) \tag{9-33}$$

对截面不很大的圆形截面,$K=1$;矩形截面的形状系数可查图 9-7。

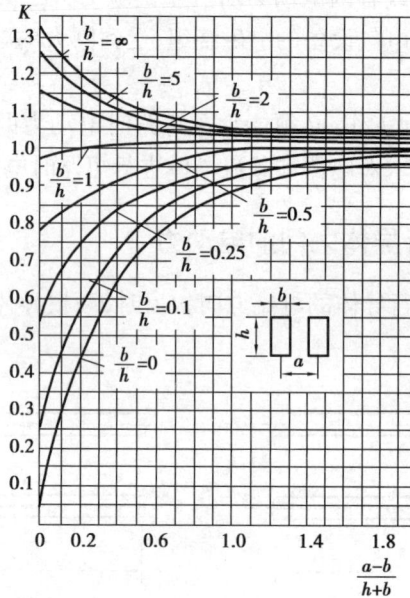

图 9-7   决定矩形母线形状系数的曲线

学习情境 3:确定三相系统中导体间的电动力

在三相系统中,作用于每相导体上的电动力,由该导体中的电流和其他两相导体中电流所产生的相互作用力来决定。在对称三相系统中,两边相导体所受电动力的大小相等,而中间相则不同。如图 9-8 所示为三相水平布置的母线在图示电流方向时受力的情形。

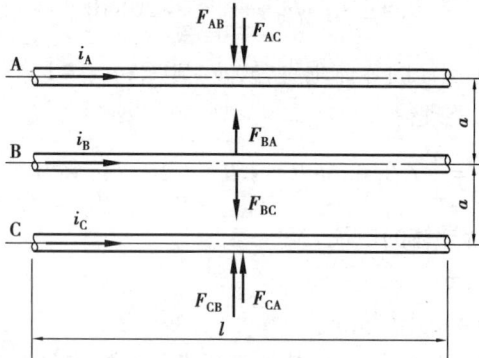

图 9-8   水平布置的三相硬母线的相互作用力

经计算,三相系统中间相受力最大。

电动力最大瞬时值直接决定了短路冲击电流 $i_{ch}(kA)$,对无限大容量系统,有

$$i_{ch} = 1.8\sqrt{2}\,I'' = 1.8 I_{zm}$$

代入式(9-33),可求得三相系统三相短路时电动力的最大瞬时值 $F_{max}(N)$ 为

$$F_{max} = 5.72\frac{l}{a}\left(\frac{i_{ch}}{1.8}\times10^3\right)^2\times10^{-7} = 0.176\frac{l}{a}i_{ch}^2 \tag{9-34}$$

可以将其作为校验母线电动力稳定的依据。

短路电动力会引起母线振动,严重时可能引起共振,使母线系统遭到破坏。为了避免危险的共振,应使母线短路作用力的振动频率尽量避开母线本身固有振动频率的范围,否则就要计入振动系数。

水平放置在同一平面内的三相交流系统的母线,其最大的作用力为

$$F_{max}=0.176\frac{l}{a}i_{ch}^2\beta \tag{9-35}$$

式中　β——母线系统的振动系数。

装在支柱绝缘子上的硬母线,是不允许硬性固定在每个绝缘子上的。对较长的母线,在适当部位必须设置挠性伸缩节,使母线在温度变化时,可以在一定范围内自由伸缩。在进行母线机械强度计算时,可以认为母线是一端固定、受均匀荷载的多跨距连续梁。在这种情况下,作用于母线上的最大弯矩 $M_{max}(N\cdot m)$ 为

$$M_{max}=\frac{F_{max}l_{ju}}{10} \tag{9-36}$$

式中　l_{ju}——相邻两个支柱绝缘子间的跨距,m。

其最大计算应力为

$$\sigma_{max}=\frac{M_{max}}{W}=1.76\frac{l_{ju}^2}{aW}i_{ch}^2\beta\times10^{-2} \tag{9-37}$$

式中　W——母线的截面系数,其值与母线的截面形状及布置形式有关,可查有关手册。

若母线最大计算应力 σ_{max} 不大于母线材料的允许应力 σ_{xu},即

$$\sigma_{max}\leq\sigma_{xu} \tag{9-38}$$

可以认为短路时,母线在电动力作用下是稳定的。

母线所用各种材料的允许应力见表9-6。

表9-6　各种材料最大允许应力

硬母线材料	最大允许应力 σ_{xu}	
	$Pa(\times10^5)$	Kgf/cm^3
铜	1 372	1 400
铝	686	700
钢	1 568	1 600

对电气设备,制造厂提供了满足电动力稳定条件的电流峰值(i_m),要求保证:

$$I_{imp}\leq i_m \tag{9-39}$$

【任务实施】

电器和载流导体的发热认识

1. 人员准备

(1)教师及学生应着实训工装,佩戴安全帽。

(2)每3~4名学生为一组,各组学生轮流开展实训。

(3)教师在学生实训期间必须始终在现场,不得擅自离开;如果确需离开,必须停止学生

的实训操作。

2. 场地准备

(1)实训室应配备合格、充足的安全工器具，并正确使用。

(2)实训现场应具备明显的应急疏散标识。

3. 任务实施

(1)工作任务准备。根据电器和载流导体的发热认识的学习，布置工作任务。首先下发任务工作单，如表9-7所示。

表9-7　电器和载流导体的发热认识工作任务单

任务名称	电器和载流导体的发热认识
相关任务描述	了解正常工作情况下持续发热的分析
相关学习准备	学习"载流导体的发热"的相关资料及网络资料
对学生的考核办法	过程考核
采用的主要教学方法	(1)多媒体、实验实训教学手段 (2)情境启发式、任务驱动式、自主探究式、协作学习式等教学方法
教学及实训设备、地点	多媒体教室、理实一体化实训室

(2)任务实施过程。根据工作任务的布置及学生学习情况，开展任务实施。实施过程如表9-8所示。

表9-8　任务实施过程

任务名称	电器和载流导体的发热认识	授课班级	
		授课时间	
学习目标	掌握故障情况下短时发热的分析		
学习资料	配套教材《发电厂变电所电气设备》；教学视频、多媒体课件；网络资源；相关知识的储备		
专业能力	能够掌握故障情况下短时发热的分析		
方法能力	资料收集整理能力；制订、实施工作计划的能力；理论知识的综合运用能力		
社会能力	交接工作流程确认能力；沟通协调能力；语言表达能力；团队组织能力；班组管理能力；责任心与职业道德；安全与自我保护能力；环境保护能力		
技能考核项目与要求	(1)制作PPT，介绍正常工作情况下持续发热的分析 (2)能正确无误地讲述故障情况下短时发热的分析		
学习任务的说明	引导学生讲述并识别故障情况下短时发热的分析		
学习任务	(1)小组成员先集中讨论和学习任务所需要的知识，分工合作，吸收消化学习要点、分析学习目标、制订工作计划 (2)学生能够完成电器和载流导体的发热认识的学习 (3)学生能够按照计划在理实一体化教室组织完成电器和载流导体的发热认识的认知任务 (4)学生按小组制作汇报PPT，小组成员全部上台汇报，其他小组给予评价。制作思维导图，将学习成果总结归纳。配合教师进行任务反馈		

续表

项目实施过程	
目的	学习的内容
1. 资讯	(1)布置工作任务、下发任务单 要求学生了解正常工作情况下持续发热的分析及掌握故障情况下短时发热的分析 (2)提供相关的参考资料 ①学生在教师指导下观看相关视频 ②学生自主完成讨论、习题 (3)提出本次学习过程中的疑难问题
2. 计划	学生分组(3~4人/组)讨论本任务所需的知识和技能,查阅相关学习资料
3. 决策	制订工作计划,明确工作任务,确定工作要求、工作注意事项及任务分工
4. 实施	学生根据分工完成各自任务,进行汇总,完成工作单,并根据制订的实施方案,在理实一体化教室完成电器和载流导体的发热认识任务
5. 检查	学生分组对所做工作过程及结果进行演示和汇报:故障情况下短时发热
6. 评价	(1)结果评价 ①学生对本项目的整个实施过程进行自评 ②以小组为单位,分别对其他组做的工作结果进行互评和建议 (2)资料整理和提升 ①学生总结本次实训心得,做成PPT形式 ②学生根据互评和教师评价的建议,填写评价表,优化方案

4. 任务评价

根据学生对本任务的实施情况,填写评价表。教师对学生的评价如表 9-9 所示。

表 9-9 教师对学生评价表

学习任务:电器和载流导体的发热认识								
教师签字:				学习团队名称:				
评价内容		评分 标准	被考核人					
目标认知 程度	工作目标明确、工作计划 具体、结合实际、具有可操 作性	10						
情感态度	工作态度端正、注意力集 中、能使用网络资源收集 相关资料	10						
团队协作	积极与他人合作共同完成 工作任务	10						

续表

专业能力要求	正常工作情况下持续发热的分析及故障情况下短时发热的分析	70					
总分							

教师对小组评价		评分	评语：
资讯	15		
计划	15		
决策	20		
实施	20		
检查	10		
评估	20		
总分			

➤ 【思考问题】

1. 什么是载流导体的电动力效应？短路时的电动力对电器或配电装置有哪些危害？
2. 各种材料的最大允许应力是多少？

任务3 电气设备选择的一般条件识别

➤ 【内容提要】

本任务主要通过学习电气设备选择条件的相关知识,了解正常工作条件下电气设备的额定电压和最高工作电压等,通过掌握短路情况下的校验方法,学会识别电气设备选择的一般条件。

➤ 【学习要求】

①了解最高工作电压。
②了解电动力稳定校验。
②掌握按当地环境条件校核的方法。
④掌握短路电流计算条件。

➤ 【任务导入】

正确地选择设备是使电器主接线和配电装置达到安全、经济运行的重要条件。在进行设备选择时,应根据哪些条件选择电气设备?

➤ 【知识链接】

尽管电力系统中各种电气设备的作用和工作条件不一样,具体选择方法也不完全相同,但对它们的基本要求却是相同的。电气设备要能可靠地工作,必须按正常工作条件进行选择,并按短路状态来校验其热稳定和动稳定。

学习情境 1:按正常工作条件选择导体和电器

(1)额定电压和最高工作电压

导体和电器所在电网的运行电压因调压或负荷的变化,常高于电网的额定电压 U_{ew},所选电器和电缆允许最高工作电压 U_{ymax} 不得低于所接电网的最高运行电压 U_{gmax},即

$$U_{ymax} \geqslant U_{gmax} \tag{9-40}$$

一般电缆和电器允许的最高工作电压:当额定电压在 220 kV 及以下时为 1.15 U_e;额定电压为 330~500 kV 时为 1.1U_e。而实际电网运行的 U_{gmax} 一般不超过 1.1 U_e,在选择设备时,一般可按照电器和电缆的额定电压 U_e 不低于装置地点电网额定电压 U_{ew} 的条件选择,即

$$U_e \geqslant U_{ew} \tag{9-41}$$

(2)额定电流

导体和电器的额定电流是指在额定周围环境温度 θ_0 下,导体和电器的长期允许电流 I_y(或额定电流 I_e)应不小于该回路的最大持续工作电流 I_{gmax},即

$$I_{gmax} \leqslant I_y(\text{或} I_e) \tag{9-42}$$

发电机、调相机和变压器在电压降低 5% 时,出力保持不变,其相应回路的 $I_{gmax}=1.05 I_e$(I_e 为电机的额定电流);母联断路器回路一般可取母线上最大一台发电机或变压器的 I_{gmax};母线分段电抗器 I_{gmax} 应为母线上最大一台发电机跳闸时,保证该段母线负荷所需的电流;出现回路的 I_{gmax} 除考虑线路正常负荷电流(包括线路损耗)外,还应考虑事故时由其他回路转移过来的负荷。

此外,还应按电器的装置地点、使用条件、检修和运行等要求,对导体和电器进行种类(屋内或屋外)和型式的选择。

(3)按当地环境条件校核

在选择电器时,应考虑电器安装地点的环境条件,当气温、风速、湿度、污秽等级、海拔高度、地震强度和覆冰厚度等环境条件超过一般电器使用条件时,应向制造部门提出要求或采取相应措施。例如,当地区海拔高度超过制造部门规定值时,大气压力、空气密度和湿度相应

减少,使空气间隙和外绝缘的放电特性下降,一般海拔为 1 000 ~ 3 500 m,若海拔比厂家规定值每升高 100 m,则最大工作电压要下降 1%。当最高工作电压不能满足要求时,应采用高原型电气设备,或采用外绝缘提高一级的产品。对 110 kV 以下电气设备,外绝缘裕度较大,可在海拔 2 000 m 以下使用。

当周围环境温度 θ 和导体(或电器)额定环境温度 θ_0 不等时,其长期允许电流 I_y 可按下式修正:

$$I_{y\theta} = I_y \sqrt{\frac{\theta_y - \theta}{\theta_y - \theta_0}} = KI_y \tag{9-43}$$

式中　K——修正系数;

　　　θ_y——导体或电气设备正常发热允许最高温度,当导体用螺栓连接时,$\theta_y = 70$ ℃。

我国目前生产的电气设备的额定环境温度温度 $\theta_0 = 40$ ℃。如果环境高于 40 ℃(但不大于 60 ℃)时,其允许电流一般可按每增高 1 ℃,额定电流减小 1.8% 进行修正;当环境温度低于 40 ℃时,环境温度每降低 1 ℃,额定电流可增加 0.5%,但其最大负荷不得超过额定电流的 20%。

我国生产的裸导体的额定环境温度为 25 ℃,当装置地点环境温度为 -5 ~ 50 ℃时,导体允许通过的电流可按式(9-43)修正。此外,当海拔高度上升时,日照强度相应增加,屋外载流导体如计及日照影响时,应按海拔和温度综合修正系数对载流量进行修正。

学习情境 2:按短路情况校验

(1)短路热稳定校验

短路电流通过时,导体和电器各部件温度(或发热效应)应不超过允许值,即满足热稳定的条件为

$$Q_d \leq Q_r \tag{9-44}$$

或

$$I_\infty^2 t_{jz} \leq I_r^2 t \tag{9-45}$$

式中　Q_d——短路电流产生的热效应;

　　　Q_r——短路时导体和电气设备允许的热效应;

　　　I_r——时间 t 内允许通过的短时热稳定电流(或短时耐受电流);

　　　t_{jz}——发热等值时间。

(2)电动力稳定校验

电动力稳定是导体和电器承受短路电流机械效应的能力,也称动稳定。满足动稳定的条件是

$$i_{ch} \leq i_{dw} \tag{9-46}$$

或

$$I_{ch} \leq I_{dw} \tag{9-47}$$

式中　i_{ch}, I_{ch}——短路冲击电流幅值及其有效值;

　　　i_{dw}, I_{dw}——允许通过稳定电流的幅值和有效值。

下列几种情况可不校验热稳定或动稳定：

①用熔断器保护的电器，其热稳定由熔断时间保证，可不验算热稳定。

②采用有限流电阻的熔断器保护的设备可不校验动稳定；电缆有足够的强度，可不校动稳定。

③装设在电压互感器回路中的裸导体和电器可不验算动、热稳定。

(3)短路电流计算条件

为使所选导体和电器具有足够的可靠性、经济性和合理性，并在一定时期内适应系统发展需要，做验算用的短路电流应按下列条件确定：

①容量和接线。按本工程(施工期长的大型水电厂)设计最终容量计算，并考虑电力系统远景发展规划(一般为本期工程建成后5~10年)；其接线应采用可能发生最大短路电流的正常接线方式，但不考虑在切换过程中可能并列运行的接线方式(如切换自用变压器并列)。

②短路种类。一般按三相短路验算，若其他种类短路较三相短路严重时，则应按最严重情况验算。

③计算短路点。选择通过导体和电器的短路电流时最大的点为短路计算点。

如图9-9所示，短路计算点的选择方法如下：

①发电机、变压器回路的断路器。应比较断路器前或后短路时通过断路器的电流值，选择其较大者为短路计算点。例如，选择发电机断路器 QF_1，当 K_1 点短路时，流过 QF_1 的电流为 I_{G1}；当 K_2 点短路时，流过的电流为 $I_{G2}+I_T$，若两台发电机容量相等，则 $I_{G2}+I_T>I_{G1}$，应选 K_2 点为 QF_1 的短路计算点。

②母联断路器。应考虑母联断路器向备用母线充电时，备用母线故障，即 K_4 点短路，此时，全部短路电流 $I_{G1}+I_{G2}+I_T$ 流过母联断路器 QF 及汇流母线。

③带电抗器的出线回路。在母线和母线隔离开关隔板前的母线引线及套管应按电抗器前 K_7 点短路选择。由于干式电抗器工作可靠性高，且电器间的连线都很短，故障概率小，因此隔板后的导体和电器一般可按电抗器后即 K_8 点为计算短路点，这样可选用轻型断路器，节约投资。

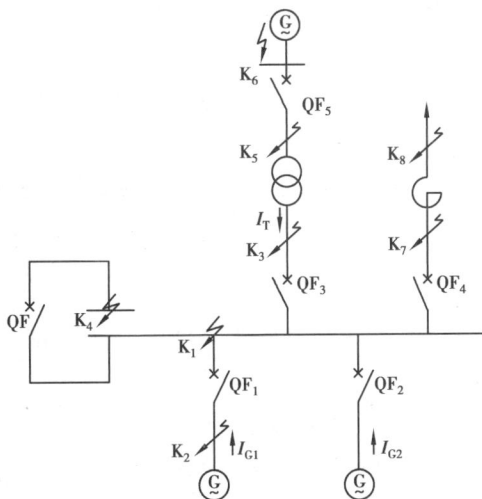

图9-9 短路计算点的选择

(4)短路计算时间

校验短路热稳定和开断电流时,还必须合理地确定短路计算时间。验算热稳定的短路计算时间 t_r 为继电保护动作时间 t_b 和相应断路器的全开断时间 t_{kd} 之和,即

$$t_r = t_b + t_{kd} \tag{9-48}$$

式中 t_{kd}——断路器完全断开时间,为固有分闸时间与燃弧时间之和。

当验算裸导体及 110 kV 以下电缆短路热稳定时,一般采用主保护动作时间。如主保护有死区时,则应采用能保护该死区的后备保护动作时间,并采用相应处的短路电流值。如验算电器和 110 kV 及以上充油电缆的热稳定时,为了可靠,一般采用后备保护动作时间。

开断电器应能在最严重的情况下开断短路电流,电器的开断计算时间 t_k 应为主保护时间 t_b 和断路器固有分闸时间 t_{gf} 之和(固有分闸时间 t_{gf} 为接到分闸信号到触头刚分离这一段时间),即

$$t_k = t_b + t_{gf} \tag{9-49}$$

➤ 【任务实施】

电气设备选择的一般条件识别

1. 人员准备

(1)教师及学生应着实训工装,佩戴安全帽。

(2)每 3~4 名学生为一组,各组学生轮流开展实训。

(3)教师在学生实训期间必须始终在现场,不得擅自离开;如果确需离开,必须停止学生的实训操作。

2. 场地准备

(1)实训室应配备合格、充足的安全工器具,并正确使用。

(2)实训现场应具备明显的应急疏散标识。

3. 任务实施

(1)工作任务准备。根据电气设备选择的一般条件识别的学习,布置工作任务。首先下发任务工作单,如表 9-10 所示。

表 9-10　电气设备选择的一般条件识别工作任务单

任务名称	电气设备选择的一般条件识别
相关任务描述	掌握按当地环境条件校核的方法
相关学习准备	学习"电气设备选择条件"的相关资料及网络资料
对学生的考核办法	过程考核
采用的主要教学方法	(1)多媒体、实验实训教学手段 (2)情境启发式、任务驱动式、自主探究式、协作学习式等教学方法
教学及实训设备、地点	多媒体教室、理实一体化实训室

(2)任务实施过程。根据工作任务的布置及学生学习情况,开展任务实施。实施过程如表9-11所示。

表9-11　任务实施过程

任务名称	电气设备选择的一般条件识别	授课班级	
		授课时间	
学习目标	掌握短路电流计算条件		
学习资料	配套教材《发电厂变电所电气设备》;教学视频、多媒体课件;网络资源;相关知识的储备		
专业能力	能够掌握短路电流计算条件		
方法能力	资料收集整理能力;制订、实施工作计划的能力;理论知识的综合运用能力		
社会能力	交接工作流程确认能力;沟通协调能力;语言表达能力;团队组织能力;班组管理能力;责任心与职业道德;安全与自我保护能力;环境保护能力		
技能考核项目与要求	(1)制作PPT,介绍最高工作电压 (2)能正确无误地讲述按当地环境条件校核的方法 (3)能正确无误地讲述短路电流计算条件		
学习任务的说明	引导学生讲述并识别短路电流计算条件		
学习任务	(1)小组成员先集中讨论和学习任务所需要的知识,分工合作,吸收消化学习要点、分析学习目标、制订工作计划 (2)学生能够完成电气设备选择的一般条件识别的学习 (3)学生能够按照计划在理实一体化教室组织完成对电气设备选择的一般条件识别的认知任务 (4)学生按小组制作汇报PPT,小组成员全部上台汇报,其他小组给予评价。制作思维导图,将学习成果总结归纳。配合教师进行任务反馈		
项目实施过程			
目的	学习的内容		
1.资讯	(1)布置工作任务、下发任务单 要求学生掌握按当地环境条件校核的方法及掌握短路电流计算条件 (2)提供相关的参考资料 ①学生在教师指导下观看相关视频 ②学生自主完成讨论、习题 (3)提出本次学习过程中的疑难问题		
2.计划	学生分组(3~4人/组)讨论本任务所需的知识和技能,查阅相关学习资料		
3.决策	制订工作计划,明确工作任务,确定工作要求、工作注意事项及任务分工		
4.实施	学生根据分工完成各自任务,进行汇总,完成工作单,并根据制订的实施方案,在理实一体化教室完成电气设备选择的一般条件识别任务		
5.检查	学生分组对所做工作过程及结果进行演示和汇报:电气设备选择的一般条件		

续表

6. 评价	（1）结果评价 ①学生对本项目的整个实施过程进行自评 ②以小组为单位，分别对其他组做的工作结果进行互评和建议 （2）资料整理和提升 ①学生总结本次实训心得，做成 PPT 形式 ②学生根据互评和教师评价的建议，填写评价表，优化方案

4. 任务评价

根据学生对本任务的实施情况，填写评价表。教师对学生的评价如表 9-12 所示。

表 9-12　教师对学生评价表

学习任务：电气设备选择的一般条件识别							
教师签字：			学习团队名称：				
评价内容		评分标准	被考核人				
目标认知程度	工作目标明确、工作计划具体、结合实际、具有可操作性	10					
情感态度	工作态度端正、注意力集中、能使用网络资源收集相关资料	10					
团队协作	积极与他人合作共同完成工作任务	10					
专业能力要求	能够掌握短路电流计算条件	70					
总分							

教师对小组评价		评分	评语：
资讯	15		
计划	15		
决策	20		
实施	20		
检查	10		
评估	20		
总分	100		

➤ 【思考问题】

1. 做验算用的短路电流应按什么条件确定?
2. 短路计算点的选择方法是怎样的?

任务 4　高压开关电器的选择

➤ 【内容提要】

本任务主要通过前期学习高压断路器、隔离开关及高压熔断器的相关知识,了解高压断路器、隔离开关及高压熔断器各个参数的确定方法。掌握电气设备各项进行选择和校验法的方法,这是国家电网考试大纲重点要掌握的内容,也是变电站值班员应知应会的内容。

➤ 【学习要求】

①了解高压熔断器的选择性校验。
②掌握高压断路器的选择方法。
③掌握隔离开关的选择方法。

➤ 【任务导入】

高压断路器、隔离开关及高压熔断器等高压开关电器在高压场所工作中会经常遇见,那么对这些高压开关电器的选择就显得非常重要,要通过什么方法对高压开关电器进行选择?

➤ 【知识链接】

高压断路器、隔离开关及高压熔断器可按表 9-13 各项进行选择和校验。

表 9-13　高压断路器、隔离开关及高压熔断器的选择校验项目

项目	额定电压	额定电流	开断电流	短路关合电流	热稳定	动稳定
高压断路器	$U_e \geq U_{ew}$	$I_e \geq I_{gmax}$	$I_{ekd} \geq I_z$	$i_{eg} \geq i_{ch}$	$I_r \geq I_\infty \sqrt{\dfrac{t_{dz}}{t}}$	$i_{dw} \geq i_{ch}$
隔离刀关			—	—		
高压熔断器			$I_{ekd} \geq I_{ch}$	—	—	—

学习情境1:高压断路器的选择

(1)断路器种类和型式的选择

高压断路器应根据断路器安装地点、环境和使用技术条件等要求选择其种类和型式。目前,广泛采用真空断路器和SF_6断路器。

图9-10　LW38-126瓷柱式高压六氟化硫断路器

高压断路器的选择方法及原则:先按正常条件选择,然后按短路情况进行校验。另外,断路器的额定开断电流必须大于电路中可能通过断路器的最大短路电流,以保证断路器可靠灭弧。

1)按正常工作条件选择

①高压断路器的额定电压应与装设地点电网电压相符。

②高压断路器的额定电流应大于或等于电路中长期最大工作电流。

③高压断路器型式应根据装设环境条件选择,如装在户外应选择户外型断路器;装在户内应选择户内型断路器等。

2)按短路情况校验

①按正常工作条件选择的断路器必须按短路情况进行校验,即正常能满足安全可靠运行,在电路发生短路故障时,断路器仍能安全可靠地工作和切断短路电流。

②按短路情况校验主要是校验断路器的热稳定和动稳定性。热稳定是指最大可能的短路电流通过断路器时,断路器的发热温度不超过它的短时允许温度,即最大可能的短路电流通过断路器时,断路器不会因电流的热效应而烧坏。动稳定是指最大可能的短路电流通过断路器,断路器不会因强大的电动力而损坏或变形。

③断路器的额定开断电流必须大于电路中可能通过断路器的最大短路电流,以保证断路器可靠灭弧。

（2）按开断电流选择

高压断路器的额定开断电流应满足：

$$I_{ekd} \geq I_z \tag{9-50}$$

式中　I_z——高压断路器触头实际开断瞬间的短路电流周期分量有效值，kA。

当断路器的额定开断电流较系统的短路电流大很多时，为了简化计算，可用次暂态电流 I_z'' 进行选择，即 $I_{ekd} \geq I_z''$。

项目 9 任务 3，校验短路应按照最严重的短路类别进行计算，但由于断路器开断单相短路的能力比开断三相短路大 15% 以上，因此只有单相短路比三相短路电流大 15% 以上才能作为短路计算条件。

一般中、慢速断路器，开断时间较长（>0.01 s），短路电流非周期分量衰减较多，能满足国家标准规定的、非周期分量不超过周期分量幅值 20% 的要求，可用式（9-49）计算。对使用快速保护和高速断路器者，其开断时间小于 0.1 s，当在电源附近短路时，短路电流的非周期分量可能超过周期分量的 20%，其开断短路电流应计及非周期分量的影响。短路全电流应按下式计算为

$$I_{d4} = \sqrt{I_z^2 + \left(\sqrt{2}\, I_z'' \mathrm{e}^{-\frac{\omega t_K}{T_a}} \right)^2} \tag{9-51}$$

$$T_a = \frac{\chi_\Sigma}{r_\Sigma}$$

式中　I_z——开断瞬间短路电流周期分量有效值，kA，当开断时间小于 0.1 s 时，$I_z \approx I_z''$；

　　　t_K——开断计算时间，s；

　　　T_a——非周期分量衰减时间常数，rad；

　　　χ_Σ——电源至短路点等效总电抗，令 $r=0$；

　　　r_Σ——电源至短路点等效总电阻，令 $\chi=0$。

如计算结果非周期分量超过周期分量 20% 时，订货时应向制造部门提出补充要求。

装有自动重合闸装置的断路器，当操作循环符合厂家规定时，其额定开断电流不变。

（3）短路关合电流的选择

在短路合闸之前，若线路上已存在短路故障，则在断路器合闸过程中，触头间在未接触时即有巨大的短路电流通过（预击穿），易发生触头熔焊和遭受电动力的损坏。且断路器在关合短路电流时，不可避免地在接通后自动跳闸，此时要求能切断短路电流。额定关合电流是断路器的重要参数之一，为了保证断路器在关合短路时的安全，断路器的额定关合电流 i_{eg} 不应小于短路电流最大冲击值 i_{ch}，即

$$i_{eg} \geq i_{ch} \tag{9-52}$$

一般断路器额定关合电流不会大于额定动稳定电流 i_{dw}，如 $i_{gh} \geq i_{ch}$，则 $i_{dw} \geq i_{ch}$。

高压断路器的操动机构大多数是由制造厂配套供应，仅部分断路器有电磁式、弹簧式或液压等型式的操动机构可供选择。一般电磁式操动机构虽需配有专用的直流合闸电源，但其结构简单可靠；弹簧式的结构比较复杂，调整要求较高；液压操动机构加工精度要求较高。操作机构的型式，可根据安装调试方便和运行可靠性进行选择。

其他如热稳定和动稳定的校验,与以前所述相同,不再赘述。

学习情境2:隔离开关的选择

隔离开关的选择和校验条件见表9-13。屋外隔离开关的型式较多(图9-11、图9-12),它对配电装置的布置和占地面积等有很大影响,其型式应根据配电装置的布置特点和使用要求等因素,进行综合技术经济比较确定。

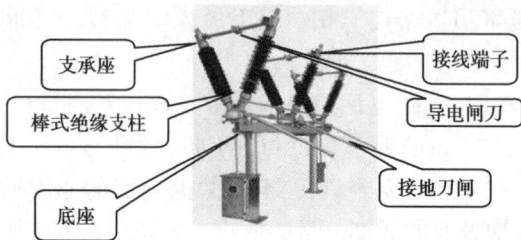

图9-11　GW5-110D 隔离开关

图9-12　户外高压隔离开关

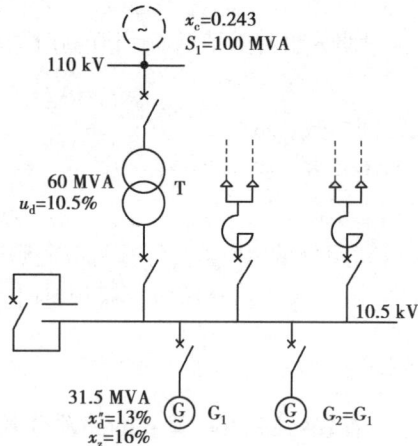

例9-1:选择如图9-13 所示中发电机 G_1 的断路器和隔离开关,发电机参数和系统阻抗如图9-13 所示。主保护 $t_{b1} = 0.05$ s,后备保护 $t_{b2} = 4$ s。

高压隔离开关

图9-13　例9-1 主接线图

解:最大持续工作电流为

$$I_{gmax} = 1.05 \ I_e = 1\ 804(A)$$

因发电机断路器设在10.5 kV 屋内配电装置中,故选用 VB12-20-40G 真空断路器,其主要参数见表9-15。VB12-20-40G 固有分闸时间为 0.06 s,全开断时间为 0.1 s。

开断计算时间:

$$t_k = t_{b1} + t_{gf} = 0.05 + 0.06 = 0.11(s)$$

查运算曲线得短路电流并换算为有名值:

$$I_z'' = 26.4 \ kA; I_\infty^{(3)} = 15.5 \ kA; I_\infty^{(2)} = 19.1 \ kA; I_{0.11} = 20.8 \ kA。$$

短路热稳定计算时间：

$$t_r = t_{b2} + t_{kd} = 4 + 0.1 = 4.1 \, (\text{s})$$

因 $I_\infty^{(2)} > I_\infty^{(3)}$，故应按二相短路校验热稳定。

$$\beta''^{(2)} = \frac{I_z''^{(2)}}{I_\infty^{(2)}} = \frac{0.87 I_z''}{I_\infty^{(2)}} = \frac{22.9}{19.1} = 1.2$$

查《实用维修电工手册》中周期分量等值时间曲线得 $t_z = 3.8 \, \text{s}$，因 $t_r > 1 \, \text{s}$，故非周期分量发热可忽略不计，$t_{dz} = 3.8 \, \text{s}$。

隔离开关按额定电压和额定电流选用 GN2-10/2 000。

断路器和隔离开关选择结果见表 9-14。断路器配用 CD10-Ⅲ型操作机构。

表 9-14　断路器和隔离开关选择结果表

计算数据		VB12-20-40G		GN2-10/2 000
U	10（kV）	U_e	12（kV）	10（kV）
I_{gmax}	1 804（A）	I_e	2 000（A）	2 000（A）
I_z	20.8（kA）	I_{ekd}	40（kA）	—
i_{ch}	78.5（kA）	i_{eg}	100（kA）	—
$I_\infty^2 t_{dz}$	$19.1^2 \times 3.8$（kA² · s）	$I_r^2 t$	$40^2 \times 3$（kA² · s）	$36^2 \times 5$（kA² · s）
i_{ch}	78.5（kA）	i_{dw}	100（kA）	85（kA）

学习情境 3：高压熔断器的选择

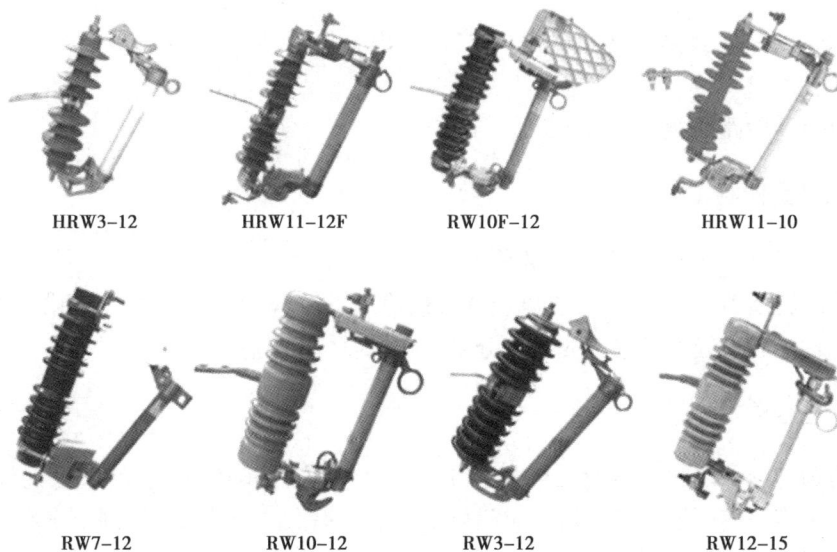

高压熔断器

HRW3-12	HRW11-12F	RW10F-12	HRW11-10

RW7-12	RW10-12	RW3-12	RW12-15

图 9-14　RW11 户外柱上跌落式高压熔断器

高压熔断器在选择时应注意以下几点：

(1)按额定电压选择

对一般高压熔断器,其额定电压必须大于或等于电网的额定电压。对充填石英砂有限流作用的熔断器,则只能用在等于其额定电压电网中。这种类型的熔断器能在电流达最大值之前就将电流截断,致使熔断器熔断时产生过电压。过电压的倍数与电路的参数及熔体长度有关,一般在等于其额定电压的电网中为 2 ~ 2.5 倍,但如在低于其额定电压的电网中,其熔体较长,过电压值可高达 3.5 ~ 4 倍相电压,以致损害电网中的电气设备。

(2)按额定电流选择

熔断器的额定电流选择,包括熔断器熔管的额定电流和熔体的额定电流的选择。

①熔管额定电流的选择。为了保证熔断器壳体不致损坏,高压熔断器的熔管额定电流 I_{eRg},应大于或等于熔体的额定电流 I_{eRt},即

$$I_{eRg} \geq I_{eRt} \tag{9-53}$$

②熔体额定电流的选择。为了防止熔体在通过变压器励磁涌流和保护范围以外的短路及电动机自启动等冲击电流时误动作,保护 35 kV 以下电力变压器的高压熔断器,其熔体的额定电流可按下式选择:

$$I_{eRg} = KI_{gmax} \tag{9-54}$$

式中 K——可靠系数,不计电动机自启动时,$K = 1.1 \sim 1.3$,考虑电动机自启动时, $K = 1.5 \sim 2$;

I_{gmax}——电力变压器回路最大工作电流。

用于保护电力电容器的高压熔断器熔体,当系统电压升高或波形畸变引起回路电流增大或运行过程中产生涌流时不应误熔断,其熔体按下式选择:

$$I_{eRg} = KI_{eC} \tag{9-55}$$

式中 K——可靠系数,对限流式高压熔断器,当一台电力电容器时,$K = 1.5 \sim 2$,当一组电力
电容器时,$K = 1.3 \sim 1.8$;

I_{eC}——电力电容器回路的额定电流。

(3)熔断器开断电流校验

$$I_{ekd} \geq I_{ch}(\text{或 } I_z'') \tag{9-56}$$

对没有限流作用的熔断器,选择时用冲击电流的有效值 I_{ch} 进行校验;对有限流作用的熔断器,在电流过最大值之前已截断,可不计非周期分量影响,而采用 I_z'' 进行校验。

(4)熔断器选择性校验

为了保证前后两级熔断器之间或熔断器与电源(或负荷)保护之间动作的选择性,应进行熔体选择性校验。各种型号熔断器的熔体熔断时间可由制造厂提供的安秒特性曲线上查出。

对保护电压互感器用的高压熔断器,只需按额定电压及断流容量两项来选择。

➤ 【任务实施】

高压开关电器的选择

1. 人员准备

(1)教师及学生应着实训工装,佩戴安全帽。

(2)每 3~4 名学生为一组,各组学生轮流开展实训。

(3)教师在学生实训期间必须始终在现场,不得擅自离开;如果确需离开,必须停止学生的实训操作。

2. 场地准备

(1)实训室应配备合格、充足的安全工器具,并正确使用。

(2)实训现场应具备明显的应急疏散标识。

3. 任务实施

(1)工作任务准备。根据高压开关电器的选择,布置工作任务。首先下发任务工作单,如表 9-15 所示。

表 9-15　高压开关电器的选择工作任务单

任务名称	高压开关电器的选择
相关任务描述	掌握高压断路器的选择方法
相关学习准备	学习"高压开关电器"的相关资料及网络资料
对学生的考核办法	过程考核
采用的主要教学方法	(1)多媒体、实验实训教学手段 (2)情境启发式、任务驱动式、自主探究式、协作学习式等教学方法
教学及实训设备、地点	多媒体教室、理实一体化实训室

(2)任务实施过程。根据工作任务的布置及学生学习情况,开展任务实施。实施过程如表 9-16 所示。

表 9-16　任务实施过程

任务名称	高压开关电器的选择	授课班级	
		授课时间	
学习目标	掌握高压断路器的选择方法		
学习资料	配套教材《发电厂变电所电气设备》;教学视频、多媒体课件;网络资源;相关知识的储备		
专业能力	能够掌握隔离开关的选择方法		
方法能力	资料收集整理能力;制订、实施工作计划的能力;理论知识的综合运用能力		

续表

社会能力	交接工作流程确认能力;沟通协调能力;语言表达能力;团队组织能力;班组管理能力;责任心与职业道德;安全与自我保护能力;环境保护能力
技能考核项目与要求	(1)制作 PPT,介绍高压熔断器的选择性校验 (2)实训现场正确无误地掌握高压断路器的选择方法 (3)实训现场正确无误地掌握隔离开关的选择方法
学习任务的说明	引导学生讲述高压开关电器的选择方法
学习任务	(1)小组成员先集中讨论和学习任务所需要的知识,分工合作,吸收消化学习资料、分析学习目标、制订工作计划 (2)学生能够完成高压开关电器的选择的学习 (3)学生能够按照计划在理实一体化教室组织完成对高压开关电器的选择的认知任务 (4)学生按小组制作汇报 PPT,小组成员全部上台汇报,其他小组给予评价。制作思维导图,将学习成果总结归纳。配合教师进行任务反馈

项目实施过程	
目的	学习的内容
1. 资讯	(1)布置工作任务、下发任务单 要求学生了解高压断路器的选择方法及隔离开关的选择方法 (2)提供相关的参考资料 ①学生在教师指导下观看相关视频 ②学生自主完成讨论、习题 (3)提出本次学习过程中的疑难问题
2. 计划	学生分组(3~4 人/组)讨论本任务所需的知识和技能,查阅相关学习资料
3. 决策	制订工作计划,明确工作任务,确定工作要求、工作注意事项及任务分工
4. 实施	学生根据分工完成各自任务,进行汇总,完成工作单,并根据制订的实施方案,在理实一体化教室完成高压开关电器的选择任务
5. 检查	学生分组对所做工作过程及结果进行演示和汇报:高压开关电器的选择
6. 评价	(1)结果评价 ①学生对本项目的整个实施过程进行自评 ②以小组为单位,分别对其他组做的工作结果进行互评和建议 (2)资料整理和提升 ①学生总结本次实训心得,做成 PPT 形式 ②学生根据互评和教师评价的建议,填写评价表,优化方案

4. 任务评价

根据学生对本任务的实施情况,填写评价表。教师对学生的评价如表 9-17 所示。

表 9-17　教师对学生评价表

学习任务:高压开关电器的选择								
教师签字:			学习团队名称:					
评价内容		评分标准	被考核人					
目标认知程度	工作目标明确、工作计划具体、结合实际、具有可操作性	10						
情感态度	工作态度端正、注意力集中、能使用网络资源收集相关资料	10						
团队协作	积极与他人合作共同完成工作任务	10						
专业能力要求	掌握高压断路器的选择方法及隔离开关的选择方法	70						
总分								

教师对小组评价		评分	评语:
资讯	15		
计划	15		
决策	20		
实施	20		
检查	10		
评估	20		
总分	100		

➢ 【思考问题】

1. 隔离开关应如何选择和校验?

2. 高压熔断器按额定电流怎样选择?

任务 5　母线、电缆和绝缘子的选择

➤ 【内容提要】

本任务主要通过学习导线和绝缘子的相关知识,了解导线和绝缘子各个参数的确定方法。掌握导线和绝缘子选择和校验的方法,以此学会选择导线和绝缘子。

➤ 【学习要求】

①了解硬母线动稳定校验。
②了解母线共振的校验。
③掌握母线及电缆截面选择方法。
④掌握支柱绝缘子的选择方法。

➤ 【任务导入】

母线、电缆和绝缘子是高压场所中常见的设备,那么对这些母线、电缆和绝缘子的选择就显得非常重要,要通过什么方法对母线、电缆和绝缘子进行选择?

➤ 【知识链接】

敞露母线一般按下列各项进行选择和校验:①导体材料、类型和敷设方式;②导体截面;③电晕;④热稳定;⑤动稳定;⑥共振频率。电缆则按额定电压和上述①、②、④项及允许电压降选择和校验。

学习情境 1:敞露母线及电缆的选择

(1)敞露母线及电缆的类型

常用导体材料有铜和铝。铜的电阻率低,抗腐蚀性强,机械强度大,是很好的导体材料。铜在工业和国防上有很多重要用途,我国铜的储量不多,价格较贵,铜母线只用在持续工作电流大,且位置特别狭窄的发电机、变压器出线处或污秽对铝有严重腐蚀而对铜腐蚀较轻的场所。铝的电阻率虽为铜的 1.7~2 倍,但密度只有铜的 30%,我国铝的储量丰富,价格较低,一般采用铝质材料。

工业上常用的硬母线截面为矩形、槽形和管形。矩形母线散热条件较好,有一定的机械强度,便于固定和连接,但集肤效应较大。为避免集肤效应系数过大,单条矩形的截面最大不超过 1 250 mm^2。当工作电流超过最大截面单条母线允许电流时,可用 2~4 条矩形母线并列使用,但是由于邻近效应的影响,多条母线并列的允许载流量并不成比例增加,一般避免采用4条矩形。矩形导体一般只用于35 kV及以下,电流在4 000 A及以下的配电装置中。槽形母线机械强度较好,载流量较大,集肤效应系数较小。槽形母线一般用于4 000~8 000 A的配电装置中。管形母线集肤效应系数小,机械强度高,管内可以通水和通风,可用于8 000 A以上的大电流母线。另外,圆管形表面光滑,电晕放电电压高,可用作110 kV及以上配电装置母线。

截面形状不对称母线的散热和机械强度与导体置放方式有关,如图9-15所示为矩形母线的布置方式,当三相母线水平布置时,图9-15(a)与图9-15(b)相比,前者散热较好,载流量大,但机械强度较低,而后者相反。图9-15(c)的布置方式兼顾了图9-15(a)、图9-15(b)的优点,但配电装置高度有所增加。母线的布置方式应根据载流量的大小、短路电流水平和配电装置的具体情况确定。

电缆类型的选择与其用途、敷设方式和使用条件有关。例如,35 kV及以下,一般采用三相铝芯电缆;110 kV及以上采用单相充油电缆;直埋地下,一般选用钢带铠装电缆;敷设在高差较大地点,应采用不滴流或塑料电缆。

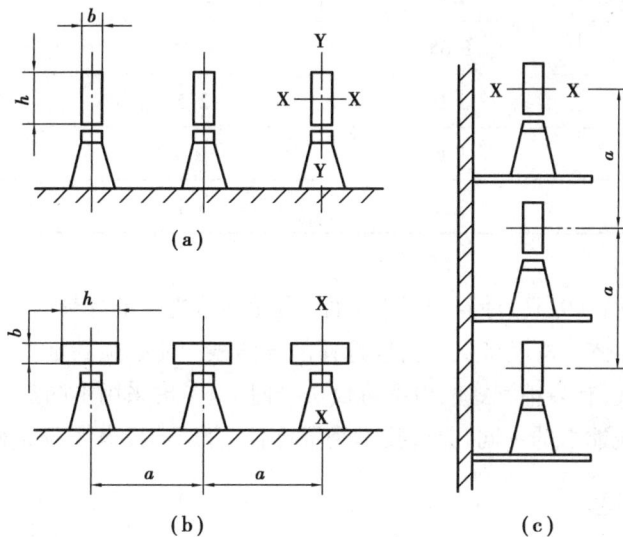

图9-15 矩形母线的布置方式
(a)水平布置(母线平放);(b)水平布置(母线立放);(c)垂直布置

(2)母线及电缆截面选择

除配电装置的汇流母线及较短导体按导体长期发热允许电流选择外,其余导体的截面一般按经济电流密度选择。

①按导体长期发热允许电流选择。导体所在电路中最大持续工作电流 I_{gmax} 应不大于导体长期发热的允许电流 I_y,即

$$I_{gmax} \leqslant KI_y \qquad (9-57)$$

式中 I_y——相应于导体允许温度和基准环境条件下导体长期允许电流;

K——综合修正系数,裸导体的 K 值与海拔和环境温度有关,电缆的 K 值与环境温度、敷设方式和土壤热阻有关,K 值可查《电力工程设计手册》等有关手册。

②按经济电流密度选择。按经济电流密度选择导体截面可使年计算费用最低。年计算费用包括电流通过导体所产生的年电能损耗费、导体投资(包括损耗引起的补充装机费)和折旧费以及利息等,对应不同种类的导体和不同的最大负荷年利用小时数 T_{max} 将有一个年计算费用最低的电流密度—经济电流密度(J)。部分导体的经济电流密度见表 9-18。导体的经济截面可由式(9-58)决定:

$$S = \frac{I_{gmax}}{J} \tag{9-58}$$

式中　I_{gmax}——正常工作时的最大持续工作电流。

表 9-18　导体的经济电流密度 J　　　　单位:A/mm^2

载流导体名称	最大负荷年利用小时数		
	3 000 以内	3 000 ~ 5 000	5 000 以上
铜导体和母线	3.0	2.25	1.75
铝导体和母线	1.65	1.15	0.9
铜芯	3.0	2.5	2.0
铝芯	1.6	1.4	1.2
橡皮绝缘铜芯电缆	3.5	3.1	2.7

应尽量选择接近式(9-57)计算的标准截面,当无合适规格的导体时,为节约投资,允许选择小于经济截面的导体。按经济电流密度选择的导体截面还必须满足式(9-58)的要求。

在负荷电流较大,有多种型式的电缆可供选择时,应考虑采用不同敷设方式(包括并列根数、间距等)电缆载流能力的不同,通过技术经济比较,合理选择电缆截面和型式。

(3)电晕电压校验

电晕放电将引起电晕损耗、无线电干扰、噪声干扰和金属腐蚀等许多不利现象,对 110 ~ 220 kV 裸母线,可按晴天不发生全面电晕条件进行校验,即裸母线的临界电压 U_{1j} 应大于其最高工作电压 U_{gmax},即

$$U_{1j} > U_{gmax} \tag{9-59}$$

对 330 ~ 550 kV 超高压配电装置,电晕是选择导线的控制条件,要求在 1.1 倍最高运行的相电压下,晴天夜间不发生可见电晕。选择时应综合考虑导体直径、分裂间距和相间距离等条件,经技术经济比较,确定最佳方案。

(4)热稳定校验

按正常电流选出导体截面后,还应按热稳定进行校验。根据短路电流的热效应可知:

$$Q_d = I_\infty^2 t_{dz} = S^2(A_Z - A_K)$$

如计集肤效应系数,则按热稳定决定的导体最小截面为

$$S_{\min} = \sqrt{\frac{Q_d K_f}{A_Z - A_K}} = \frac{1}{C}\sqrt{Q_d K_f} \tag{9-60}$$

$$S_{\min} = \sqrt{\frac{I_\infty^2 t_{dz} K_f}{A_Z - A_K}} = \frac{I_\infty}{C}\sqrt{t_{dz} K_f}$$

式中　C——热稳定系数,$C = \sqrt{A_Z - A_K}$。

热稳定系数 C 值与材料及发热温度有关。母线的 C 值见表 9-19。

表 9-19　不同工作温度下裸导体的 C 值

工作温度/℃	40	45	50	55	60	65	70	75	80	85	90
硬铝及铝锰合金	99	97	95	93	91	89	87	85	83	82	81
硬铜	186	183	181	179	176	174	171	169	166	164	161

电缆的热稳定系数 C 可用式(9-61)计算为

$$C = \frac{1}{\eta}\sqrt{\frac{JQ}{K\rho_{20}}\ln\frac{1+\alpha(\theta_d - 20)}{1+\alpha(\theta - 20)} \times 10^{-2}} \tag{9-61}$$

式中　η——计及电缆芯线充填物热容随温度变化以及绝缘散热影响的校正系数,对于 $3 \sim 6$ kV
　　　　　自用回路,取 0.93;

　　　　Q——电缆芯单位体积的热容量,cal/(cm³ · ℃),铝芯取 0.59;

　　　　J——热功当量系数,取 4.2,J/cal;

　　　　α——电缆芯在 20 ℃时的电阻温度系数,1/℃,铝芯为 0.004 03;

　　　　K——20 ℃时导体交流电阻与直流电阻之比,$S \leqslant 100$ mm² 的三芯电缆 $K = 1$,$S = 120 \sim$
　　　　　240 mm² 的三芯电缆 $K = 1.005 \sim 1.035$;

　　　　ρ_{20}——电缆芯在 20 ℃时的电阻系数,Ω · cm²/cm,铝芯取 0.031×10^{-4};

　　　　θ——短路前电缆的工作温度,℃;

　　　　θ_d——电缆在短路时的最高允许温度,对 10 kV 及以下普通黏性浸渍纸绝缘及交联聚
　　　　　乙烯绝缘电缆为 200 ℃,有中间接头(锡焊)的电缆最高容许温度为 120 ℃。

(5)硬母线动稳定校验

各种形状的硬母线通常都安装在支持绝缘子上,当冲击电流通过母线时,电动力将使母线产生弯曲应力,母线应按弯曲情况进行应力计算。

本书介绍单条母线的应力计算法。按照母线在支持绝缘子上固定的形式,通常假定母线为自由支承在绝缘子上的多跨距、载荷均匀分布的梁,在电动力的作用下,母线所受的最大弯矩 M 为

$$M = f_x l2/10 \tag{9-62}$$

式中　f_x——单位长度母线上所受相间电动力,N · m;

　　　　l——支持绝缘子之间的跨距,m。

当跨距数等于 2 时，母线所受最大弯矩为

$$M = f_x l2/8 \tag{9-63}$$

母线最大相间计算应力为

$$\sigma_{xj} = \frac{M}{W} \tag{9-64}$$

式(9-64)中 W 为母线对垂直于作用力方向轴的截面系数(也称抗弯矩)。矩形母线按图 9-15(a)布置时，$W = W_Y = b^2 h/6 (\text{m}^3)$；按图 9-15(b)布置时，$W = W_X = b^2 h/6$。

对圆管形导体，$W = \pi(D^4 - d^4)/32D(D, d$ 为圆管形母线的外径和内径)。

按式(9-64)求出的母线应力 σ_{xj} 应不超过母线材料允许应力 σ_y，即

$$\sigma_{xj} \leqslant \sigma_y \tag{9-65}$$

导体材料的允许应力 σ_y 见表 9-20。

$$l_{max} = \sqrt{10\sigma_y \frac{W}{f_x}} (\text{m}) \tag{9-66}$$

表 9-20   硬导体最大允许应力(σ_y)

导体材料	最大允许应力/Pa
硬铝	69×10^6
硬铜	137×10^6

为了便于计算，设计中常根据材料最大允许应力来确定绝缘子间最大允许跨距，由式(9-62)可得

当矩形导体水平置放时，为避免导体因自重而过分弯曲，所选取的跨距一般不超过 1.5 ~ 2 m。为了绝缘子支座及引下线安装方便，常选取绝缘子跨距等于配电装置间隔宽度。

(6)母线共振的校验

当母线的自振频率与电动机交变频率一致或接近时，会产生共振现象，增加母线的应力。对重要回路(如发电机、变压器及汇流母线等)的母线应进行共振校验。母线的一阶自振频率可按 $f_1 = \frac{N_f}{l^2}\sqrt{\frac{EI}{m}}$ 计算，其中 l 为跨距(m)；N_f 为频率系数，可根据导体连续跨数和支撑方式由手册查得。

$f_1 = \frac{N_f}{l^2}\sqrt{\frac{EI}{m}}$ 还可写成

$$l_{max} = \sqrt{\frac{N_f}{f_0}\sqrt{\frac{EI}{m}}} \tag{9-67}$$

已知母线的材料、形状、布置方式和应避开共振的自振频率(一般 $f_0 = 200$ Hz)时，可由式(9-67)计算母线不发生共振所容许的最大绝缘子跨距 l_{max}，如选择的绝缘子跨距小于 l_{max}，则 $\beta = 1$。有关手册已列出 l_{max} 值供设计时参考。

学习情境 2:封闭母线的选择

凡属定型产品的封闭母线,制造厂将提供有关封闭母线的额定电压、额定电流、动稳定电流和短时热电流等参数,可按电器选择一般条件中所述方法来进行选择和校验。由于各个工程的封闭母线布置情况不同,所连接的发电机、变压器、配电装置的标高和连接要求也不相同,因此,要向制造厂提供封闭母线的平断面布置图,供制造厂进行布置和连接部分设计。当选用非定型封闭母线时,应进行导体和外壳发热、应力以及绝缘子抗弯的计算,并进行共振校验。

学习情境 3:支柱绝缘子和穿墙套管的选择

支柱绝缘子和穿墙套管是母线结构的重要组成部分,其选择和校验项目见表 9-21。

表 9-21　支柱绝缘子和穿墙套管选择和校验项目

项目	额定电压	额定电流	热稳定	动稳定
支柱绝缘子	$U_e \geqslant U_{ew}$	—	—	$F_{js} \leqslant 0.6 F_{ph}$
穿墙套管		$I_e \geqslant I_{gmax}$	$I_r^2 t \geqslant Q_d$	

注:U_e 为额定电压;U_{ew} 为电网额定电压;I_e 为额定电流;I_{gmax} 为最大工作电流;I_r 为短时热电流。

绝缘子和套管的机械应力计算如下:

布置在同一平面内的三相母线(图 9-16)发生短路时,支柱绝缘子所受的力为与该绝缘子相邻跨母线上电动力的平均值。例如,绝缘子 1 所受力为

$$F_{max} = \frac{F_1 + F_2}{2} = 1.73 i_{ch}^2 \frac{l_1 + l_2}{2a} \times 10^{-7} = 1.73 i_{ch}^2 \frac{l_{js}}{a} \times 10^{-7} \tag{9-68}$$

$$l_{js} = \frac{l_1 + l_2}{2}$$

式中　l_{js}——计算跨距,m;

　　l_1,l_2——与绝缘子相邻的跨距,m。

式(9-68)可用计算穿墙套管承受的作用力,式中 $l_{js} = (l_1 + l_{tg})/2$($l_{tg}$ 为套管长度)。

母线电动力 F_{max} 作用在母线截面中心线上,而支柱绝缘子的抗弯破坏强度是按作用在绝缘子帽上给定的(图 9-17),为了便于比较,必须求出短路时作用在绝缘子帽上的计算作用力 F_{js},即

$$F_{js} = \frac{F_{max} H_1}{H}$$

$$H_1 = H + b + \frac{h}{2} \tag{9-69}$$

式中　H——绝缘子高度,mm;

　　H_1——绝缘子底部到母线水平中心线的高度,mm;

　　b——母线支持器下片厚度,一般竖放矩形母线 $b = 18$ mm,平放矩形及槽形母线 $b = 12$ mm。

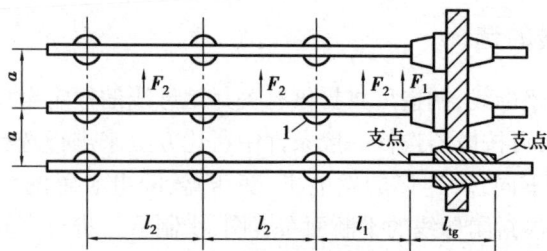

图 9-16 绝缘子和穿墙套管所受的电动力

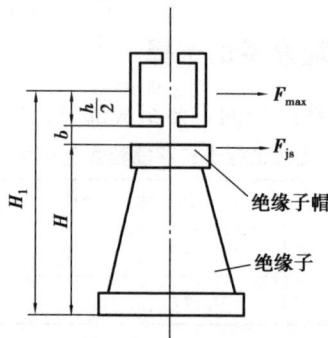

图 9-17 绝缘子受力示意图

对屋内 35 kV 及以上水平装置的支持绝缘子,在进行机械计算时,应考虑母线和绝缘子的自重以及短路电动力的复合作用。屋外支柱绝缘子尚应计及风和冰雪的附加作用。

校验短时荷载作用时,支柱绝缘子及穿墙套管的机械强度安全系数不应小于 1.67,即

$$\frac{1}{1.67}F_{ph} \approx 0.6F_{ph}$$

$$F_{js} \leq 0.6F_{ph}(N)$$

(9-70)

例 9-2:选择 100 MW 发电机-变压器组的连接母线、支柱绝缘子及穿墙套管。已知:发电机额定电压为 10.5 kV,额定电流 6 468 A,最大负荷利用小时数为 5 200 h;发电机连接母线上短路电流 $I''_z=35.4$ kA,$I^{(3)}_\infty=17.5$ kA,$I^{(2)}_\infty=22.8$ kA。发电机后备保护的 $t_b=4$ s,断路器全开断时间 $t_{kb}=0.2$ s,地区最热月平均温度为 35 ℃。发电机连接母线三相水平布置,相间距离 $a=0.7$ m。

解:按下列步骤选择:

①母线截面和形状选择。因发电机连接母线负荷电流很大,且属于重要回路,故应按经济电流密度选择其截面。从表 9-6 可知,采用铝母线,当 $T_{max}=5\ 200$ h 时,$J=0.9$ A/mm²,母线经济截面为

$$S_j=\frac{I_{gmax}}{J}=\frac{10.5\times6\ 468}{0.9}=7\ 546(\text{mm}^2)$$

母线电流大,矩形母线不能满足要求,选用两条较计算截面稍大的标准槽形母线 200×90×12($h\times b\times c$),$S=8\ 080$ mm²,$K_f=1.237$,$W_y=46.5\times10^{-6}$m³,$I_y=294\times18^{-8}$m⁴,母线允许电流 $I_{y25\ ℃}=8\ 800$ A。考虑环境温度的修正,修正系数为

$$K_{\theta} = \sqrt{\frac{\theta_{y} - \theta}{\theta_{y} - \theta_{0}}} = \sqrt{\frac{70-35}{70-25}} = 0.88$$

$$I_{y35\,℃} = 8\ 800 \times 0.88 = 7\ 744\ \text{A} > I_{gmax}$$

②支柱绝缘子选择。根据工作电压和装置地点,屋内部分选用 ZC-10F 型支柱绝缘子,其抗弯破坏负荷 $F_{ph} = 12\ 250$ N,绝缘子高度 $H = 225$ m。

$$H_{1} = H + b + \frac{h}{2} = 225 + 12 + 100 = 337$$

$$F_{x} = 1.73\ \frac{i_{cj}^{2}}{a} l \times 10^{-7} = 1.73 \times \frac{90\ 300^{2}}{0.7} \times 1.5 \times 10^{-7} = 3\ 023$$

$$F_{js} = F_{x}\ \frac{H_{1}}{H} = 3\ 023 \times \frac{337}{225} = 4\ 528 < 0.6 F_{ph}$$

屋外部分的支柱绝缘子,考虑冰雪及污秽影响,选用电压高一级的产品 ZPC-35,其验算方法同屋内。

③穿墙套管选择。根据工作电压和额定电流,选用 CMWF2-20 母线型套管,套管长度 $l_{tg} = 625$ mm,$F_{ph} = 39\ 200$ N,套管窗口尺寸为 210 mm×200 mm>2×(200 mm×90 mm)。计算跨度:

$$l_{js} = \frac{l + l_{tg}}{2} = \frac{1.5 + 0.625}{2} = 1.063$$

套管受力:

$$F = 1.73\ \frac{i_{ch}^{2} l_{js}}{a} \times 10^{-7} = 1.73 \times \frac{90\ 300^{2} \times 1.063}{0.7} \times 10^{-7} = 2142 < 0.6 F_{ph}$$

若采用实用计算法校验其热稳定时,其验算方法根据实用短路电流计算表可得不同时间的短路电流值,见表 9-22。

表 9-22　实用短路电流计算

短路时间/s	0	2	4
	I_{z}''/kA	$I_{z\frac{td}{2}}$/kA	I_{ztd}/kA
三相短路	38.5	15	14.2
二相短路	29.6	21.1	24.0

短路热效应计算时间:

$$t_{r} = t_{kd} + t_{b} = 0.2 + 4 = 4.2$$

因 $I_{\infty}^{(2)} > I_{\infty}^{(3)}$,故应按二相短路进行热稳定校验,当 $t_{r} > 4$ s 时,可认为短路电流稳定不变。

➤ 【任务实施】

母线、电缆和绝缘子的选择

1. 人员准备

(1)教师及学生应着实训工装,佩戴安全帽。

(2)每3~4名学生为一组,各组学生轮流开展实训。

(3)教师在学生实训期间必须始终在现场,不得擅自离开;如果确需离开,必须停止学生的实训操作。

2. 场地准备

(1)实训室应配备合格、充足的安全工器具,并正确使用。

(2)实训现场应具备明显的应急疏散标识。

3. 任务实施

(1)工作任务准备。根据母线、电缆和绝缘子的选择,布置工作任务。首先下发任务工作单,如表9-23所示。

表9-23　母线、电缆和绝缘子的选择工作任务单

任务名称	母线、电缆和绝缘子的选择
相关任务描述	掌握母线及电缆截面选择方法
相关学习准备	学习"导线和绝缘子"的相关资料及网络资料
对学生的考核办法	过程考核
采用的主要教学方法	(1)多媒体、实验实训教学手段 (2)情境启发式、任务驱动式、自主探究式、协作学习式等教学方法
教学及实训设备、地点	多媒体教室、理实一体化实训室

(2)任务实施过程。根据工作任务的布置及学生学习情况,开展任务实施。实施过程如表9-24所示。

表9-24　任务实施过程

任务名称	母线、电缆和绝缘子的选择	授课班级	
		授课时间	
学习目标	掌握母线及电缆截面选择方法		
学习资料	配套教材《发电厂变电所电气设备》;教学视频、多媒体课件;网络资源;相关知识的储备		
专业能力	能够掌握支柱绝缘子的选择方法		
方法能力	资料收集整理能力;制订、实施工作计划的能力;理论知识的综合运用能力		

续表

社会能力	交接工作流程确认能力;沟通协调能力;语言表达能力;团队组织能力;班组管理能力;责任心与职业道德;安全与自我保护能力;环境保护能力
技能考核项目与要求	(1)制作 PPT,介绍母线共振的校验 (2)实训现场正确无误地掌握母线及电缆截面选择方法 (3)实训现场正确无误地掌握支柱绝缘子的选择方法
学习任务的说明	引导学生介绍母线及电缆截面选择方法
学习任务	(1)小组成员先集中讨论和学习任务所需要的知识,分工合作,吸收消化学习资料、分析学习目标、制订工作计划 (2)学生能够完成母线、电缆和绝缘子的选择的学习 (3)学生能够按照计划在理实一体化教室组织完成对母线、电缆和绝缘子的选择的认知任务 (4)学生按小组制作汇报 PPT,小组成员全部上台汇报,其他小组给予评价。制作思维导图,将学习成果总结归纳。配合教师进行任务反馈

项目实施过程	
目的	学习的内容
1. 资讯	(1)布置工作任务、下发任务单 要求学生了解母线及电缆截面选择方法及支柱绝缘子的选择方法 (2)提供相关的参考资料 ①学生在教师指导下观看相关视频 ②学生自主完成讨论、习题 (3)提出本次学习过程中的疑难问题
2. 计划	学生分组(3~4 人/组)讨论本任务所需的知识和技能,查阅相关学习资料
3. 决策	制订工作计划,明确工作任务,确定工作要求、工作注意事项及任务分工
4. 实施	学生根据分工完成各自任务,进行汇总,完成工作单,并根据制订的实施方案,在理实一体化教室完成母线、电缆和绝缘子的选择任务
5. 检查	学生分组对所做工作过程及结果进行演示和汇报:母线、电缆和绝缘子的选择
6. 评价	(1)结果评价 ①学生对本项目的整个实施过程进行自评 ②以小组为单位,分别对其他组做的工作结果进行互评和建议 (2)资料整理和提升 ①学生总结本次实训心得,做成 PPT 形式 ②学生根据互评和教师评价的建议,填写评价表,优化方案

4. 任务评价

根据学生对本任务的实施情况,填写评价表。教师对学生的评价如表 9-25 所示。

表 9-25　教师对学生评价表

学习任务：母线、电缆和绝缘子的选择							
教师签字：			学习团队名称：				
评价内容		评分标准	被考核人				
目标认知程度	工作目标明确、工作计划具体、结合实际、具有可操作性	10					
情感态度	工作态度端正、注意力集中、能使用网络资源收集相关资料	10					
团队协作	积极与他人合作共同完成工作任务	10					
专业能力要求	能够掌握支柱绝缘子的选择方法	70					
总分							

教师对小组评价		评分	评语：
资讯	15		
计划	15		
决策	20		
实施	20		
检查	10		
评估	20		
总分	100		

➤ 【思考问题】

1. 敞露母线一般如何进行选择和校验？

2. 什么是经济电流密度？导体的经济截面公式是什么？

任务 6　互感器的选择

➤ 【内容提要】

本任务主要通过学习互感器的相关知识,了解电流互感器和电压互感器的参数计算方法。掌握电流互感器和电压互感器的选择方法,以此学会选择电流互感器和电压互感器。

➤ 【学习要求】

①了解电磁式电流互感器的选择。
②了解电压互感器按容量和准确级的选择。
③掌握电流互感器的准确级和额定容量的选择方法。
④掌握电压互感器按一、二次回路电压的选择方法。

➤ 【任务导入】

互感器是高压场所中常见的设备,那么对电流互感器和电压互感器的选择就显得非常重要,通过什么方法对电流互感器和电压互感器进行选择?

➤ 【知识链接】

电流互感器按一次回路额定电压和电流、准确级和额定容量等参数进行选择,电压互感器应按一次回路电压、二次回路电压、安装地点和使用条件、二次负荷及准确级等要求进行选择。

学习情境 1:电流互感器的选择

(1)电磁式电流互感器的选择

电磁式电流互感器应按一次回路额定电压和电流选择。

电流互感器的一次额定电压和电流必须满足:

$$U_e \geq U_{ew} \tag{9-71}$$

$$I_{e1} \geq I_{gmax} \tag{9-72}$$

式中　U_{ew}——电流互感器所在电网的额定电压;

　　　U_e,I_{e1}——电流互感器的一次额定电压和电流;

　　　I_{gmax}——电流互感器一次回路最大工作电流。

为了确保所供仪表的准确度,互感器的一次工作电流应尽量接近额定电流。

(2)电流互感器种类和型式的选择

在选择互感器时,应根据安装地点(如屋内、屋外)和安装方式(如穿墙式、支持式、装入式等)选择其型式。

电流互感器的选择

图 9-18　LB-35 kV 油浸电流互感器

(3)选择电流互感器的准确级和额定容量

为了保证测量仪表的准确度,互感器的准确级不得低于所供测量仪表的准确级。例如,装于重要回路(如发电机、调相机、变压器、自用馈线、出线等)中的电度表或计费的电度表一般采用 0.5~1 级,相应的互感器准确级也应为 0.5 级。供运行监视、估算电能的电度表和控制盘上仪表一般采用 1~1.5 级,相应的互感器应为 1 级。供只需估计电参数仪表的互感器可用 3 级。当所供仪表要求不同准确级时,应按最高级别来确定互感器的准确级。

为了保证互感器的准确级,互感器二次侧所接负荷 S_2 应不大于该准确级所规定的额定容量 S_{e2},即

$$S_{e2} \geqslant S_2 = I_{e2}^2 Z_{2f} \tag{9-73}$$

互感器二次负荷(忽略电流)包括测量仪表电流线圈电阻 r_y、继电器电阻 r_j、连接导线电阻 r_d 和接触电阻 r_c,即

$$Z_{2f} = r_y + r_j + r_d + r_c \tag{9-74}$$

式中,r_y,r_j 可由回路中所接仪表和继电器的参数求得;r_c 不能准确测量,一般可取 0.1;仪表连接导线电阻 r_d 为未知值,将式(9-74)代入式(9-73)中,整理后得

$$r_d \leqslant \frac{S_{e2} - I_{e2}^2(r_y + r_j + r_c)}{I_{e2}^2} \tag{9-75}$$

因

$$S = \frac{\rho L_{js}}{r_d}$$

故

$$S \geqslant \frac{I_{e2}^2 \rho L_{js}}{S_{e2} - I_{e2}^2(r_y + r_j + r_c)} = \frac{\rho L_{js}}{Z_{e2} - (r_y + r_j + r_c)} \tag{9-76}$$

式中　S——连接导线截面,m^2;

　　　　L_{js}——计算长度,m;

　　　　ρ——导线的电阻率,$\Omega \cdot m$,铜 $\rho = 1.75 \times 10^{-8} \Omega \cdot m$。

式(9-76)表明,在满足电流互感器额定容量的条件下,选择二次连接导线的允许最小截面。式中 L_{js} 与仪表到互感器的实际距离 L 及电流互感器的接线方式有关:用于对称三相负荷时,测量一相电流,$L_{js} = 2L$;采用星形接线,可测量三相不对称负荷,由于中性电流很小,因此 $L_{js} = L$;采用不完全星形连接,用于三相负荷平衡或不平衡系统中,供三相二元件的功率表或电能表使用,由相量图可知,流过公共导线上的电流为 $-I_b$,按回路的电压降方程,可以推出

$L_{js} = \sqrt{3}\, L_o$

发电厂和变电站应采用铜芯控制电缆。由式(9-76)求出的铜导线截面不应小于 1.5 mm^2，以满足机械强度的要求。

(4)热稳定校验

电流互感器热稳定能力常以 1 s 允许通过一次额定电流 I_{e1} 的倍数 K_r 来表示,热稳定应按下式校验:

$$(I_{e1} K_r)^2 \geqslant I_\infty^2 t_{dz}(\text{或 } Q_d) \tag{9-77}$$

(5)动稳定校验

电流互感器常以允许通过一次额定电流最大值($\sqrt{2}\,I_{e1}$)的倍数 K_d(称为动稳定电流倍数)表示其内部动稳定能力,内部动稳定可用下式校验:

$$\sqrt{2}\, I_{e1} K_d \geqslant i_c h \tag{9-78}$$

短路电流不仅在电流互感器内部产生作用,而且其邻相之间电流的相互作用使绝缘瓷帽上受到外力的作用,对瓷绝缘型电流互感器应校验瓷套管的机械强度。瓷套上的作用力可由一般电动力公式计算,外部动稳定应满足:

$$F_y \geqslant 0.5 \times 1.73 i_{ch}^2 \times \frac{l}{a} \times 10^{-7} \tag{9-79}$$

式中　F_y——作用于电流互感器瓷帽端部的允许力;

　　　l——电流互感器出现端至最近一个母线支柱绝缘子之间的跨距。

系数 0.5 表示互感器瓷套端部承受该跨上电动力的一半。

对瓷绝缘的母线型电流互感器(如 LMC 型)其端部作用力可用式(9-68)计算,并按式(9-80)校验:

$$F_y \geqslant 1.73 i_{ch}^2 \frac{L_{js}}{a} \times 10^{-7} \tag{9-80}$$

学习情境 2:电压互感器的选择

电压互感器应按一次回路电压、二次回路电压、安装地点和使用条件、二次负荷及准确级等要求进行选择。

(1)按一次回路电压选择

为了确保电压互感器安全和在规定的准确级下运行,电压互感器一次绕组所接电网电压应在(1.1～0.9)U_{e1} 范围内变动,即应满足下列条件:

$$1.1 U_{e1} > U_l > 0.9 U_{e1} \tag{9-81}$$

图 9-19　JDJJ2-35-10 油浸式电压互感器

(2)按二次回路电压选择

电压互感器的二次额定电压应满足保护和测量使用标准仪表的要求。电压互感器二次侧额定电压可按表 9-26 选择。

表 9-26　电压互感器二次绕组额定电压选择

电网电压 /kV	型式	二次绕组电压 /V	接成开口三角的 辅助绕组电压/V
3～35	单相式	100	无此绕组
$110J^*$～$500J$	单相式	$100/\sqrt{3}$	100
3～60	单相式	$100/\sqrt{3}$	100/3
3～15	三相五柱式	100	100/3(相)

(3)装置种类和型式选择

电压互感器的种类和型式应根据安装地点和使用条件进行选择。例如,在 6～35 kV 屋内配电装置中,一般采用油浸式或浇注式;110～220 kV 配电装置一般采用串级式电磁式电压互感器;220 kV 及以上配电装置,当容量和准确级满足要求时,一般采用电容式电压互感器。

(4)按容量和准确级选择

首先根据仪表和继电器接线要求选择电压互感器的接线方式,并尽可能将负荷均匀分布在各相上,然后计算各相负荷大小,按照所接仪表的准确级和容量选择互感器的准确级和额定容量。有关电压互感器准确级的选择原则可参照电流互感器准确级选择。

互感器的额定二次容量(对应所要求的准确值)S_{e2} 应不小于互感器的二次负荷 S_2,即

$$S_{e2} \geqslant S_2 \tag{9-82}$$

$$S_2 = \sqrt{\left(\sum S_0 \cos \lambda \right)^2 + \left(\sum S_0 \sin \lambda \right)^2} = \sqrt{\left(\sum P_0 \right)^2 + \left(\sum Q_0 \right)^2} \qquad (9\text{-}83)$$

式中　S_0, P_0, Q_0——各仪表的视在功率、有功功率和无功功率；

　　　$\cos \varphi$——各仪表功率因数。

由于电压互感器三相负荷不相等，为了满足准确级要求，通常以最大相负荷进行比较。

计算电压互感器一相的负荷时，必须注意互感器和负荷的接线方式。表 9-27 列出互感器和负荷接线方式不一致时每相负荷的计算公式。

表 9-27　电压互感器二次绕组负荷计算公式

接线及相量				
A	$P_A = S_{ab} \cos(\varphi_{ab}-30°)/\sqrt{3}$ $Q_A = S_{ab} \sin(\varphi_{ab}-30°)/\sqrt{3}$		AB	$P_{AB} = \sqrt{3}\, S \cos(\varphi+30°)$ $Q_{AB} = \sqrt{3}\, S \sin(\varphi+30°)$
B	$P_B = [S_{ab} \cos(\varphi_{ab}+30°) + S_{bc} \cos(\varphi_{bc}-30°)]/\sqrt{3}$ $P_B = [S_{ab} \sin(\varphi_{ab}+30°) + S_{bc} \sin(\varphi_{bc}-30°)]/\sqrt{3}$		BC	$P_{BC} = \sqrt{3}\, S \cos(\varphi-30°)$ $Q_{BC} = \sqrt{3}\, S \sin(\varphi-30°)$
C	$P_C = S_{bc} \cos(\varphi_{bc}+30°)/\sqrt{3}$ $Q_C = S_{bc} \sin(\varphi_{bc}+30°)/\sqrt{3}$			

例 9-3：选择 10.5 kV 母线测量用电压互感器及其高压熔断器。已知：母线上接有馈线 7 回、自用变压器 2 回、主变压器 1 回，共有有功电度表 10 只、有功功率表 3 只、无功功率表 1 只、母线电压及频率表各 1 只、绝缘监视电压表 3 只、电压互感器及仪表接线和负荷分配如图 9-20 和表 9-28 所示。

表 9-28　电压互感器各相负荷分配（不完全星形负荷部分）

仪表名称及型号	每线圈消耗功率 /VA	仪表电压线圈		仪表 数目	AB 相		BC 相	
		$\cos \varphi$	$\sin \varphi$		P_{ab}	Q_{ab}	P_{bc}	Q_{bc}
有功功率表 16D1—W	0.6	1		3	1.8		1.8	
无功功率表 16D1—VAR	0.5	1		1	0.5		0.5	
有功电度表 DS1	1.5	0.38	0.925	10	5.7	1.39	5.7	1.39
频率表 16L1—Hz	0.5	1		1	0.5			
电压表 16L1—V	0.2	1		1			0.2	
总计					8.5	1.39	8.2	1.39

解：鉴于 10.5 kV 为中性点不接地系统，电压互感器除供测量仪表外，还用来作交流电网绝缘监视，选用 JSJW-10 型三相五柱式电压互感器（也可选用 3 只单相 JDZJ 型浇注绝缘电压

互感器),其一、二次电压为 $10/0.1/\dfrac{0.1}{3}$ kV,由于回路中接有计费用电能表,因此互感器选用

0.5 准确级。对此,互感器三相的额定容量为 120 VA。电压互感器接线为 Y_0/Y_0。

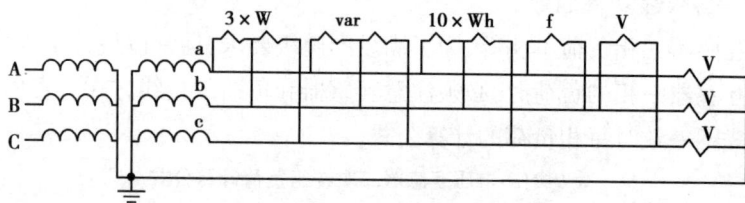

图 9-20　测量仪表与电压互感器的连接图

根据表 9-28 可求出不完全星形部分负荷为

$$S_{ab}=\sqrt{P_{ab}^2+Q_{ab}^2}=\sqrt{8.5^2+13.9^2}=16.3(\text{VA})$$

$$S_{bc}=\sqrt{P_{bc}^2+Q_{bc}^2}=\sqrt{8.2^2+13.9^2}=16.1(\text{VA})$$

$$\cos\lambda_{ab}=\frac{P_{ab}}{S_{ab}}=\frac{8.5}{16.3}=0.51$$

$$\lambda_{ab}=58.7°$$

$$\cos\lambda_{ab}=\frac{P_{bc}}{P_{bc}}=\frac{8.2}{16.1}=0.51$$

$$\lambda_{bc}=59.3°$$

每相上尚接有绝缘监视电压表 $V(P'=0.2,Q'=0)$,A 相负荷为

$$P_A=\frac{1}{\sqrt{3}}S_{ab}\cos(\lambda_{ab}-30°)+P'_a=\frac{1}{\sqrt{3}}\times16.3\times\cos(58.7°-30°)+0.2=8.45(\text{W})$$

$$Q_A=\frac{1}{\sqrt{3}}S_{ab}\sin(\lambda_{ab}-30°)=\frac{1}{\sqrt{3}}\times16.3\times\sin(58.7°-30°)=4.5(\text{VAR})$$

B 相负荷为

$$P_B=\frac{1}{\sqrt{3}}[S_{ab}\cos(\lambda_{ab}+30°)+S_{bc}-30°)]+P'_b$$

$$=\frac{1}{\sqrt{3}}\times[16.3\times\cos(58.7°+30°)+16.1\times\cos(59.3°-30°)]+0.2$$

$$=8.33(\text{W})$$

$$Q_B=\frac{1}{\sqrt{3}}[S_{ab}\sin(\lambda_{ab}+30°)+S_{bc}\sin(\lambda_{bc}-30°)]$$

$$=\frac{1}{\sqrt{3}}\times[16.3\times\sin(58.7°+30°)+16.1\times\sin(59.3°-30°)]$$

$$=13.96(\text{VAR})$$

显而易见，B 相负荷较大，只需用 B 相总负荷进行校验：

$$S_B = \sqrt{P_B^2 + Q_B^2} = \sqrt{8.31^2 + 13.96^2} = 16.28(\text{VA}) < \frac{120}{3}(\text{VA})$$

所选 JSJW-10 型互感器满足要求。

电压互感器一次绕组电流很小，熔断器只需按额定电压和开断电流进行选择。根据额定电压选用 RN2-10 型 [R—熔断器，N—户内，10—额定电压(kV)]，其额定电压为 10 kV，最大切断电流为 50 kA，大于 10 kV 母线短路电流 $I'' = 40$ kA（见例 9-2），所选熔断器满足要求。

电气设备的主要选择项目见表 9-29。

电气设备的种类和型式是设备选择的重要内容之一，选择时可根据设备安装地点、使用条件、配电装置的型式、运行和检修经验，以及人们的习惯等因素综合确定。

表 9-29 电气设备主要选择项目汇总表

设备名称	一般选择项目				特殊选择项目
	额定电压	额定电流	热稳定	动稳定	
敞露母线	—	$KI_y \geq I_{gmax}$ 或 $KI_e \geq I_{gmax}$	$S_{min} = \frac{1}{C}\sqrt{Q_d K_f}$ 或 $\frac{I_\infty}{C}\sqrt{t_{dz} K_f}$	$\sigma_y \geq \sigma_{max}$	$U_1 \geq U_{gmax}$ $l_{max} \leq$ 共振允许跨距
电缆	$U_{ymax} \geq U_{gmax}$，一般情况采用 $U_e \geq U_{ew}$			—	$\Delta U \leq 5\% U_e$
出线电抗器			$I_r\sqrt{t} \geq I_\infty\sqrt{t_{dz}}$	$i_{dw} \geq i_{ch}$	$x_{ck}\% \geq x_k\%$ $= \left(\frac{I_j}{I_z''} - x_\Sigma'\right)$ $\times \frac{I_{ck} U_i}{I_j U_{ck}} \times 100\%$ $\Delta U \leq 5\% U_e$ $\Delta U_{cy} \geq 60\% \sim 70\% U_{ew}$
断路器			$I_r^2 t \geq I_\infty^2 t_{dz}$ 或 $I_r^2 t \geq Q_d$		$I_{ekd} \geq I_z; i_{eg} \geq i_{ch}$
隔离开关					—
电流互感器			$(K_r I_r)^2 \geq I_\infty^2 t_{dz}$	$\sqrt{2} K_d I_e \geq i_{ch}$	$S \geq \frac{\rho L_{js}}{Z_{e2} - (r_y + r_j + r_e)}$ 瓷套式 $F_y \geq F_{js}$
套管			$I_r\sqrt{t} \geq I_\infty\sqrt{t_{dz}}$	$F_{ph} \geq 1.67 F_{is}$ 或 $F_{js} \geq 0.6 F_{ph}$	—
绝缘子		—	—		—
高压熔断器		—	—	—	$I_{ekd} \geq I_{ch}$ 有限流电阻者 $I_{ekd} \geq I''$
		$I_e \geq KI_{gmax}$			
电压互感器	$1.1 U_{e1} > U_1 > 0.9 U_{e1}$	—	—	—	$S_{e2} \geq S_e$

➤ 【任务实施】

互感器的选择

1. 人员准备

(1)教师及学生应着实训工装,佩戴安全帽。

(2)每3~4名学生为一组,各组学生轮流开展实训。

(3)教师在学生实训期间必须始终在现场,不得擅自离开;如果确需离开,必须停止学生的实训操作。

2. 场地准备

(1)实训室应配备合格、充足的安全工器具,并正确使用。

(2)实训现场应具备明显的应急疏散标识。

3. 任务实施

(1)工作任务准备。根据互感器的选择,布置工作任务。首先下发任务工作单,如表9-30所示。

表9-30　互感器的选择工作任务单

任务名称	互感器的选择
相关任务描述	掌握电流互感器的准确级和额定容量的选择方法
相关学习准备	学习"互感器"的相关资料及网络资料
对学生的考核办法	过程考核
采用的主要教学方法	(1)多媒体、实验实训教学手段 (2)情境启发式、任务驱动式、自主探究式、协作学习式等教学方法
教学及实训设备、地点	多媒体教室、理实一体化实训室

(2)任务实施过程。根据工作任务的布置及学生学习情况,开展任务实施。实施过程如表9-31所示。

表9-31　任务实施过程

任务名称	互感器的选择	授课班级	
		授课时间	
学习目标	掌握电流互感器的准确级和额定容量的选择方法		
学习资料	配套教材《发电厂变电所电气设备》;教学视频、多媒体课件;网络资源;相关知识的储备		
专业能力	能够掌握电压互感器按一、二次回路电压的选择方法		
方法能力	资料收集整理能力;制订、实施工作计划的能力;理论知识的综合运用能力		

社会能力	交接工作流程确认能力;沟通协调能力;语言表达能力;团队组织能力;班组管理能力;责任心与职业道德;安全与自我保护能力;环境保护能力
技能考核项目与要求	(1)制作 PPT,介绍电压互感器按容量和准确级的选择 (2)实训现场正确无误地掌握电流互感器的准确级和额定容量的选择方法 (3)实训现场正确无误地掌握电压互感器按一、二次回路电压的选择方法
学习任务的说明	引导学生讲述并认识互感器
学习任务	(1)小组成员先集中讨论和学习任务所需要的知识,分工合作,吸收消化学习资料、分析学习目标、制订工作计划 (2)学生能够完成互感器的选择的学习 (3)学生能够按照计划在理实一体化教室组织完成对互感器的选择的认知任务 (4)学生按小组制作汇报 PPT,小组成员全部上台汇报,其他小组给予评价。制作思维导图,将学习成果总结归纳。配合教师进行任务反馈

项目实施过程

目的	学习的内容
1. 资讯	(1)布置工作任务、下发任务单 要求学生了解电流互感器的准确级和额定容量的选择方法及电压互感器按一、二次回路电压的选择方法 (2)提供相关的参考资料 ①学生在教师指导下观看相关视频 ②学生自主完成讨论、习题 (3)提出本次学习过程中的疑难问题
2. 计划	学生分组(3~4 人/组)讨论本任务所需的知识和技能,查阅相关学习资料
3. 决策	制订工作计划,明确工作任务,确定工作要求、工作注意事项及任务分工
4. 实施	学生根据分工完成各自任务,进行汇总,完成工作单,并根据制订的实施方案,在理实一体化教室完成互感器的选择任务
5. 检查	学生分组对所做工作过程及结果进行演示和汇报:互感器的选择
6. 评价	(1)结果评价 ①学生对本项目的整个实施过程进行自评 ②以小组为单位,分别对其他组做的工作结果进行互评和建议 (2)资料整理和提升 ①学生总结本次实训心得,做成 PPT 形式 ②学生根据互评和教师评价的建议,填写评价表,优化方案

4. 任务评价

根据学生对本任务的实施情况,填写评价表。教师对学生的评价如表 9-32 所示。

表 9-32　教师对学生评价表

学习任务:互感器的选择							
教师签字:			学习团队名称:				
评价内容		评分标准	被考核人				
目标认知程度	工作目标明确、工作计划具体、结合实际、具有可操作性	10					
情感态度	工作态度端正、注意力集中、能使用网络资源收集相关资料	10					
团队协作	积极与他人合作共同完成工作任务	10					
专业能力要求	掌握电压互感器按一、二次回路电压的选择方法	70					
总分							

教师对小组评价		评分	评语:
资讯	15		
计划	15		
决策	20		
实施	20		
检查	10		
评估	20		
总分	100		

➤ 【思考问题】

1. 电流互感器种类和型式如何选择?
2. 电流互感器热稳定如何校验?

➤ 【知识拓展】

工匠精神——王彬彬

他是中共党员,鸡西热力有限公司生产处仪表室副主任,电气助理工程师、电工技师;2000 年 12 月响应国家号召参军入伍,2003 年到鸡西热力有限公司工作,2009 年毕业于黑龙江科技学院电气工程及其自动化专业。10多年来他一直谨记公司领导的殷切希望,时刻保持兢兢业业的工作态度,严谨求实的工作作风,很好地完成了各项工作。在当今信息化的时代,科学技术飞速发展,从踏进热力有限公司的大门开始,他就自觉学习专业知识,以书本为老师,阅读各方面的相关书籍,不断丰富自己的理论基础;以老同志为师傅,细心观察他们的实际操作,不断丰富自己的实践经验;以实践为老师,从中加深对知识的理解和领会。通过他的不懈努力和追求,多次被评为"优秀共产党员""先进生产者""技能比武第二名"。

埋头苦干奋勇向前

多年来,王彬彬一直从事仪表自动化控制及公司能源计量工作。他努力学习专业知识,不断提高自己的专业水平,以更好地完成这份他热爱的工作。2008年是鸡西市热力有限公司发展蜕变的一年,原有的供热管网由"直供式"改为"间接供热",供热企业的科技水平需要质的提高,尤其是电气自动化控制领域的科技工作者少之又少。这恰好给了他发挥能力的平台,他搜集各类材料书籍,深入热源厂及各换热站调研,做好了完成这一神圣使命的准备。由于公司资金紧张,自动化控制系统的安装工程一直到8月末才正式开始,40天78座换热站的工程量,让供热领域排头兵的北京清华同方科技股份有限公司望而却步,关键时刻,身为技术员的他带领着只有10个人的科室团队挺身而出,40天不分白天黑夜,40天不分男女老少,40天圆满地完成了公司交给的艰巨任务。2009年在北京清华同方的进修班学习时,清华同方科技股份有限公司负责人在会议上讲话时说"鸡西热力有限公司创造了一个供热史上的奇迹!"2009年5月供热期结束后,通过对整个运行期能源消耗情况的对比和计算,鸡西热网控制系统节能效果显著,系统运行情况良好。同年该系统荣获黑龙江省科技进步三等奖,鸡西市科技进步二等奖,吸引了省内外各供热企业来鸡西市热力有限公司考察参观。

日积月累初显成效

自信源于实力,实力在于学习。不断的学习和实践,结出了累累果实。2016年,仪表室在人员少、时间紧、任务重的情况下,他夜以继日地工作在站点内,哪里苦、哪里累、哪里脏哪里就一定有他的身影,为新来的大学生树立了良好的榜样。他充分发挥自己的聪明才智,在干中学,逐步解决工作中出现的各种问题,通过在工作中的积累和学习,王彬彬在业务上有了飞跃的进步,成为仪表室业务骨干,在短短的两个多月时间,不怕苦,不怕累,克服生活中的各种困难,完成了红星公司下属所有换热站补水恒压控制柜的安装、配线、调试工作。完成了新华分公司PLC改造和调试工作,实现了补水和循环泵的自动化控制。完成了十多个新建换热站的设备安装和调试。完成了全公司一百多个换热机组和首站的自动化控制系统设备维护。电气设备老旧,损坏严重,随之出现了补水问题,不是变频补水,补水泵启动频繁,造成补水泵损坏严重,而且容易造成用户存气的问题,经过两个月的努力,终于调试成功。他和他的团队在短短了两个月时间把全网在线的160多座换热站实现了自动化恒压补水,减轻了一线工作人员的工作量,得到了一线工人的一致好评。他毫无保留地把自己在工作中总结的经验传授给新的同志,让新同志能在很短的时间熟悉业务。

终成正果砥砺前行

进入冬季运行时,他担负起全公司一百多个换热站的网络通信和七个首站维护的任务,换热站电气设备老旧,为避免发生供热故障,无论多晚,无论节假日,他从来没有休息时间,20年里他没有休过一个年假,总是第一时间赶到现场,处理故障。电厂出口贸易计量设备都在井里,每次他都是第一个穿上笨重的水叉下井,在封闭的空间内,空气里散发着下水的臭味,一干就是几个小时,从来没有怨言,他心里有一种信念"要做就要做得最好"。同时,他更懂得,他所代表的是热力公司的形象,他心中关心的是百姓家里的温暖。工作是一种修行,在修炼的道路上我们应该披荆斩棘,用心做事是一种人生原则,它能使自己在生活中学到更多,做得更好,只有用心做事,才能把事做得出色。"我们搞技术,就要走在别人的前面去,停滞不前,就是落后!"唯有精才能称为匠。

参考文献

[1] 冯金光,王士政. 发电厂电气部分[M]. 3 版. 北京:中国水利水电出版社,2008.

[2] 刘宝贵. 发电厂变电所电气设备[M]. 2 版. 北京:中国电力出版社,2022.

[3] 熊信银. 发电厂电气部分[M]. 4 版. 北京:中国电力出版社,2009.

[4] 郑晓丹,金永琪. 发电厂电气部分[M]. 北京:科学出版社,2011.

[5] 姚春球. 发电厂电气部分[M]. 2 版. 北京:中国电力出版社,2013.

[6] 苗世洪,朱永利. 发电厂电气部分[M]. 5 版. 北京:中国电力出版社,2015.

[7] 宗士杰,黄梅. 发电厂电气设备及运行[M]. 北京:中国电力出版社,2016.

[8] 刘胜芬,何渝涛. 发电厂电气部分[M]. 重庆:重庆大学出版社,2021.

[9] 盛国林,陕春玲. 发电厂及变电所电气设备[M]. 武汉:华中科技大学出版社,2012.